資產評估 (第四版)

主 編 阮 萍、謝昌浩

隨著社會主義市場經濟體制的建立和完善，
資產評估在資本市場和產權市場交易中有極重要的作用。
無論在資產拍賣或轉讓，
企業兼併、出售、聯營、清算、股份經營，
還是在資產抵押及其擔保，財產保險等都需要進行資產評估。

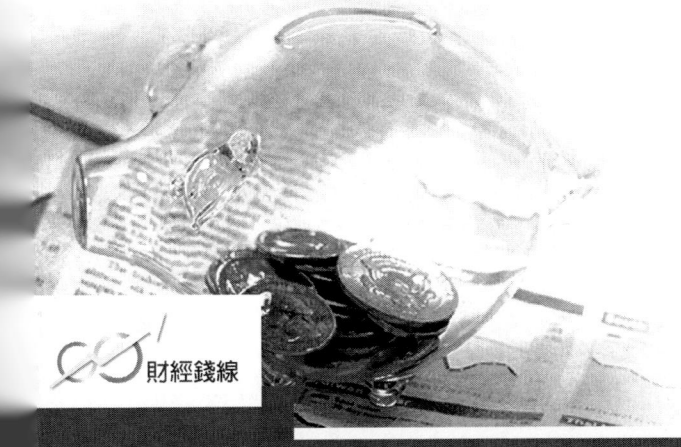

財經錢線

前 言

　　執業行為規範和操作技術科學的資產評估行業體系，使其成為真正履行獨立、客觀、公正原則和職能的，適應市場發展客觀要求的仲介服務行業。這就要求資產評估的理論與實踐必須適應市場經濟發展的需要。

　　資產評估作為市場經濟條件下的一項重要仲介性服務活動，存在於商品經濟和社會再生產的各個領域。無論是資產拍賣或轉讓、企業兼併、企業出售、企業聯營、股份經營、中外合資或合作、企業清算，還是資產抵押及其擔保、企業租賃、財產保險等，都需要進行資產評估。資產評估在資本市場和產權市場的交易中有著極其重要的地位和作用。瞭解資產評估的理論和方法，對於認識和掌握以市場形成價格為主的價格機制，具有十分重要的現實意義。

　　本書在著重闡述資產評估基礎理論的同時，對資產評估的基本方法進行了較系統的介紹，並且注重理論聯繫實際，實務性較強。本書既可作為實際從事資產評估管理和業務操作人員的參考書，也可作為高等院校財務管理、企業管理、投資經濟等相關專業師生的教學用書。對本書中存在的疏漏和不足，懇請讀者批評指正。

作者

目 錄

第一章　概論 (1)
　　第一節　資產評估的含義 (1)
　　第二節　資產評估的對象和特點 (3)
　　第三節　資產評估的基本假設和基本原則 (5)
　　第四節　資產評估的程序 (7)
　　第五節　資產評估的歷史演進 (8)

第二章　資產評估的基本方法 (24)
　　第一節　資金的時間價值 (24)
　　第二節　現行市價法 (26)
　　第三節　重置成本法 (27)
　　第四節　收益現值法 (31)

第三章　房地產評估的基本理論 (34)
　　第一節　房地產與房地產價格 (34)
　　第二節　影響房地產價格的因素及房地產價格的構成 (42)
　　第三節　房地產估價的特徵及必要性 (54)
　　第四節　房地產估價的原則和程序 (57)
　　第五節　房地產估價與工程技術及工程預(決)算 (70)

第四章　房地產評估的基本方法 (72)
　　第一節　市場比較法 (72)
　　第二節　成本估價法 (81)
　　第三節　收益還原法 (86)

第五章　房地產評估的其他方法 (94)
第一節　殘余估價法 (94)
第二節　假設開發法 (98)
第三節　長期趨勢法 (102)
第四節　路線價估價法 (109)

第六章　機器設備評估 (117)
第一節　機器設備及其分類 (117)
第二節　機器設備評估的特點及程序 (119)
第三節　機器設備評估中的成本法 (122)
第四節　機器設備評估中的其他方法 (128)

第七章　流動資產評估 (130)
第一節　流動資產評估的範圍及程序 (130)
第二節　流動資產評估的原則及依據 (136)
第三節　實物類流動資產評估 (138)
第四節　債權類流動資產的評估 (148)
第五節　貨幣資產及交易性金融資產的評估 (154)

第八章　無形資產評估 (156)
第一節　無形資產評估概述 (156)
第二節　無形資產評估中的成本法 (161)
第三節　無形資產評估中的收益法 (165)
第四節　專利權和專有技術價值的評估 (171)
第五節　商標權和商譽價值的評估 (173)

第九章　長期投資及在建工程的評估 (180)
第一節　長期投資評估的分類及特點 (180)

第二節　債券投資的評估 ……………………………………… (181)
　　第三節　股票投資的評估 ……………………………………… (184)
　　第四節　在建工程的評估 ……………………………………… (188)

第十章　整體資產評估 ……………………………………………… (192)
　　第一節　整體資產評估概述 …………………………………… (192)
　　第二節　整體資產評估的基本方法——收益法 ……………… (194)
　　第三節　整體資產評估的其他方法——加和法及市盈率乘數法 … (201)
　　第四節　整體資產評估的創新方法——實物期權定價法 …… (203)

第十一章　資產評估報告 …………………………………………… (207)
　　第一節　資產評估報告的內容 ………………………………… (207)
　　第二節　資產評估報告的編製 ………………………………… (215)

附錄1　複利終值系數表 …………………………………………… (218)
附錄2　複利現值系數表 …………………………………………… (221)
附錄3　年金終值系數表 …………………………………………… (224)
附錄4　年金現值系數表 …………………………………………… (227)
附錄5　《資產評估》相關詞條解釋 ……………………………… (230)

第一章 概 論

第一節 資產評估的含義

資產評估是指由專門機構和人員，根據評估目的，以資產的現狀為基礎，依據相關資料，遵循適用的原則，按照一定的程序，採用科學的評估標準和方法，對資產的現時價值進行評定和估算。簡而言之，資產評估即對特定資產某一時點的價值所作出的評定和估算。

資產評估是市場經濟條件下的一項重要的經濟活動，屬於仲介性服務活動。在資產產權轉移、資產流動、企業重組、企業清算、經營方式變更時，資產評估發揮著重要作用。

資產評估主要由六個要素構成，包括資產評估的主體、資產評估的客體、資產評估的目的、資產評估的程序、資產評估的標準和資產評估的方法。

一、資產評估的主體

資產評估的主體是指資產評估的機構和人員。評估主體是評估工作得以進行的重要保證。《國有資產評估管理辦法》第二章第九條規定：持有國務院或者省、自治區、直轄市人民政府國有資產管理行政主管部門頒發的國有資產評估資格證書的資產評估公司、會計師事務所、審計事務所、財務諮詢公司，可以接受資產佔有單位的委託，從事國有資產評估業務。

在西方發達國家，通常由中立的第三方從事資產評估業務，可以是專業性評估機構，也可以是兼營或附營資產評估業務的會計師事務所等。

資產評估人員，不僅需要具備相應的政治素質和相當的業務素質，還必須經過相關的考試，並取得資產評估管理機構確認的資格，才能從事資產評估工作。

二、資產評估的客體

資產評估的客體是指資產評估工作的對象，即被評估資產。評估客體是

對評估內容的界定。資產是指國家、企事業單位或其他單位擁有和控制的，能以貨幣計量的經濟資源及其他權利。資產具體包括固定資產、流動資產、無形資產、長期投資及在建工程等，因此資產評估相應地有房地產評估、機器設備評估、流動資產評估、無形資產評估、長期投資及在建工程評估等。

三、資產評估的目的

資產評估的目的直接決定評估標準和評估方法的選擇。根據《國有資產評估管理辦法》的規定，資產評估主要服務於以下目的：

（1）資產拍賣、轉讓；
（2）企業兼併、出售、聯營、股份經營；
（3）與外國公司、企業和其他經濟組織或者個人開辦中外合資經營企業或者中外合作經營企業；
（4）企業清算；
（5）依照國家規定需要進行資產評估的其他情形，如企業租賃、財產保險、抵押貸款、經濟擔保等。

四、資產評估的程序

依據《國有資產評估管理辦法》的規定，資產評估的程序包括四個步驟，即申請立項、資產清查、評定估算和驗證確認。

五、資產評估的標準

資產評估的標準是指資產評估計價時適用的價值類型。選擇何種資產評估標準評估資產，是由評估目的決定的。資產評估標準包括現行市價標準、重置成本標準、收益現值標準和清算價格標準。

（一）現行市價標準

現行市價標準是指以類似資產在公開市場的交易價格為基礎，根據待估資產的個性進行修正，從而評定資產現行價值的一種計價標準。

當市場存在與待估資產相類似的資產（通常是單項資產）時，適用現行市價標準。

（二）重置成本標準

重置成本標準是指在現時條件下，通過按功能重置待估資產來確定資產現時價值的一種計價標準。

以保險、資產保全為目的的資產評估，適用重置成本標準。

(三) 收益現值標準

收益現值標準是根據資產未來將產生的預期收益，按適當的折現率將未來收益折算成現值，以評定資產現時價值的一種計價標準。

以產權轉移、變更為目的的資產評估，適用收益現值標準。

(四) 清算價格標準

清算價格標準是指以資產拍賣（在非正常市場上）得到的變現價值為依據來確定資產現時價值的一種計價標準。清算價格一般低於公開交易市場上的現行市價。

以企業破產或停業清算、資產抵押為目的的資產評估，適用清算價格標準。

六、資產評估的方法

資產評估的方法是評估資產價值的技術手段或途徑。資產評估的基本方法有三種，即現行市價法、重置成本法和收益還原法，分別簡稱為市場法、成本法和收益法。按照《國有資產評估管理辦法》的規定，資產評估方法包括：

(1) 收益現值法；
(2) 重置成本法；
(3) 現行市價法；
(4) 清算價格法；
(5) 國務院國有資產管理行政主管部門規定的其他評估方法。

第二節　資產評估的對象和特點

一、資產評估的對象

資產評估的對象即被評估的資產，可從不同的角度來劃分，常用的主要分類有：

(一) 資產按存在形態不同，可分為有形資產和無形資產

有形資產是指具有獨立形態的資產，如房屋、建築物、機器設備、存貨等。無形資產是指不具有獨立形態，沒有具體實體，但具有使用價值且以某種特殊權利或技術知識等經濟資源形態存在和發揮作用的特殊性資產，如土

地使用權、租賃權、經營秘訣、商標、專利、商譽等。

作為評估對象的有形資產和無形資產，后面有專門的章節加以討論，如房地產評估、機器設備評估、流動資產評估、無形資產評估、長期投資和遞延資產的評估。

(二) 資產按是否具有綜合獲利能力，可分為單項資產和整體資產

單項資產是指單件或某類別資產，如企業的廠房、機器設備等資產。整體資產是由若干項單項資產構成的具有綜合獲利能力的資產組合體，如一個企業整體資產。

單項資產評估和整體資產評估的評估對象、評估目的、評估方法不同，因而企業整體資產評估價值不是企業各單項資產評估值的簡單加總，二者之間的差額為企業商譽的評估值。即：

$$\text{商譽的評估值} = \text{企業整體資產評估值} - \text{企業各單項資產評估值之和}$$

企業整體資產評估值與企業各單項資產評估值之差可能為正值，也可能為負值。

(三) 資產按能否獨立存在，可分為可確指的資產和不可確指的資產

可確指的資產即指能獨立存在的資產，如有形資產、除商譽以外的無形資產。不可確指的資產是指不能脫離有形資產而單獨存在的資產，如商譽。

二、資產評估的特點

資產評估對象決定了資產評估的特點，資產評估具有以下五個特點，貫穿整個資產評估業務的全過程。

(一) 現實性

資產評估的現實性是指待估資產的價格是以評估基準日這一時點為準而評定的客觀存在的資產現值。評估基準日這一基準時點往往採用資產佔有單位（即委託方）指定的時間或資產評估機構實地勘查評估對象的時間。資產評估應尊重客觀實際，反應資產的真實狀況。現實性是資產評估最基本的特點。

(二) 市場性

資產評估是一項市場化的仲介服務活動，即作為評估對象的資產無論是否進入市場交易都必須市場化。對待估資產價格的評估是在以現實市場為基礎的模擬市場條件下對資產進行評定或估算，其資產評估值的有效性按市場

交易結果進行檢驗。

（三）預測性

資產評估價值是由資產未來的潛能和預期的效益決定的。資產評估是用資產未來的潛能和預期效益來反應資產現實價值，如收益現值法就是將資產未來的預期收益採用一定的折現率折算成現值來反應資產的現實狀況的。

（四）公正性

資產評估按公允的標準和科學的程序進行。從事資產評估業務的評估機構和評估人員必須是專業的、獨立的，與資產業務當事人無任何利害關係，並具有資產評估管理機構確認的資格的第三者，以此避免徇私舞弊現象發生，保證評估結果的公正性。

（五）諮詢性

資產評估機構和人員為資產業務當事人提供的專業化的資產評估結果，只是供資產業務雙方當事人交易時參考，最終成交價格取決於買賣雙方的決策。由於專業化的評估機構不僅具有估價技能，而且通過廣泛的資產評估業務收集和累積了大量的資產市場信息，因而可以為資產交易業務的實現提供諮詢服務。

第三節　資產評估的基本假設和基本原則

一、資產評估的基本假設

資產評估的基本假設有三個，即繼續使用假設、公開市場假設和清算假設。設定假設形式的目的在於反應被評估資產在評估時的狀態及其條件。相同的評估對象在不同的假設條件下，需採用不同的資產評估標準、評估方法，其評估結果往往差別很大。

（一）繼續使用假設

在資產評估中，繼續使用假設是假定被評估資產將按現行用途繼續使用下去，或者轉換用途繼續投入使用，並能夠在較長時間的使用中持續地產生經濟效益。

（二）公開市場假設

公開市場假設是假定被評估資產可以在公開市場上交易，價格取決於市

場供求。在公開市場上，交易雙方都希望獲得資產最大和最佳效用。只有堅持公開市場假設，才有可能使資產達到最大和最佳效用。

（三）清算假設

清算假設是假定被評估資產的整體或部分在某種強制狀態下進行出售，交易雙方地位不平等，並要求在短時間內變現，因此，資產的評估價值一般低於繼續使用假設和公開市場假設條件下的資產評估值。清算假設只適用於企業破產或停業清算時的資產評估。

二、資產評估的基本原則

資產評估工作政策性強，涉及面廣，必須遵循一定的原則，才能確保評估結果公平合理。資產評估的基本原則主要包括專業性原則、獨立性原則、客觀性原則、科學性原則和可行性原則。

（一）專業性原則

從事資產評估工作的機構和人員必須是具有資產評估資格的專門機構和人員，如資產評估公司、財務諮詢公司、會計師事務所、審計事務所等。評估從業人員既有紮實的專業知識，包括工程技術、統計、經濟管理等多方面知識，又有豐富的評估實踐經驗，才能保證評估結果準確。

（二）獨立性原則

評估機構和人員在資產評估業務中必須是獨立的第三者，嚴格依據國家政策及相關資料進行獨立的資產評估工作，避免資產業務雙方當事人利益的影響，以確保評估結果公正合理。

（三）客觀性原則

資產評估工作應尊重客觀實際，反應資產的真實狀況，所收集的與資產相關的統計數據準確可靠，才能對資產現值進行客觀評估。

（四）科學性原則

在資產評估業務工作中，應根據特定的資產評估對象和評估目的，選擇恰當的評估標準和評估方法，制訂合理的評估方案，使資產評估過程及其評估結果科學、合理。

（五）可行性原則

資產評估機構及人員按照法定的評估程序、科學的評估方法得出的評估結論應該具有法律效力，並得到實踐確認，在實際中是可行的。

第四節　資產評估的程序

資產評估的程序包括申請立項、資產清查、評定估算和驗證確認四個基本工作步驟。而對具體資產項目評估，基本的操作步驟包括評估前的準備工作、收集相關資料、選擇適當的評估方法並計算和確定評估值、提交資產評估報告等項工作。

一、資產評估的程序

（一）申請立項

申請立項是資產評估的開始階段。它是指資產佔有單位發生產權轉移、資產流動、企業清算等需要進行資產評估的經濟活動之前，依法向資產管理部門提出資產評估申請，並報送相關資料，資產管理部門經審核、論證后，以書面形式通知資產佔有單位是否準予立項進行資產評估。評估立項后，由資產佔有單位（委託方）委託專門的資產評估機構和人員進行資產評估，一旦評估機構接受委託，雙方需簽訂資產評估業務委託書，明確雙方在資產評估中各自的權利、責任和義務。申請立項階段的工作主要包括申請、立項和委託三個步驟。

（二）資產清查

資產清查是委託方對被評估資產進行自查，並向評估機構提供委託評估資產清單，評估機構對此進行實地勘查、核定、鑒定和調整，並收集相關資料，為資產價值的評定估算提供可靠的依據。

（三）評定估算

評定估算是評估機構和評估人員在資產清查的基礎上，根據資產評估的特定對象和目的，選擇適當的評估方法，對資產的現值進行評定和估算，確定最終的評估值，並提出資產評估報告。

（四）驗證確認

資產管理部門對評估報告審核、驗證后，如確認資產評估，則下達確認通知書；否則，將根據不同情況作出要求修改、重新評估或不予確認的決定。如果委託方對已確認的評估結果持不同意見，可向上級資產管理部門申請復核。

二、資產評估的操作步驟

資產評估的操作步驟是指評估機構在具體資產評估項目的評估過程中的工作內容。

（一）評估前的準備工作

評估機構和人員受理資產評估業務後，首先要對被評估資產的基本情況進行初步瞭解，明確資產評估對象、評估目的、評估基準日和評估背景以及評估報告的交付日期等，並根據資產評估全過程的各項工作制訂資產評估工作方案，包括評估要求、評估人員分工、評估作業計劃、評估時間、評估費用、評估報告的撰寫要求等。

（二）收集相關資料

根據資產評估的目的，評估機構和人員必須掌握被評估資產的性質及產權變更、資產重組等情況，並根據實際需要收集相應的資料，包括所有直接或間接影響資產價格的有關資料，如法律法規、技術、經濟、市場交易等相關資料；同時，對被評估資產進行實地勘查以核實所收集資料的準確性。如果評估項目較多，則需要對被評估資產進行多次實地勘查。

（三）選擇評估方法並計算和確定評估值

評估機構充分考慮影響被評估資產的各種因素，選擇適合被評估資產的評估方法，具體計算和評定資產價值。估價人員不能拘泥於計算公式得出的結果，必須根據影響資產價格的各種因素，結合評估人員的經驗，綜合確定評估值，使評估結果既公正、合理，又真實、可行。

（四）提交資產評估報告

評估機構完成評估工作後，必須以書面形式向委託方提交反應評估過程和評估結果的資產評估報告，說明評估目的、評估程序、依據的假設、限定條件、評估方法、評估結果等基本情況，資產評估報告具有相應的法律效力。

第五節　資產評估的歷史演進

資產評估是商品經濟發展到一定階段的必然產物。當人類社會出現了商品經濟和商品生產時，商品交換關係應運而生，於是產生了對商品價值進行評定和估算的客觀需要。隨著資本主義經濟的飛躍發展，尤其是在市場經濟

制度下，商品生產活動日益複雜，資產轉讓、企業兼併、企業聯營、資產抵押、資產擔保、企業清算等經濟活動日益頻繁。為準確評估經濟交易活動中的資產價值，客觀上促使資產評估業作為獨立的、專門的仲介服務行業生存與發展，歐美等西方發達資本主義國家較早地開展了資產評估工作。一般認為，現代意義上的資產評估始於18世紀下半葉，至今已有兩百多年的歷史。

一、資產評估業的起源與發展

資產評估與人類社會的資產交易活動密不可分。如果沒有資產評估，人類就無法順利地進行資產交易；同樣，如果沒有人類社會的資產交易，資產評估也就失去了存在的前提。人類社會從原始社會后期商品交易的產生到現代市場經濟體制的建立，隨著資產交易的規模、方式不斷發展，資產評估也逐步得到發展和完善。資產評估大體經歷了三個發展階段，即原始評估階段、經驗評估階段、科學評估階段。

(一) 原始評估階段

在原始社會后期，生產的進一步發展產生了社會剩余產品，出現了商品生產和商品交易，於是產生了資產評估的客觀需要。在房屋、土地、牲畜及珠寶等貴重財產的交易過程中，由於這些財產的價值不易確定，交易雙方往往對財產的交易價格難以達成相同的意見。這時，雙方可以找一個有經驗並且雙方都信得過的第三方，對財產的價值進行評價估計，形成一個雙方都可以接受的比較公平的價格，以使交易活動能夠進行。這個第三方對財產價值進行估計以使買賣成交的過程就是一種原始的資產評估活動。而第三方在協調過程中，需要找出各種理由以給出一個交易雙方都能接受的價格，實際上扮演了類似現在評估人員的角色。

原始評估階段的資產評估具有以下幾個明顯的特點：①直觀性。評估過程沒有借助其他測評手段，僅僅依靠評估人員的直觀感覺和主觀偏好進行，這樣的評估過程簡潔明瞭，操作起來非常方便。②偶然性。由於此時生產力十分落后，人類生產的目的首先表現為自給，其次才為交易，所以商品交易只在有剩余出現時才發生，具有非經常性。這種交易的非經常性導致了原始資產評估的偶然性。③非專業性。整個社會缺乏獨立的評估機構和評估人員，擔任類似評估人員的第三方一般由交易雙方或一方指定，往往不懂評估知識但可能是在一定地域內德高望重的人。④無償性。由於早期資產評估尚屬一種偶發性活動，過程簡單並且充當評估人員的第三方一般為雙方熟悉且信得過的人，所以交易雙方無須支付評估人員費用，評估人員也不必對此負法律責任。

原始評估活動過程簡單，易於操作，但由於評估人員缺乏專業評估知識和技能，所以結果往往不夠準確，不能完全正確、客觀地反應交易商品的真實情況，而且一般發生在個人之間。然而，原始評估活動對促進商品交易、經濟發展仍然做出了很大貢獻。

(二) 經驗評估階段

隨著社會經濟的進一步發展，資產交易活動越來越頻繁，社會對資產評估的要求也不斷提高，資產評估業務逐步向專業化和經常化，從而產生了一批具有一定評估經驗的評估人員。這些評估人員結合自己在長期的評估實踐中累積起來的豐富經驗、技能和知識對資產進行評估。此階段，經驗在評估中起主要作用，資產評估進入經驗評估階段。評估人員具有較豐富的評估經驗，對資產價值的評定更加準確，所以資產交易雙方更願意委託他們進行評估，資產評估業務增多，有力地推動了資產評估業的進一步發展。

從時間上看，前資本主義階段的資產評估基本上屬於經驗評估。其基本特點如下：①頻繁性。評估結果更加準確，經濟的進一步發展，使資產評估業務比較頻繁。②經驗性。頻繁發生的資產評估業務，使得評估人員得以累積豐富的經驗，豐富的經驗直接決定了評估結果的準確性。③有償性。評估人員對資產評估業務實行有償服務，資產評估委託方要向評估人員支付評估費用。④責任性。由於評估是有償服務，相應地，評估機構和評估人員對評估結果特別是對因詐欺行為和其他違法行為而產生的后果負有法律責任。

經驗評估是在原始評估基礎上發展而來的。與原始評估相比，經驗評估的結果更加可靠、更加準確。但這些評估經驗尚缺乏理論上的提升，尚未形成系統化的統一的評估理論，未能實現評估程序的規範化和評估方法的科學化，資產評估有待進一步提高。

(三) 科學評估階段

18世紀中期，工業革命極大地促進了社會生產力，促使了資本主義經濟的快速發展。生產要素市場日臻發達，產品銷售市場日趨廣闊，企業的資產業務急遽擴大，資產業務的社會化分工日益細化，社會各界對資產評估的準確性、科學性要求越來越高，資產評估活動開始向規範化、職業化方向發展，資產評估進入科學評估階段。

在科學評估階段，公司化的資產評估機構和專業評估人員開始出現，評估理論和方法日趨成熟。專業評估人員把現代科學技術運用到資產評估中來，採用科學的方法和手段來對被評估資產進行評估。資產評估機構依靠其強大的評估實力和科學的管理方式為資產業務雙方提供評估服務。

科學評估階段的資產評估主要有以下特點：①評估機構公司化。評估機構通常是按現代企業制度營運的企業，是自主經營、自負盈虧的企業法人。目前，發達國家的資產評估公司主要分為兩大類：一類是專業化的資產評估公司，它們為客戶提供幾乎所有的資產評估業務。如成立於1896年的美國資產評估聯合公司，其業務範圍非常廣泛，幾乎囊括所有的資產業務。另一類是兼營資產評估業務的各類其他公司，它們在從事企業財務管理、市場行銷管理、企業戰略管理、人力資源管理等業務的同時，還兼營資產評估業務。如大多數會計師事務所，在從事報表審計、企業驗資、稅務服務等經濟業務時，還進行對包括房地產、機械設備、無形資產等項目的資產評估，實行多元化經營戰略。②評估人員專業化。資產評估機構是知識密集性組織，其從業人員主要分為三類：一是由經理和其他管理人員構成的公司管理層，主要負責公司的經營管理工作，保障公司正常運轉；二是公司的行銷人員，其主要任務是通過多種渠道把公司的優質服務推銷出去，為公司承攬業務；三是專業評估人員，他們構成公司的骨幹力量。專業評估人員須具備多學科的專業知識，涵蓋經濟管理、金融財稅、機械製造、化工製藥等方面，他們的主要任務是完成評估的技術性工作。評估人員經過長期系統的學習與實踐，掌握了資產評估的專業理論和知識，把資產評估作為自己的終身職業。③評估業務多元化。隨著經濟的發展，經濟活動日益複雜，出現了許多新型的資產活動。資產評估公司不斷擴大業務範圍，實施多元化經營戰略，評估內容極其豐富。在市場經濟發達國家，資產評估執業範圍早已超出了不動產評估的範圍，逐步發展為包括不動產、動產、無形資產和企業價值等在內的綜合性評估行業。④評估方法科學化。大量現代科學技術和方法被應用到資產評估中，極大地提高了資產評估的科學性和準確性。⑤評估結果法律化。資產評估結果（評估報告）只能由具有資產評估師等資格者簽發，並且經過法律部門的公證，評估機構和評估人員對資產評估結果必須負相應的法律責任甚至是連帶責任。⑥行業管理規範化。在資產評估業務蓬勃發展的同時，行業管理工作異常重要。各國評估行業自律組織相繼成立，在微觀上對評估行業進行管理；同時，美國等發達國家改變了對一些仲介行業不干預的政策，建立了資產評估行業政府管理部門，從宏觀角度對行業進行管理，使資產評估行業更好地服務於國家的發展。從微觀和宏觀兩個層面對資產評估行業進行規範化管理，促成了行業繁榮局面。

現代資產評估就是科學階段的資產評估，是原始評估階段和經驗評估階段的長期積澱。相對於原始評估階段、經驗評估階段，科學評估階段的評估更準確、可靠。

二、國外資產評估業的發展歷程

國外資產評估業起步較早，發展較快，到目前為止，已經形成了比較完整的、科學的資產評估體系。其中歐洲資產評估業的歷史比較悠久。如 16 世紀，在安特衛普成立了世界上第一個商品交易所，為使交易順利進行，必須對商品估價。這是目前關於歐洲評估業的最早記錄。國外資產評估業的發展以英國、美國最為典型，分別形成了英國為代表的以不動產價值評估為主要內容的評估體系、以美國為代表的以綜合評估為主要內容的評估體系。

(一) 英國資產評估業的發展歷程

18 世紀中期，英國率先發生了工業革命。工業革命極大地提高了英國的生產力，促進了社會經濟繁榮。當時大量工廠建立、大片土地被徵用。社會上出現了這樣一批人員，測量土地面積，以確定對土地所有者的補償，他們被稱為「土地測量師」（因為他們主要任務是測量土地面積）。這應該是可查證到的較早的資產評估人員。1834 年，土地測量人員自發成立了土地測量師學會。1868 年，英國各地規模不一的測量師協會和俱樂部經過充分協商，聯合成立了英國測量師學會，其成員主要從事不動產管理、土地測量和建築預算。隨後，英國測量師學會規模不斷擴大，影響力也越來越大。1881 年，維多利亞女王授予該協會「皇家特許」稱號，1946 年正式啟用英國「皇家特許測量師學會」（RICS）名稱。作為一個獨立、非營利的行業自律組織，RICS 制定行業操作規範和行為準則，提供面向測量師的嚴格的教育和培訓，保障了皇家測量師在執業中真正做到獨立、客觀、公正，為客戶提供高水準、高質量的服務，引導行業健康發展。同時，英國評估行業還成立了其他的自律組織，比較有影響的還有估價師與拍賣師聯合會（ISVA）和稅收評估協會（IRRV）。在三個組織中，RICS 占絕對主導地位。

20 世紀 70 年代，英國出現了「不動產危機」，很多民眾對不動產的貶值十分失望，對不動產評估中的一些做法十分不滿。為了解決這一問題，RICS 開始考慮統一行業組織，制定統一的評估準則，以保證評估質量，保護評估師和當事人利益，維護評估業的形象。20 世紀 70 年代末，RICS 下屬的評估與估價準則委員會制定了不動產評估準則。1995 年，RICS 與 ISVA、IRRV 共同出版了《評估與估價指南》（被稱為「紅皮書」），其主要內容是針對不動產評估。2000 年，RICS 成功實現了與 ISVA 的聯合，這從根本上改變了 RICS 在評估領域的執業範圍，從經典的不動產評估走向包括動產評估和不動產評估在內的全方位多目標評估，使得 RICS 在評估領域的影響力更大。

2003 年，RICS 出版了第五版「紅皮書」，將名稱改為《評估與估價準

則》。新版「紅皮書」借鑑了其他國家評估準則和《國際評估準則》的重要理念和思路，順應了國際評估行業的發展趨勢，對世界多國的評估活動都有較大影響。英國的資產評估體系是以不動產為主要內容的評估體系，其影響遍及英聯邦國家和歐盟組織。

目前，英國資產評估行業分為兩大體系：政府管理體系和行業自律體系。其中，政府管理下的資產評估體系主要用於稅收目的，一般不承攬評估項目；行業自律下的資產評估體系由大量資產評估機構和從業人員構成。評估機構大都以公司形式存在，除對不動產、珠寶藝術品、機器設備、企業價值等進行評估外，還提供許多相關的服務業務。

(二) 美國資產評估業的發展歷程

美國資產評估業務開始得較早，已有100多年的歷史，是世界上評估業水平較高的國家之一。

在美國，資產評估作為一種有組織、有理論指導的專業服務活動，起始於19世紀中後期。當時，由於工業革命帶來的全球技術革新，生產力得到迅猛發展，生產效率大大提高。在生產中，企業往往陷入因資金不足而無法擴大規模的困境，伴隨信用制度和各種金融機構的發展，企業可向銀行申請貸款。銀行為保證貸款到期時能收回本息，避免或減少風險，要求企業以自有資產為抵押，企業必須向銀行提供由專業機構評估的資產持有情況。同時，財產保險、產權交易、家庭財產分割等，也要求對有關資產進行比較科學的評估。19世紀後期，美國出現了一批專業評估機構和評估人員。

1896年，美國最大的資產評估公司——美國資產評估聯合公司宣布成立。它的成立，標志著美國現代意義上的資產評估的開始。除專業評估公司外，美國還出現了會計師事務所、審計師事務所和各類企業管理諮詢公司等，兼營資產評估業務。

隨著資產評估業的不斷發展，評估人員根據不同的目的和不同的領域要求自發地成立了許多民間性的行業自律組織。這些組織中有綜合性較強的組織，其涵蓋的專業範圍跨越多個評估領域；也有側重於某一特定資產領域或某一特定評估目的的組織。其中影響較大的有美國評估師協會（ASA）、美國評估學會（AI）、美國註冊評估師協會（AACA）、評估師國際聯合會（IAAO）等。ASA成立於1936年，是美國評估行業第一個自律性組織，也是美國最大的綜合性評估專業協會。ASA管理的評估範圍十分廣泛，包括不動產、珠寶、個人資產、機器設備等，20世紀60年代還較早開始涉及企業價值評估領域。AI成立於1991年，由美國不動產評估學會和不動產評估協會聯合成立，是美國最大的專業性自律組織之一，主要面向不動產評估。

美國政府除了在稅收等方面對評估業進行與其他行業相同的管理外，對評估業幾乎不進行任何干預，主要是通過 ASA、AI 等非政府性質的評估行業專業組織進行自律管理。這些自律協會根據各自所側重領域分別制定了不同的職業道德守則和評估執業準則，並制定了各自的專業人員資格標準。各協會有不同的執業準則，嚴重影響了整個行業的執業質量和形象。另外各協會對從業人員的資格要求不同，資格認證測試側重點必然有所不同。為了取得眾多協會的從業資格，許多人員疲於參加主要內容相似但側重和要求不同的考試，取得會員資格后每年又得參加若干個專業后續教育培訓，造成了人力、物力、財力的極大浪費。

20 世紀 80 年代美國遭受泡沫經濟的嚴重衝擊。在事后的研究與分析中，業界普遍認為，在不動產抵押貸款業務中，由於沒有統一遵循的執業準則，評估師對作為抵押物的不動產進行不恰當的評估，導致銀行等金融機構過高估計被抵押不動產的價值而對企業進行貸款。在出現不能收回貸款而處置抵押不動產時，抵押物價值往往達不到評估值，造成銀行等金融機構壞帳大幅度增加，並導致一批金融機構倒閉，嚴重影響了國民經濟的正常運行。美國眾多評估協會也深刻認識到，作為一個社會公正性服務行業，沒有統一的認證標準，沒有統一的執業準則，不利於從業人員客觀、公正地開展業務，不利於提高業務水平。在上述兩方面原因的作用下，美國評估界自發組織起來，從行業內部著手解決有關評估師資格認證和執業準則不統一的問題。

1986 年，ASA、AI、IAAO 等美國評估協會與加拿大評估師協會聯合起來，成立了統一準則特別委員會，制定了《專業評估執業統一準則》（初級版）。美國國內各大協會均採納了這一準則，並於 1987 年在該特別委員會的基礎上成立了評估促進委員會（AF）。AF 是目前美國評估業最重要的非營利性自律組織。經美國法律授權，AF 取得統一準則的版權，並在 1989 年正式採納了初級版《專業評估執業統一準則》（USPAP）。AF 的成立和 USPAP 的發布對美國評估業有著重要意義，實現了美國評估準則的統一，使美國評估業整體執業水平和社會認可度得到很大幅度的提升。USPAP 對其他國家評估業也產生了很大影響，已成為部分中北美和亞洲國家評估執業準則。

同時，美國開始改變對評估業長期不予直接管理的態度。美國國會於 1989 年通過了《金融機構改革、復原和強制執行法令》，這是美國關於評估管理方面的重要立法，也是政府干預、管理評估業的開始和最直接體現，標誌著評估管理體系的形成。聯邦政府也於 1989 年頒布了《不動產評估改革》，這是政府有關資產評估最具代表性的法律文件。該文件依照統一標準考核不動產評估人員的職業道德和執業水平，來整頓不動產評估活動。同時，聯邦

政府決定在聯邦金融機構監察委員會下設「評估分會」（AS），行使政府對資產評估業的管理職能。目前，美國資產評估行業實行政府管理和行業自律管理相結合的管理模式，AS 代表政府行使管理職能，是評估業最高管理機關；而行業自律表現為目前 12 個不同性質的評估協會，其中 AF 是美國資產評估業的業務權威。

美國資產評估業經過百年的漫長道路，經歷了一個不斷完善的過程，實現了從分散到統一。評估業務範圍已從早期的不動產、財產保險、抵押貸款等評估滲透到經濟生活的各個層面，包括不動產、機器設備、珠寶首飾、企業價值、金融資產、實物期權等多種類型。評估服務對象不僅包括各類公司、聯邦政府、司法部門和有關公共部門，還包括居民個人和社會公眾等。美國的資產評估體系被認為是以綜合評估為主要內容的評估體系，其影響遍及南美洲、北美洲國家，部分東歐國家和國際組織。

（三）其他國家資產評估業的發展簡況

歐洲其他國家的資產評估大都受到英國等傳統評估業發達國家的影響，發展也較為迅速。波蘭早在 1918 年就出現了專業的評估機構，提供專門的評估服務，並先后形成了 20 多個互相獨立的不同領域的評估協會。為規範業務，波蘭政府引導這 20 幾個協會組建了波蘭評估師協會聯合會。1992 年，波蘭開始實施評估師註冊頒發執照制度。目前，波蘭評估師的評估範圍很廣，主要業務是房地產評估和納稅評估。挪威評估行業受英國測量師行業影響很大，評估行業往往與測量行業聯繫在一起。在挪威，沒有專門的政府部門對資產評估行業進行管理，主要是通過評估行業協會進行自律管理。德國的評估業也有一百多年的歷史，與其他歐洲國家類似，德國的資產評估業主要也是不動產評估。1977 年 4 月，比利時、法國、德國、愛爾蘭和英國發起成立了歐洲固定資產評估師聯合會。1978 年，歐洲固定資產評估師聯合會為配合歐盟公司法的有關規定，出版了《歐洲評估指南》第一版；1981 年、1993 年、1997 年分別修訂出版了第二、三、四版。1999 年 6 月，該組織更名為歐洲評估師協會聯合會（TEGOVA）。TEGOVA 收集整理各國評估組織的有關規定，研究各國規定的特點，將相同點直接作為歐洲評估標準，並對不同點進行研究和協調，並在以前幾版指南準則的基礎上於 2003 年制定了《歐洲評估準則》（EVS）。EVS 包括準則、指南和附錄三部分，準則規定評估的基本原則，指南是對基本原則的釋義和應用說明，附錄則對釋義和具體應用程序給出了進一步的指導。EVS 是一部適用於歐洲地區的區域性評估準則，也是當前國際評估界具有重要影響力的評估準則之一。

澳大利亞開展資產評估業務始於 20 世紀 20 年代，至今已有 80 多年的歷

史。澳大利亞評估業開始主要是房地產交易的評估。近年來評估業發展較快，現在已形成一個較為完整的資產評估體系。澳大利亞評估業實行社會化行業自律管理，在很早就成立了自律組織。20世紀20年代初，澳大利亞評估師和土地經濟學家學會成立，1926年起各地成立若干分會。為了統一執行標準，1932年澳大利亞成立了全國委員會，1998年更名為澳大利亞資產學會。澳大利亞資產評估業務量不大，內容較為單一。評估對象包括房地產、機器設備、礦產資源、企業價值等多方面，但主要集中在物業評估。澳大利亞的評估機構有兩種類型：一是獨立的資產評估公司，是由房地產交易的經紀人和評估人員發展起來的，除房地產評估外，也承擔企業出售、無形資產的評估等；二是國際會計公司，如畢馬威、普華永道等著名國際會計公司很早就在澳大利亞設有分公司，兼營資產評估業務。

韓國把資產評估業稱為「鑒定評價業」。鑒定評價業務最初始於由貸款銀行自行對抵押或擔保的財產價值進行評估，以確定信貸額度。隨著經濟活動的日益頻繁，鑒定評價業務日趨複雜，迫切需要建立專門從事財產價值鑒定評價的機構，為銀行在貸款過程中的抵押、擔保財產提供公正、可靠的估價服務。1969年，由政府、銀行等部門共同出資建立的韓國鑒定院，專門從事財產價值鑒定評價業務，是目前韓國最大的鑒定評價結構。1972年，韓國實行「土地評價士」制度。土地評價士主要從事基準地價的調查和評價業務，為國有和公有土地買賣、政府對私人土地的徵用補償、課稅稅基的確定提供地價標準，以解決土地買賣等活動中的不公平現象。1973年年底，韓國政府根據鑒定評價有關法律建立了「公認鑒定士」制度。公認鑒定士主要從事銀行貸款抵押、擔保財產的評估，國有、公有財產的評估等業務。韓國鑒定院、土地評價士、公認鑒定士在競爭過程中出現了執行標準不統一的現象，造成評估制度混亂。1989年，韓國將「土地評價士」制度和「公認鑒定士」制度統一起來，把「土地評價士」和「公認鑒定士」統一為「鑒定評價士」，從事所有公私財產的價值評估業務，實現了鑒定評價制度的統一和發展。

馬來西亞很早就認識到評估對經濟發展以及對國家、社會、企業等各方面的重要性。為規範評估業的發展，馬來西亞較早採取了法律手段進行管理和引導，從20世紀60年代開始陸續制定了一系列評估管理方面的法律。1981年制定的《評估師、估價師和不動產代理人法令》是目前馬來西亞評估業管理的重要立法，在馬來西亞評估界被稱為「基本法」。馬來西亞曾是英國殖民地，在經濟、文化、法律等方面受到英國影響，在評估理論和實踐上也基本承襲了英國測量師體制，業務上偏重於不動產評估。馬來西亞評估業經過半個世紀的發展，取得了很大的成功，不僅極大地促進了本國經濟的發展，

而且在國際評估界也贏得了較高的聲譽。

三、中國資產評估業的發展歷程

中國資產評估行業作為一項獨立的仲介服務行業，起步較晚。但是，資產評估作為經濟管理的一種輔助性活動，有著悠久的歷史。據記載，中國早在春秋時期，就出現了類似對不動產稅基的評估行為。但長期的封建社會使中國的商品經濟遲遲得不到應有的發展。舊中國由於處於半殖民地半封建的境地，商品經濟發展停滯，資產交易不發達，資產評估發展緩慢。

新中國成立后，中國的資產評估業經歷了一個從無到有、從不規範到比較規範的過程。

(一) 新中國成立后的清產核資

新中國成立后，中國長期實行大一統的計劃經濟體制。在計劃經濟體制下，企業的資產都是國有資產，產權主體是國家，資產的轉移都是通過國家計劃調撥的方式進行的。為了摸清國有資產情況，做好計劃管理，國家共進行了四次清產核資活動。

為瞭解國家接管以及恢復、建設的國有資產狀況，實現由供給制、半供給制向經濟核算制的轉變，政府於1951—1952年對工業、交通、郵電、貿易、銀行、農林等行業進行了全面的資產清理、登記和估價。最終政府核實1952年國有資產總值為238億元，獲得了第一份比較完整的、真實的國有資產資料。在這次資產核查中，國家明確規定：全國國有企業固定資產的估價，應以1951年6月底的「重置完全成本價值」為標準。這種估價方法與現行的評估方法相似。1956年，實行全行業公私合營時，私營企業生產資料由國家通過清產定股，確定資產股份，然后按股付息，這種清產定股也頗具資產評估的性質。

20世紀60年代初期，為了糾正經濟工作中「左」的失誤，扭轉國民經濟嚴重困難的局面，國家提出了「調整、鞏固、充實、提高」的方針，以整頓支離破碎的國民經濟。1962年，在全國整頓的同時，政府在全國範圍內開展了第二次清產核資工作，一律按現行價值清查核實國有企業的資產。1971—1972年，為了糾正「文化大革命」的極左路線，政府又一次在全國範圍內開展資產清查，但內部阻力很大，只對庫存物資進行了初步整理，清查處理了一些庫存積壓物資和閒置設備。1979—1980年，國家進行了第四次大規模的清產核資工作。這次清查涉及面比較廣，較全面地核實了國有企業的固定資產和流動資產。

不可否認，新中國成立后國家進行的四次清產核資活動都屬於資產管理

範疇，都是核實資產價值，帶有資產評估的色彩，但不能算是完全意義上的資產評估。二者有本質的區別：①目的不同。資產評估在於通過評定估算資產的現時價值，滿足產權變動或交易活動的需要；清產核資主要為了摸清家底。②評價方法與價值尺度不同。資產評估應以資產現時價值計價，主要反應資產的獲利能力；而清產核資一般用歷史成本法或重置成本法計價。③範圍不同。資產評估既可針對有形資產，又可對無形資產；清產核資往往針對有形資產。④效力不同。資產評估結果具有法律效力，評估機構和評估人員對其做出的評估報告負有相應的法律責任；清產核資的結果不具有法律效力。⑤行為主體不同。資產評估人員屬於獨立的資產評估機構；清產核資人員往往是企業員工。

(二) 市場經濟下的資產評估

20世紀80年代末，隨著社會主義市場經濟的發展和國有企業改革的進行，企業逐步成為相對獨立的經濟實體。企業的生產要素等資產不再通過國家劃撥的形式提供，而是通過市場取得。企業通過聯營、收購、兼併、轉讓等行為，來提高資產營運效益。為了防止國有資產在產權變動或資產重組活動中流失，確保國有資產安全，資產評估業應運而生。這是中國資產評估業產生的直接原因。另外，對外經濟交流也促進了中國資產評估業的產生。從1978年開始，中國實行開放的經濟政策，中外交往日趨密切。隨著外商直接來華投資和中外合資、中外合作企業的迅猛發展，一個重要問題是如何合理界定中外雙方的出資額。在雙方信息不對稱的情況下，只有通過專業機構運用科學的方法，對各類投資對象的價值進行估算和度量，以此作為確定投資額的依據。對外經濟中，資產評估既是吸引外商外資的基礎工作，又是維護中外雙方權益的重要手段。

中國真正意義上的資產評估產生於20世紀80年代末期，經過20多年的發展，資產評估業已經與會計師業、律師業一樣，成為中國經濟發展中不可缺少的基礎性仲介服務行業。回顧中國市場經濟下的資產評估業的發展歷程，可將其分為四個發展階段。

1. 中國資產評估行業起步階段（1988—1992年）

為了加強國有資產管理，1988年中國成立了國家國有資產管理局。同年，國家體制改革委員會委託中國企業培訓中心在北京舉辦資產評估研討班，聘請美國資產評估聯合公司的副總裁羅納德·格爾根和該公司高級評估師羅博特·勞博達講授資產評估的理論與實務。一些善於把握時機的評估機構、會計師事務所，在有關部門和領導的支持下，大膽邁出了開展資產評估工作的步伐。1989年，中國第一例資產評估在大連出現，大連煉鐵廠中外合資項目

成為中國第一筆資產評估業務。隨后其他地區尤其是沿海城市陸續開展資產評估業務。國家國有資產管理局因勢利導，於1989年5月在大連召開了八省市國有資產評估工作座談會。與會專家在交流各地初步開展資產評估工作的做法和經驗的基礎上，討論了國家國有資產管理局起草的《國有資產評估暫行條例（送審稿）》，並於6月21日印發了《八省市國有資產評估工作座談會紀要》。同年9月21日，國家國有資產管理局頒發了《關於國有資產產權變動時必須進行資產評估的若干暫行規定》，這是中國第一個提到評估問題的政府文件。為了有效地保障國有資產在產權變動中保值增值，1990年7月，國家國有資產管理局成立資產評估中心，其職能是對全國國有資產的評估工作進行管理和監督並制定評估法規和各項規章。隨后，各省、自治區和直轄市國有資產管理部門相繼成立評估中心，負責地方評估工作。到1990年年底，資產評估在全國範圍內全面開展起來。

為了更好地對資產評估業務實施管理，保護產權變動時有關各方面的經濟利益，1991年11月，國務院發布了第91號令《國有資產評估管理辦法》。該辦法是中國第一部有關資產評估方面的全國性行政法規，對中國資產評估的程序與目的、評估範圍、評估原則、評估工作管理主體、評估機構資格認定、評估基本方法和評估行為各方面法律責任作了系統的規定，確立了中國資產評估工作的基本依據、基本方法和基本政策。該辦法的發布，為保證全國資產評估活動的有序開展和形成全國統一的資產評估行業體系奠定了初步基礎。

1992年7月，國家國有資產管理局根據國務院第91號令的授權，制定頒布了《〈國有資產評估管理辦法〉施行細則》。該細則對資產評估管理辦法中涉及的各個方面作出了具體規定，使《國有資產評估管理辦法》更具有可操作性。

2. 中國資產評估行業自律階段（1993—1994年）

自1989年全國第一筆資產評估業務出現開始，資產評估業務量一直呈上升趨勢。1989年到1991年，全國資產評估行業共完成評估項目4,958項，評估金額合計404億元。自1991年《國有資產評估管理辦法》實施后，業務量急遽增加。全行業1992年評估項目11,846項，評估價值約1,818億元。1993年，全行業評估項目共計22,324項，金額合計5,290億元。資產評估業務的劇增，使評估機構和從業人員也大量增加，客觀上要求在全國成立自律性行業組織，在政府和評估機構、評估人員之間發揮橋樑和紐帶作用。經過資產評估管理機構和操作機構的充分醞釀，1993年12月，中國資產評估協會成立。中國資產評估協會既受政府的管理和監督，又協助政府貫徹執行有關評

估法規和政策。中國資產評估協會的成立，標誌著中國資產評估管理由政府管理向行業自律管理過渡，標誌著中國評估行業進入了一個新的發展時期。之後，各省、自治區、直轄市資產評估協會也紛紛成立，進一步強化了資產評估行業管理；同時，還成立了一些其他協會。1994年5月，中國土地估價師協會成立。1994年8月，中國房地產估價師與房地產經紀人學會成立。在所有自律組織中，中國資產評估協會居於主導地位。

3. 中國資產評估業走向國際化和規範化階段（1995—2000年）

在國內評估業蓬勃發展的同時，中國資產評估行業還積極加強與國際社會的交流。1995年3月，中國資產評估協會代表中國評估行業加入了IVSC，由此實現了中國資產評估行業管理組織與國際評估組織接軌。之後，中國資產評估協會等組織分別與美國、英國、澳大利亞、韓國等國的評估專業組織建立了良好的合作關係，越來越多地參與評估業的國際事務。1999年，IVSC年度大會在北京舉行，中國成為IVSC常務理事國。中國在世界評估界發揮著越來越重要的作用，中國的評估業開始走向國際化。

20世紀90年代初期，中國資產評估人員大都由會計師、經濟師、工程師等相關人員組成。那時業務量相對較少，業務類型也比較單一（主要為國有資產評估），評估師隊伍尚且能滿足這種評估需求。隨著經濟的發展，評估業務數量越來越多，涉及行業越來越多，業務複雜程度越來越高，沒有一支知識豐富、技能精湛的高水平的專業評估師隊伍，很難勝任此項工作。1995年5月，由國家人事部和國家國有資產管理局聯合發布了《資產評估師執業資格制度暫行規定》和《資產評估師執業資格考試實施辦法》，建立了中國的資產評估師制度。這一制度是中國註冊會計師制度成功實施后又一專業資格認證制度，標誌著中國資產評估由過去的重視機構管理、項目管理向注重評估師隊伍管理轉變。這一制度的建立，有利於提高資產評估人員的素質和執業水平，有利於與國際慣例接軌，有利於加強與國際評估市場的溝通和聯繫。資產評估師制度對壯大中國的評估師隊伍、提高行業評估質量起了很大的作用。1998年6月，中國開始實行資產評估師簽字制度，使評估師的責、權、利有機結合起來，強化了評估師的責任，規範了評估師的行為。

自資產評估業開展以來，資產評估人員為發展中國評估事業做出了巨大貢獻。但由於長期以來缺乏統一的評估操作規程和操作標準，各個評估機構自行制定評估操作方法和規程。對同一類資產評估，各個評估機構可能採用不同的評估程序、評估方法和評估參數，這給評估管理工作帶來了諸多不便，不利於行業水平的提升。1995年，國家國有資產管理局資產評估中心和中國資產評估協會開始研究資產評估操作規範問題。1996年5月，國家國有資產

管理局發布了《資產評估操作規範意見（試行）》。該規範意見是中國第一部資產評估行業技術操作行為的指南和規程，分別就評估程序、評估方法、評估原則、信息收集以及各類資產評估基本要求提出了明確的指導意見。它的發布，標志著中國資產評估業開始走上科學化、規範化操作的新階段。1997 年，國家國有資產管理局聯合林業部等部委印發了關於對有色金屬礦產資源、煤炭資源、冶金礦產資源、森林資源、化工資源等的資產評估問題，規範了資源類評估業務。1999 年 6 月，中國資產評估協會頒布《資產評估業務約定書指南》《資產評估業務計劃指南》《資產評估工作底稿指南》《資產評估檔案管理指南》四個操作指南，從形式上規範了評估工作。1997 年 7 月，財政部印發了《中國資產評估師執業道德規範》和《中國資產評估師職業后繼教育規範》，進一步加強職業道德和執業水平，促使評估行業規範化。

4. 中國特色的資產評估準則體系形成階段（2001 年至今）

從 2001 年開始，中國資產評估業加快了行業規範化建設的步伐。2001 年 9 月 1 日，《資產評估準則——無形資產》頒布並實施，是中國資產評估第一個具體執行準則。它的頒布實施，標志著中國資產評估行業又向規範化和法制化邁進了重要的一步，必將大大加快中國資產評估執業標準的制定進程。從此，中國無形資產評估有章可循、有則可依，無形資產業務評估實現了統一。同一天，中國註冊會計師協會（中國資產評估協會）發布了《資產評估師關注評估對象法律權屬指導意見》，就評估師在評估業務過程中合理關注評估對象法律權屬行為進行了規範。

隨著中國加入世界貿易組織（WTO），中國資產評估業步入一個機遇與挑戰並存的激烈競爭時期。為此，中國資產評估業必須盡快建立與中國國情相適應的資產評估準則，進一步提高評估師的職業道德和服務質量，堅持獨立、客觀、公正的執業原則，積極開展資產評估服務的新領域；同時，應深入瞭解境外資產評估的新技術、新方法，提高中國資產評估機構抵禦風險的能力。

2003 年 1 月，中國資產評估協會頒布了《珠寶首飾評估指導意見》，規範了珠寶首飾價值評估和相關信息的披露。同年，國務院進行了機構改革，財政部作為政府管理部門管理資產評估行業。2004 年 2 月，財政部將中國資產評估協會單獨設立，並發布了《資產評估準則——基本準則》和《資產評估職業道德準則——基本準則》。《資產評估準則——基本準則》不僅對資產評估師的基本要求、評估程序、評估報告和評估方法等作出了原則性規定，而且針對中國資產評估實踐中存在的問題，明確了資產評估業務的目的和相關責任。《資產評估職業道德準則——基本準則》重點就資產評估師職業道德的基本要求、專業勝任能力等作出了規定，將職業道德基本準則和評估基本

準則一同發布，更體現了職業道德準則在評估準則體系中的重要性。兩個基本準則的發布標志著中國資產評估準則體系的初步建立，表明中國資產評估行業的發展跨上了一個新臺階。2004年12月，中國資產評估協會發布了《企業價值評估指導意見（試行）》，分別從評估要求、評估方法和評估披露等方面對企業價值評估進行了規範。這是中國第一部有關企業價值評估的規範文件，是中國資產評估體系建設邁出的又一重要步驟。隨著金融改革的不斷深化，金融不良資產的處置成為一段時期以來金融改革的一項重要工作。金融不良資產的處置中，不良資產評估相對較為複雜，難度大，沒有國際經驗可借鑑。2005年3月，中國資產評估協會發布了《金融不良資產評估指導意見（試行）》，從評估對象的確定、價值類型的選取、價值意見的披露等方面為不良金融資產評估提供指導。

2007年11月28日，財政部發布了中國資產評估準則體系，頒布了包括8項新準則在內的15項資產評估準則，同時成立財政部資產評估準則委員會。中國資產評估準則體系是在立足中國國情，充分借鑑《國際評估準則》的基礎上得來的。它涵蓋了業務準則和職業道德準則、基本準則與具體準則、程序性準則與實體性準則，從評估師行為、業務流程、不同資產類型、不同經濟行為等方面對行業進行了規範。中國資產評估準則體系的頒布，有利於完善社會主義市場體系，有利於維護公眾利益，有利於提高行業規範化水平和執業質量，有利於提升行業社會公信力。中國資產評估準則體系的發布，是中國資產評估發展史上的重要里程碑，標志著中國資產評估準則體系的形成。

資產評估行業是中國社會主義市場經濟的重要組成部分，資產評估在保證國有資產安全、保護投資者權益、維護經濟秩序、防範金融風險、保障交易公平等方面都發揮著重要作用。作為社會主義市場經濟中不可替代的重要的仲介服務工具，在資產評估實踐中，現行的評估法規制度存在許多缺陷和不足，其中有些條例已經滯后，有些條例缺乏可操作性，對市場經濟中出現的新問題缺乏相應的規定。現行的評估法規制度除了《國有資產評估管理辦法》以外，與評估有關的法律規定散見在《中華人民共和國房地產管理法》《中華人民共和國公司法》（以下簡稱《公司法》）、《中華人民共和國證券法》等多部法律中，彼此缺乏一致性，評估法規已落後於評估實踐，現有的評估法規制度已不適應中國評估業發展的現實。長此以來，中國還沒有一部完整的規範評估活動的法律，資產評估行業的發展正遭遇「法制瓶頸」。因此，制定資產評估法，將所有評估活動納入法律規範的軌道，使資產評估師在執行資產評估活動中有法可依，這一發展趨勢勢在必行。

2005年，評估行業管理條例被列入國務院立法規劃，並委託財政部會同

建設部、國土資源部、商務部和保監會等部門組織起草。2005年12月16日，資產評估法被正式列入十屆全國人大常委會的補充立法計劃。2006年6月8日，全國人大財經委召開資產評估法起草組成立暨第一次會議。2008年，資產評估法被列入十一屆全國人大常委會的立法規劃計劃。2012年2月，《資產評估法（草案）》被首次提上全國人大審議程序。2013年，十二屆全國人大常委會第四次會議對《資產評估法（草案）》進行第二次審議，評估立法工作取得了重要進展。2014年，資產評估法被列入《全國人大常委會2014年立法工作計劃》。資產評估行業立法工作的正式啓動，對促進中國資產評估行業的健康發展、維護社會主義市場經濟秩序具有十分重要的意義。目前，隨著資產評估立法工作的全面推進，2016年7月2日，第十二屆全國人民代表大會常務委員會第二十一次會議通過《中華人民共和國資產評估法》（自2016年12月1日起施行），可以展望在不久的將來，將會在社會主義的市場經濟中更好、更有效地指導資產評估行業的運作。

第二章 資產評估的基本方法

第一節 資金的時間價值

資金的時間價值是指一定的資金在不同的時點上具有不同的價值，反應不同時點上資金之間的關係，又稱為貨幣的時間價值。要合理、準確地評估資產的現值，必須掌握不同時點上資產價值之間的數量關係。分析資產評估對象在若干時期的價值情況，必然涉及資金的時間價值問題。資金時間價值計算指標很多，現將常用的單利終值、單利現值、複利終值、複利現值、普通年金終值和普通年金現值六個指標的計算方法分述如下。

一、單利終值和單利現值

現值是指現在的價值。終值是指若干時期（通常是年）後包括本金和時間價值在內的未來價值。而單利只是一種計息形式，即在一定時期內只對本金計算利息。

（一）單利終值的計算

$$F = P(1 + r \cdot n)$$

式中：F——終值；

P——現值；

r——利率；

n——時期數（通常以年數計）。

（二）單利現值的計算

$$P = F \cdot \frac{1}{(1 + r \cdot n)}$$

二、複利終值和複利現值

複利是另一種計息形式，即在一定時期內每期都以上期期末的本利和為

本金計算利息。

(一) 複利終值的計算

$$F = P(1+r)^n$$

式中，$(1+r)^n$ 為複利終值系數。

(二) 複利現值的計算

$$P = F \cdot \frac{1}{(1+r)^n}$$

式中，$\frac{1}{(1+r)^n}$ 為複利現值系數。

三、普通年金終值和普通年金現值

年金指一定時期內每期相等金額的收付款項。在實際工作中，租金、利息、折舊等屬於年金收付形式。年金根據收付的時間和方式不同，可分為普通年金、預付年金、永續年金和延期年金。其中最常見的是普通年金，即每期期末收付的年金，又稱后付年金。

(一) 普通年金終值的計算

$$F = A \sum_{i=1}^{n} (1+r)^{i-1}$$

式中：A——普通年金；

n——時期數。

可將公式進一步展開：

$$\begin{aligned} F &= A(1+r)^0 + A(1+r)^1 + A(1+r)^2 + \cdots + A(1+r)^{(n-2)} + A(1+r)^{(n-1)} \\ &= A \times \frac{(1+r)^n - 1}{r} \end{aligned}$$

式中，$\frac{(1+r)^n - 1}{r}$ 為年金終值系數。

(二) 普通年金現值的計算

$$P = A \sum_{i=1}^{n} \frac{1}{(1+r)^i}$$

該公式可展開為：

$$\begin{aligned} P &= A \cdot \frac{1}{(1+r)^1} + A \cdot \frac{1}{(1+r)^2} + \cdots + A \cdot \frac{1}{(1+r)^n} \\ &= A \cdot \frac{1-(1+r)^{-n}}{r} \end{aligned}$$

式中，$\dfrac{1-(1+r)^{-n}}{r}$ 為年金現值系數。

在實際工作中，複利終值系數、複利現值系數、年金終值系數和年金現值系數可以通過計算得到，也可以通過查閱按不同利率和時期編製的複利終值系數表、複利現值系數表、年金終值系數表和年金現值系數表（見本書附錄1、附錄2、附錄3和附錄4）直接得到。

第二節　現行市價法

現行市價法是資產評估三大基本方法之一。它是通過參照市場最近類似被評估資產的交易價格，根據其不同的影響因素，將類似資產的成交價格進行修正，以確定被評估資產價值的一種評估方法。現行市價法在市場發育成熟且交易活躍的國家和地區應用得比較廣泛，也是評估人員經常採用的簡單而有效的方法，又被簡稱為市場法。

一、市場法應用的前提條件

應用市場法的理論依據是替代原則，即商品間替代性越強，價格越接近。應用這一原理尋找類似或相同的資產來評定待估資產的價值，必須具備以下前提條件：

第一，必須具有一個充分發育、活躍的資產市場。

如果資產市場發育不成熟，將難以尋找到與待估資產類似的交易實例，缺乏相應的可參照物，市場法的應用就會受到限制。

第二，市場參照物與待估資產相對應的可比較的資料能夠收集且量化。

分析比較待估資產與市場參照物的差異原因，並進行價格修正或調整，必須收集有關時間因素、地域因素、功能因素等的經濟、技術參數並將其量化，才能綜合確定待估資產的評估價值。

二、市場法的評估程序

（一）收集近期類似已交易資產的基本資料

評估人員應盡量收集近期發生的與待估資產類似的已交易資產的市場交易資料，為選取可供比較的參照物做準備。

（二）選取三個或三個以上的類似資產作為參照物

可採用數學或統計方法從收集的交易資料中選擇與待估資產相同或類似

的、較接近的交易實例作為供比較的參照物。

(三) 分析待估資產與參照物的差異，並進行參照物價格修正

將參照物與待估資產進行比較，分析其中的差異，並進行修正或調整，包括時間因素、地域因素和功能因素調整或修正。計算公式為：

$$參照物的修正價格 = 參照物的交易價格 \times 時間因素修正係數 \times 地域因素修正係數 \times 功能因素修正係數$$

(四) 綜合決定待估資產的評估價值

由於參照物修正後的交易價格存在差異，還必須採用綜合的方法，如計算平均價格等，確定一個合理的估價額，作為待估資產的評估價值。

第三節　重置成本法

重置成本法是指按待估資產的現時重置成本扣除各種因素引起的貶值來確定資產評估價值的一種評估方法。重置成本法也是資產評估三大基本方法之一，通常簡稱為成本法。

一、成本法的基本公式

成本法的基本原理是替代原理，即資產的評估價值不能高於重新購置的具有相同功能的類似資產的成本，評估值的大小取決於資產成本的高低。如果評估的資產已經投入使用，還應扣減資產因各種內部或外部原因帶來的貶值或損耗價值，包括實體性貶值（實體性損耗）、功能性貶值（功能性損耗）和經濟性貶值（經濟性損耗）。其中實體性貶值是指使用帶來的磨損或自然損耗而引起的貶值，即有形損耗；功能性貶值是指技術相對落後、性能明顯降低而引起的貶值；經濟性貶值是指待估資產以外的社會、經濟、環境等因素影響而引起的貶值。通常採用成本法評估資產價值時，可以綜合各種損耗或貶值確定資產的成新率，即待估資產的現值與全新狀態下的重置價值的比率，通過計算重置成本與成新率的乘積來確定資產的評估價值。按照成本法的評估原理，成本法的基本公式為：

資產評估值＝重置成本−實體性貶值−功能性貶值−經濟性貶值

資產評估值＝重置成本×成新率

二、成本法應用的前提條件

應用成本法應具備以下前提條件：

(一) 待估資產可重新建造或購置

在現時市場條件下，可以採用與待估資產相同材料、相同工藝或新材料、新工藝重新購建全新資產，即待估資產必須能複製或更新。

(二) 待估資產因各種因素而產生的貶值可以量化

待估資產隨時間變化將產生實體性貶值、功能性貶值和經濟性貶值，應充分考慮資產的各種有形損耗和無形損耗並進行科學估測，如果貶值或損耗難以量化，評估結果往往不準確。

三、成本法的評估程序

(一) 求取重置成本

根據資產重置方式的不同，重置成本可分為復原重置成本和更新重置成本。復原重置成本是指以現時市場價格，採用原有的材料、工藝和技術重新建造或購置與待估資產完全相同的新資產的完全價值；更新重置成本是指以現時市場價格，採用新型的材料、工藝和技術重新建造或購置與待估資產具有同等效用（功能相同或相似）的新資產的完全價值。從理論上看，復原重置成本更合理，而在實際工作中，由於技術進步，往往採用更新重置成本。求取重置成本的具體方法主要有四種：

1. 重置核算法

重置核算法是根據重新建造或購置資產時所消耗的材料數量、工時數量、各種費用和現時價格等，逐項計算並匯總得出重置成本的方法。消耗的原材料費用、人工費用及各項管理費用可分成直接成本和間接成本兩部分。用公式表示為：

$$重置成本 = 直接成本 + 間接成本$$

2. 指數調整法

指數調整法是指以資產的原始價值為基礎，通過價格變動指數來推算資產重置成本的方法。用公式表示為：

$$重置成本 = \frac{某資產}{原始價值} \times \frac{該資產評估時價格指數}{該資產購建時價格指數}$$

[例] 2016年評估某項資產，該資產購建於2011年，原始價值為20萬元，若2011年和2016年該類資產的定基價格指數（以2010年為固定基期）分別為105%和140%，則該資產的重置成本為：

$$重置成本 = 20 \times \frac{140\%}{105\%} = 26.67 \text{（萬元）}$$

3. 功能計價法

功能計價法是指把與待估資產用途、功能相同或相似的新資產作為參照物，通過待估資產與參照物生產能力的比例來調整和估算待估資產的重置成本的方法。用公式表示為：

$$重置成本 = \frac{參照物資產價值}{1} \times \frac{被評估資產年生產能力}{參照物年生產能力}$$

［例］某被評估資產為年產量8,000件產品的設備，以現時價格重新購置該新型設備價格為10萬元，年產量為10,000件，則被評估資產的重置成本為：

$$重置成本 = 10 \times \frac{8,000}{10,000} = 8（萬元）$$

4. 規模經濟效益指數法

規模經濟效益指數法是根據資產的生產能力與成本之間的關係來推算待估資產的重置成本的方法。用公式表示為：

$$重置成本 = \frac{參照物資產價值}{1} \times \left(\frac{被評估資產年生產能力}{參照物年生產能力}\right)^{\alpha}$$

式中，α 為規模經濟效益指數，又稱為生產能力指數。

α 為經驗數據。在國外的分析中，α 取值在 0.4~1，不同行業的規模經濟效益指數是不同的，通常房地產業 α 為 0.9，而一般行業 α 為 0.6~0.7。

［例］某評估資產年生產能力為10,000件，市場上與待估資產類似的參照物資產年生產能力為9,000件，價值5萬元。如規模經濟效益指數 α 取 0.7，則被評估資產的重置成本為：

$$重置成本 = 5 \times \left(\frac{10,000}{9,000}\right)^{0.7} = 5.38（萬元）$$

(二) 確定實體性貶值

實體性貶值即有形損耗，其測算方法主要有兩種：

1. 觀察法

觀察法是指技術人員對待估資產實體進行實地觀測和技術鑑定確定有形損耗率，或通過有形損耗率推斷待估資產的新舊程度，來計算實體性貶值。其計算公式為：

$$實體性貶值 = 重置成本 \times 有形損耗率$$

或

$$實體性貶值 = 重置成本 \times （1 - 成新率）$$

2. 使用年限法

使用年限法是根據待估資產的實際已使用年限與總使用年限之比來確定

資產的有形損耗率，並計算實體性貶值。其計算公式為：

$$實體性貶值 = 重置成本 \times \frac{實際已使用年限}{總使用年限}$$

式中，總使用年限＝實際已使用年限＋尚可使用年限。

(三) 確定功能性貶值

可根據資產的效用或功能的差異，如生產能力、物耗、工耗等方面的差異而造成經營成本增加或利潤降低，來確定相應的功能性貶值。計算公式為：

$$功能性貶值 = 使用新資產降低的成本或增加的利潤 \times (1 - 所得稅率) \times 資產剩余使用年限內的年金現值系數$$

[例] 某被評估資產是一條生產控制裝置，目前使用新式的同類裝置每年可增加利潤30萬元。待評估資產的剩余使用年限為5年，折現率為10%，企業所得稅稅率為25%，則該資產的功能性貶值為：

$$功能性貶值 = 30 \times (1-25\%) \times \left[\frac{1}{(1+10\%)} + \frac{1}{(1+10\%)^2} + \frac{1}{(1+10\%)^3} + \frac{1}{(1+10\%)^4} + \frac{1}{(1+10\%)^5}\right]$$

$$= 30 \times 0.75 \times 3.790\,8$$

$$= 85.29（萬元）$$

(四) 確定經濟性貶值

由於各種外部因素的影響，包括政府政策、市場競爭、價格等社會經濟因素變化而造成產品銷售困難，並使資產使用不充分，價值難以實現，此時形成的貶值就確定為經濟性貶值。其計算公式為：

$$經濟性貶值 = 重置成本 \times \left[1 - \left(\frac{被評估資產實際生產能力}{該資產設計生產能力}\right)^\alpha\right]$$

由於影響資產價值的外部因素複雜且變化大，因此實際工作中對經濟性貶值的測定較難把握。通常，資產正常使用或基本能夠正常使用時，往往不考慮經濟性貶值。

(五) 求取資產評估值

根據上述方法確定的重置成本、實體性貶值、功能性貶值和經濟性貶值，可採用成本法的第一個基本公式計算資產評估值。如果能夠綜合、全面地分析資產的各種有形損耗和無形損耗而確定資產的成新率（不只是根據有形損耗而確定的成新率），還可以採用成本法的第二個基本公式來計算資產評估值。

第四節　收益現值法

收益現值法是指運用適當的折現率，將被評估資產未來的預期收益折算成現值，來估算資產價值的一種評估方法。收益現值法也是資產評估三大基本方法之一，簡稱為收益法。

一、收益法應用的前提條件

收益法的理論依據是效用價值論，即資產的價值大小取決於資產的效用大小。通常資產的效用越大，其評估價值越高。收益法廣泛地運用於收益性資產的評估，可以是單項資產，也可以是整體資產。運用收益法評估資產價值必須具備以下前提條件：

第一，被評估資產的未來預期收益是可以預測並能用貨幣來衡量。

如果資產的未來收益不穩定或不存在未來收益時，則不適合採用收益法評估資產價值。

第二，與未來預期收益相關的風險可以測算並能用貨幣來衡量。

通常，風險程度越大，風險報酬就越高，二者呈正相關關係，對資產未來預期收益及收益率的測定必須考慮風險因素。

二、收益法的評估程序

（一）預測資產未來預期收益

資產未來預期收益是指預期的正常收益，即客觀收益，不是實際收益，是排除了實際收益中屬於特殊的、偶然的因素後所得到的正常收益。因此，應收集與資產未來預期收益有關的市場、財務、管理、風險等資料，分析影響收益的內、外部因素並進行測算，從而科學地預測預期收益。

（二）確定折現率或本金化率

折現率或本金化率都屬於投資報酬率，是用來將未來預期收益還原或轉換為現值的比率，相當於與獲取預期收益具有同等風險的資本收益率。折現率與本金化率在本質上是沒有區別的。通常，二者在數量上是一致的。

（三）採用一定的折現率或本金化率將資產的未來預期收益折算成現值，並確定資產的評估價值

資產的未來預期收益可以是有期限的收益，也可以是永續性的收益；未

來預期收益可以是相等的，也可以是不等的。不同情況下計算資產評估價值，採用的計算公式是不一樣的。

三、收益法的基本公式

根據資產未來預期收益期限是否有限，收益法評估資產價值分為有限期收益的評估方法和無限期收益的評估方法。

(一) 有限期收益的評估方法

當被評估資產的未來預期收益是有限期的，可以通過預測有限期內各期的預期收益，並將其折現計算資產的收益現值，即資產評估值。用公式表示為：

$$PV=\sum_{i=1}^{n}\frac{R_i}{(1+r)^i}$$

式中，PV——資產評估值；

R_i（R_1，R_2，…，R_n）——資產在有限期內各期的預期收益；

r——折現率；

n——收益期限，以年表示。

［例］某設備預計能用四年，未來四年的預期收益通過預測分別為 150 萬元、155 萬元、170 萬元、160 萬元。經評估人員分析，確定折現率為 8%，則該設備的評估值為：

$$PV=\sum_{i=1}^{n}\frac{R_i}{(1+r)^i}$$
$$=\frac{150}{(1+8\%)}+\frac{155}{(1+8\%)^2}+\frac{170}{(1+8\%)^3}+\frac{160}{(1+8\%)^4}$$
$$=524\,（萬元）$$

(二) 無限期收益的評估方法

若被評估資產可以無限期地取得收益，如土地等，其預期收益又稱為永續性收益。根據永續性收益是否變化，可分為收益相等和收益不相等兩種情況。

1. 未來預期收益相等

若資產未來無限期內預期收益各期都相等時，將預期收益本金化處理而得到的年金現值即為資產評估值。用公式表示為：

$$PV=\frac{A}{r}$$

式中：A——每期相等的收益額；

r——本金化率。

根據年金現值公式：

$$PV = A\sum_{i=1}^{n}\frac{1}{(1+r)^i}$$

$$= A \cdot \frac{1-(1+r)^{-n}}{r}$$

式中：當 $n\to\infty$ 時，$1-(1+r)^{-n}\to 1$

則
$$PV = \frac{A}{r}$$

[例] 某資產每年可獲得 10 萬元收益，如本金化率為 10%，則該資產的評估值為：

$$PV = \frac{A}{r}$$

$$= \frac{10}{10\%}$$

$$= 100（萬元）$$

2. 未來預期收益不等

若資產的近期收益不等，而若干期后預期收益相等，則可分段計算資產的收益，將其折現和本金化處理來計算資產評估值。通常將有限期公式和無限期公式結合應用。用公式表示為：

$$PV = \sum_{i=1}^{t}\frac{R_i}{(1+r)^i} + \frac{A}{r} \cdot \frac{1}{(1+r)^t}$$

式中：t 為近期時期數，用年表示。

[例] 某評估對象為一企業，預測企業未來五年收益分別為 120 萬元、140 萬元、150 萬元、140 萬元和 138 萬元。從第六年起，以后各年收益均為 140 萬元。若收益期限無限，折現率或本金化率為 8%，則該企業的評估值為：

$$PV = \sum_{i=1}^{t}\frac{R_i}{(1+r)^i} + \frac{A}{r}\times\frac{1}{(1+r)^t}$$

$$= \frac{120}{(1+8\%)} + \frac{140}{(1+8\%)^2} + \frac{150}{(1+8\%)^3} + \frac{140}{(1+8\%)^4}$$

$$+ \frac{138}{(1+8\%)^5} + \frac{140}{8\%}\times\frac{1}{(1+8\%)^5}$$

$$= 1,738（萬元）$$

第三章　房地產評估的基本理論

第一節　房地產與房地產價格

一、房地產的含義和特徵

（一）房地產的含義

房地產價格評估是對房地產價格所進行的推測、估算與評定，簡稱房地產估價。房地產估價的對象是房地產，在瞭解房地產估價之前，必須首先認識房地產與房地產價格。

房地產是指土地及定著於土地之上的建築物（主要是房屋，也含構築物）和其他附屬物及其附帶的各種權益的總稱，是房產和地產的合稱。從自然形態上看，房地產包括土地和建築物兩大部分；從法律角度上看，房地產包括土地、建築物及附著其上的各種權益（所有權、使用權等）。由於房屋及其相關的土地位置固定且不能移動，在國外及臺灣地區，房地產通常又被稱為「不動產」，英文為 Real Estate、Real Property 或 Realty；在中國香港、澳門及廣東等地，房地產通常又被稱為「物業」。本書所研究的房地產主要指城市房地產。

1. 土地

土地是由地表及其附屬物，如氣候、地貌、土壤、植被、水文等構成的一種垂直系統，是一種自然產物。作為房地產的一種特殊形態，土地是指地表及地表上、下的空間，包括地面道路及地下的各種基礎設施等。土地可分為農村用地和城市用地，農村用地屬農村集體所有，不屬於城市房地產統計的範圍。但國家有償徵用農村用地進行城鎮建設時，當土地所有權發生轉移后，可納入城市用地。城市用地包括城鎮生產性用地和非生產性用地，是用於城鎮建設和開發的土地資產，屬國家所有，但土地使用權可依法轉讓。城市用地按所處的狀態不同，可分為生地和熟地。其中生地是指未經過人類改良的純粹自然物的土地，必須經過土地開發後才能用於建設，如已徵用而未

開發的農用地、荒地等；而熟地指已經在生地上投入人類勞動且具備建設條件的土地，又稱為建築用地，如已完成「三通一平」（通上水、電力、道路及場地平整）或「七通一平」（通上水、下水、電力、道路、電信、煤氣、熱力及場地平整）等開發內容的土地。

2. 建築物

建築物是指人工建築而成的物體，包括房屋與構築物兩部分，其中土地的定著物主要是房屋。城市房屋按用途不同，可分為生產用房屋和非生產用房屋，進一步還可分為住宅、工業用房、商業營業用房和其他。構築物是指除房屋以外的工程建築物，如隧道、橋樑、道路、水塔、菸囪等。

建築物的建築結構不同，其耐用年限也不同。建築結構按其主要承重部分（如梁、柱、牆和各種構架等）所用的主要材料不同，可分為五類，即鋼結構、鋼筋混凝土結構、磚混結構、磚木結構和其他結構。建築物中的房屋因建築結構不同，可分為四類，即鋼筋混凝土結構、磚混結構、磚木結構和簡易結構。各類結構房屋的耐用年限見表3-1。

表 3-1　　　　　不同結構房屋耐用年限對比

按建築結構分類	耐用年限（年）
鋼筋混凝土結構	60～80
磚混結構	40～60
磚木結構	30～50
簡易結構	10～15

作為價格評估對象的房地產，可以是土地，即僅指土地及定著於其上的附屬物（如樹木等），也可以是建築物，即僅指建築物及定著於其上的附屬物（如給排水、電信、照明、電梯等設備），還可以是房地，即指建築物及其坐落的土地的合成體。對房地產價格進行評估時，需要考慮下列房地產因素，包括房地產的產權狀況、坐落位置、面積大小、地質地形、規劃設計要求和用途、使用狀況及附屬物狀況等。

(二) 房地產的特性

房地產商品與一般商品相比較，既有一般商品的屬性，又有其特殊性。房地產商品的主要特性有以下六個：

1. 房地產位置的固定性和區域性

房地產不能移動，在位置上是長期固定的，房地產位置的固定性是房地產最重要的一個特性。房地產的價值取決於位置，取決於房地產所在地區的

市場供需狀況。不僅房地產的建設和使用受到位置的限制，房地產商品的交易同樣受到位置的限制，不可能將房地產運送到不同的市場去交易，房地產交易成為特定地點的交易，只能在某一區域內進行，具有較強的區域性。

2. 房地產個例形成的差別性

房地產商品的差別性又稱為個別性。由於房地產在位置、面積、結構、用途、環境、建造質量等方面存在差別，每一宗房地產都是各不相同的，具有個性，因此房地產商品不可能像一般商品按同樣規格大批量生產。即使有兩幢房屋的用途、結構、面積等完全一致，但由於坐落位置、周圍的環境條件等不同，這兩幢房屋也是有差別的；甚至同一幢房屋，也有樓層、朝向、裝修等方面的差別，這些差別直接影響到房地產的價格。

3. 房地產交易的權益性

一般商品流通往往發生空間轉移，生產和消費地點是不一致的；而房地產商品由於位置的固定性和區域性，其生產和消費地點則是一致的。在房地產的交換和流通中，沒有房地產商品的「物流」，房地產交易只是房地產權益的轉移。在中國，國家控制著土地一級市場，採用協議、招標和拍賣三種方式有期限有償出讓土地使用權。根據用地性質的不同，土地使用權出讓的最高年限從40年到70年不等。其中：商業、旅遊、娛樂用地40年；居住用地70年；其他用地50年。在土地使用權出讓的有效年限內，取得土地使用權的受讓人，可以出售、出租、抵押等方式將土地使用權轉讓，在土地上建造的各種建築物及其他附著物的所有權發生轉移時，土地使用權隨之轉移。

4. 房地產使用的耐久性

房地產商品給人們提供生產和生活的空間與場所，是相當耐久的生產資料和生活資料，其中土地可以永久存在並反覆使用，使用年限是無限的；建築物的使用期限一般可達幾十年甚至上百年。在中國，房地產商品使用期限的長短受國家有期限的土地使用權出讓政策的限制。

5. 房地產兼有的投資性

由於土地資源的有限性和房地產供給的滯后性，隨著社會的發展、人口的增加以及人民生活質量的提高，人們對房地產需求的增長會導致房地產價格趨升。投資房地產不僅可保值，還可增值。因而，房地產商品區別於一般商品的一個特性還表現為不僅可用於消費，還可用於投資。但是，投資房地產往往所需資金巨大，投資回收週期較長，且伴有較大投資風險，並非大眾化投資對象。

6. 房地產政策的限制性

不同的國家和地區對房地產的發展存在程度不同的干涉和限制，如城市

規劃中對土地用途、建築容積率、建築高度等的限制；又如政府為滿足某些社會利益的特定需要而對某些土地和房產實行強制徵用或收買等。房地產的發展不僅受政府現行政策的限制，同時還受政府未來政策的影響。

二、房地產價格的特徵和分類

(一) 房地產價格的概念

根據馬克思政治經濟學理論，商品價值由生產商品所消耗的社會必要勞動時間決定，商品價值是商品價格的基礎，商品價值決定商品價格，而商品價格則是商品價值的貨幣表現。房地產商品價格與一般商品價格不同，是房產價格和地產價格的統一。房地產商品的價值構成包括房產價值和地產價格。其中房產價值指土地開發、房屋建造及經營過程中耗費的全部社會必要勞動（包括活勞動與物化勞動）所形成的價值；地產價格指地租的資本化收入。因此，房地產價格是房地產商品價值和地租資本化綜合的貨幣表現。

按照西方經濟學理論，商品價格的形成必須同時滿足效用（Utility）、稀缺性（Scarcity）和有效需求（Demand）三個基本要素。與其他商品一樣，房地產商品的價格形成是房地產商品的使用效用、相對稀缺性和對房地產的有效需求三者相互結合、相互作用的結果。

(二) 房地產價格的特徵

房地產價格的特徵是由房地產商品的特性決定的，與一般商品相比較，主要有以下六個特徵：

1. 二重性

從物質形態上看，房地產包括土地和建築物兩大部分，而建築物是與土地結合在一起的，房地產價格既包括土地價格，又包括建築物價格，是房產價格和地產價格的統一，具有二重性。房地產商品價格的這一特徵是有別於其他商品價格的最本質的特徵。

2. 權益性

由於房地產商品在交換和流通中，沒有房地產商品的「物流」，只是房地產權益的轉移，房地產交易是通過買賣房地產的權益來實現的。房地產商品的交易價格實質上是房地產所有權、使用權或其他權益的價格。即使同一宗房地產，由於轉移的權益性質不同，價格差異會非常大。

3. 個別性

由於房地產商品的差別性，不同的房地產的價格也存在差異。房地產的實際成交價格往往是依據影響房地產價格的不同因素而形成的。

4. 區域性

房地產商品的區域性使得房地產價格帶有明顯的區域特徵。不同區域、不同城市具有同一用途的房地產，其價格往往差別較大。由於中國各地經濟發展不平衡，房地產市場的發展也存在區域上的差別，沿海開放城市的房地產價格大大高於內陸城市。目前，中國大部分中小城市房地產價格相對較低，大城市的房地產價格普遍高於中小城市；而城市中心地區房地產價格往往高於遠郊區縣。

5. 時間性

房地產價格中土地價格和建築物價格隨時間變化而變化。由於房地產需要較長的開發週期，房地產商品供給帶有滯后性，而市場對房地產的需求變化卻非常快，供給的低彈性和需求的高彈性並存。從宏觀上看，城市房地產的平均交易價格隨時間推移具有趨升性；而就某一宗房地產而言，隨著有期限土地使用權出讓期滿及建築物的折舊，房地產的交易價格則呈現下降的趨勢。因此，在評估房地產價格時，必須明確待估房地產的估價期日。

6. 政策性

房地產由於既是生產資料，又是生活資料，與整個社會生活關係緊密。國家或地方政府通常對房地產價格實行直接有效的管理，並建立了完整的政策法規和管理體制。如中國目前建立的以經濟適用房為主的多層次城鎮住房供應體系中，對於不同收入的家庭實行不同的住房供應政策，即高收入家庭購買市場價商品房，中低收入家庭購買微利價經濟適用房，最低收入家庭租賃政府或單位提供的廉租屋。

(三) 房地產價格的分類

房地產價格分類較複雜，由於研究對象、研究目的的不同，從不同的角度可對房地產價格進行不同的分類，主要包括：

1. 根據房地產的自然形態不同，房地產價格可分為地產價格、房產價格和房地價格

地產價格指不包含建築物在內的純土地部分的價格，又稱土地價格或地價。

房產價格指不包含土地在內的純建築物部分的價格，又稱房屋（建築物）價格或房價。由於建築物是與土地結合在一起的，不可能單獨存在，實際中的房產價格往往包含建築物占用的土地價格。根據研究目的的需要，我們可以將其分離開來單獨研究。如採用市場比較法評估房地產價格，在選擇可比交易實例時，如果待估房地產僅指單純的土地或建築物，可將已交易實例分解為土地和建築物兩部分，用土地價格或建築物價格作為交易實例資料。

房地價格指房產和地產作為一個整體的價格，即建築物及占用的土地的價格，又稱房地混合價。根據房屋用途的不同，房地價格還可進一步分為住宅價格、工業用房價格、商業營業用房價格和其他用房價格。

2. 根據房地產價格形成機制的不同，房地產價格可分為計劃價、市場價、理論價和評估價

計劃價指國家或地方政府對房地產規定的指導性價格或強制性價格。

市場價又稱市價或時價，指由市場供求競爭機制和供需雙方的意願所決定的價格，即房地產交易雙方的實際成交價格。

理論價即房地產價值，包括房地產商品開發、建設總成本和利潤兩個主要組成部分。

評估價，即房地產評估價格，指根據估價目的，遵循估價原則和程序，採用科學的估價方法對房地產的價格作出的估計。

3. 根據土地開發程度的不同，房地產價格可分為生地價和熟地價

生地價指從未作為建築用地開發過的土地價格，既包括未徵用補償的農用地、荒地等的土地價格，也包括已徵用補償但未做「三通一平」的土地價格。

熟地價指已作為建築用地進行過開發的土地價格，包括已完成「三通一平」「七通一平」或拆遷安置等開發內容的土地價格。

4. 根據房地產價格體系的內容，房地產價格可分為基準地價、標定地價和房屋重置價格

基準地價指一定時期內政府土地管理部門根據不同的土地級別、地段分別測算出來的包括住宅、工業、商業等各類用地的土地使用權的平均價格。基準地價是國家制定的基本標準價格，是房地產價格體系形成的基礎。

標定地價指在基準地價的基礎上，根據某地塊（宗地）的土地使用年限、位置、形狀、供求關係等條件評估確定的地價。

房屋重置價格指在當前的建築技術、建材價格、人工和運輸費用條件下，重新建造與原有房屋結構、式樣、質量、功能基本相同的房屋的標準價格。

根據《中華人民共和國城市房地產管理法》（以下簡稱《城市房地產管理法》）第三十二條、第三十三條規定，基準地價、標定地價和各類房屋的重置價格應當定期確定並公布；房地產價格評估應當以基準地價、標定地價和各類房屋的重置價格為基礎，參照當地的市場價格進行評估。

5. 根據房地產計價範圍的不同，房地產價格可分為總價、單價和樓面地價

總價指一宗房地產的整體價格，根據研究目的的不同，總價包含的內容

也不同。總價可以表現為一塊土地的價格，也可以表現為一幢房屋的價格，還可以表現為一個地區或國家範圍內全部房地產的價格。由於計算範圍的不同，不同範圍內的總價不能直接對比；即使同一範圍內的房地產，也會因房地產本身的位置、大小、供求狀況等因素產生較大差別而不能直接對比。因此，總價格的大小不能反應房地產價格水平的高低，我們常採用單價進行對比。

單價指單位面積土地的價格或單位面積房屋的價格，又稱土地單位價格或房屋單位價格。以土地為例，單價的計算公式為：

$$土地單位價格 = \frac{土地總價格}{土地總面積}$$

如以住宅為例，可計算單位建築面積價格、單位使用面積價格和單位居住面積價格，通常將單位建築面積價格作為房地產交易的標準價格。使用面積和居住面積可通過下式換算：

$$使用面積 = 1.47 \times 居住面積$$

中國常用的面積計量單位為平方米、公頃等，單價的計量單位為元/平方米、元/公頃等。

樓面地價又稱為單位建築面積地價，是分攤到每單位建築面積上的土地價格。用公式表示為：

$$樓面地價 = \frac{土地總價格}{建築總面積}$$

由於容積率 = 建築總面積 ÷ 土地總面積，因此，樓面地價又可表示為：

$$樓面地價 = \frac{土地單價}{容積率}$$

在實際工作中，容積率往往大於1，樓面地價比土地單價更能反應土地價格的高低。例如A、B兩塊土地，A地的土地單價為750元/平方米，B地的土地單價為600元/平方米，在其他條件相同的情況下，A地比B地每平方米高出150元。如A地的容積率為5，而B地的容積率為2，則A地的樓面地價為150元/平方米，B地的樓面地價為300元/平方米，在其他條件不變的情況下，A地的單位建築面積地價反而比B地低150元。

6. 根據房地產使用目的的不同，房地產價格可分為銷售價、租賃價、抵押價、課稅價和徵用價

銷售價指房地產出讓與轉讓價格，是房地產的所有權和使用權一次性同時進行轉移（城市土地所有權歸國家所有）的價格。

租賃價指房地產在保持原有所有權關係不變的情況下，對房地產的使用

權實行分期出售的價格。租賃價又稱房地產租金。在通常情況下，房地產租賃價高於銷售價。

抵押價指在設定房地產抵押權時所規定的價格。接受抵押的一方為規避風險，保證抵押貸款清償的安全性，通常評估的房地產抵押價要低於房地產商品的實際價值。

課稅價指政府為課徵與房地產有關的各種稅收，由估價人員評定並作為房地產課稅基礎的價格。

徵用價指政府為滿足社會利益的需要而強制性徵用或收買房地產時的價格。

7. 按房地產出讓方式的不同，房地產價格可分為協議價、招標價和拍賣價

協議價指買賣雙方採用協商方式交易房地產的成交價格。

招標價指買方向賣方投標而取得房地產的成交價格。

拍賣價指買方以競價形式取得房地產的成交價格。

通常，拍賣價高於招標價，招標價高於協議價。中國目前有期限有償出讓土地使用權就採用協議、招標和拍賣三種方式。經濟發達的國家或地區多採用招標和拍賣方式出讓房地產。縮小協議出讓份額、擴大拍賣和招標出讓份額是中國今后房地產出讓的發展趨勢。

8. 根據房地產價格的作用不同，房地產價格可分為底價、期望價、中標價和補地價

底價指政府、企事業單位或個人出讓房地產時所確定的最低價格，又稱起價。

期望價指政府、企事業單位或個人出讓房地產時所期望實現的滿意價格。

中標價指在房地產出讓的公開競標中，最終實際成交價格。例如深圳採用公開競標、價高者得的方法，於1987年12月1日出讓一幅8,588平方米的土地，底價為200萬元，中標價為525萬元，合每平方米611.3元。中標單位（深圳經濟特區房地產公司）投資興建了東樂花園（多層住宅）。

補地價指用地單位改變原出讓土地的用途，或增加容積率，或轉讓與出租土地使用權時，按規定需要向政府交納的增補土地的價格。例如，增加容積率后的補地價 =（增加后容積率÷原容積率-1）×原容積率下的地價。

此外，對房地產價格的分類還可以按權屬關係不同劃分為所有權價格、使用權價格和其他權利價格；按交易的對象不同劃分為對內銷售價格和對外銷售價格；按價格形成時間不同分為現房價和期房價；按價格構成因素不同分為商品價、微利價、成本價和福利價。

第二節　影響房地產價格的因素及房地產價格的構成

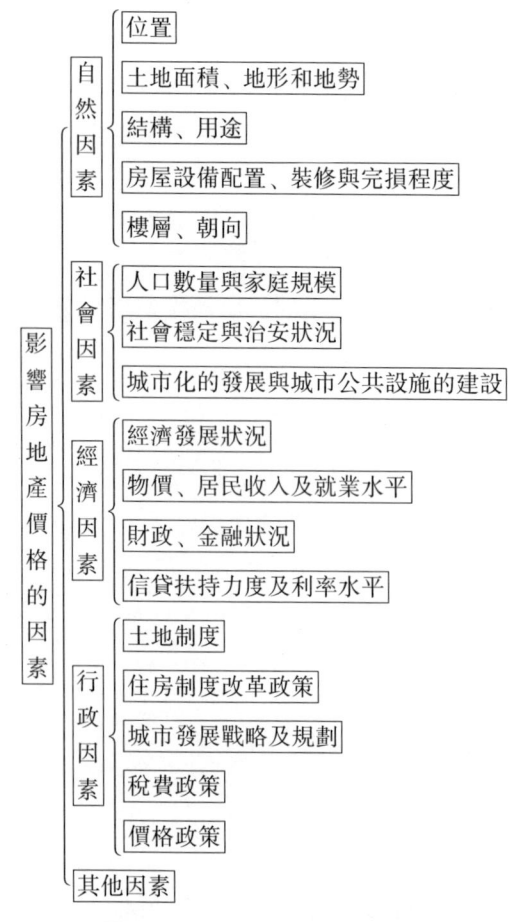

一、影響房地產價格的因素

影響房地產價格的因素是多方面的，各種複雜因素對房地產價格的影響方向、影響程度各異，這些因素通常包括自然因素、社會因素、經濟因素、行政因素和其他因素五大類，見圖 3-1。其中，自然因素對房地產價格的影響是直接的，而社會因素、經濟因素、行政因素和其他因素對房地產價格的影響有的是直接的，有的則是間接的。各類因素中主要包括的內容分述如下：

```
                    ┌ 位置
              自然  ├ 土地面積、地形和地勢
              因素 ─┼ 結構、用途
                    ├ 房屋設備配置、裝修與完損程度
                    └ 樓層、朝向

              社會  ┌ 人口數量與家庭規模
影響          因素 ─┼ 社會穩定與治安狀況
房地                └ 城市化的發展與城市公共設施的建設
產價
格的          經濟  ┌ 經濟發展狀況
因素          因素 ─┼ 物價、居民收入及就業水平
                    ├ 財政、金融狀況
                    └ 信貸扶持力度及利率水平

                    ┌ 土地制度
              行政  ├ 住房制度改革政策
              因素 ─┼ 城市發展戰略及規劃
                    ├ 稅費政策
                    └ 價格政策

              其他因素
```

圖 3-1　影響房地產價格的因素

（一）自然因素

1. 位置

房地產坐落的地理位置直接影響到房地產的價格。一般情況下，具有優越地理位置的房地產，周圍交通及環境條件良好，其價格必然昂貴；反之，則相反。

2. 土地面積、地形和地勢

土地面積的大小影響地價，一般土地面積大，便於發揮土地使用功能，其價格亦高；而土地面積狹小，不便於開發利用，其價格則低。

地形指土地的地面起伏形狀，通常地形平坦則價高，地形高低不平則價低。

地勢指某宗地與鄰地的高低關係，通常地勢較高的房地產的價格要高於地勢較低的房地產的價格。

3. 結構、用途

不同結構的房地產，如鋼筋混凝土結構、磚混結構、磚木結構等的房地產以及不同用途的房地產，如用於工業、商業或居住等的房地產，其建造成本及使用價值差別較大，房地產價格就不同。

4. 房屋設備配置、裝修與完損程度

房屋設備如衛生、冷暖氣、通信等的配置標準越高，裝修等級越高，相應的房屋建造成本就越高，房價也越高。

由於房屋存在折舊問題，其使用時間直接影響房屋的完損程度，並進而影響房價。

5. 樓層、朝向

樓層高度、房間朝向較好的房屋，日照、通風、採光等條件較好，使用的舒適性和方便性俱佳，房屋價格則高；而樓層、朝向較差的房屋，日照、通風、採光會受影響，房屋價格則低。

（二）社會因素

1. 人口數量與家庭規模

人口數量的增減對房地產價格有直接影響。一般來說，由於房地產供給的有限性和滯后性，隨著人口數量增多，對房地產尤其是住宅的需求量越來越大，形成房地產供不應求的狀況，促使房地產價格水平趨高。

家庭規模的變化影響家庭數量的變動，現代社會家庭規模日趨小型化，家庭數量逐漸增多，形成對住宅等房地產的巨大需求壓力，因而房地產價格水平趨高。

2. 社會穩定與治安狀況

社會政局穩定狀況和社會治安狀況是直接影響房地產價格的因素。通常政局穩定、治安良好的國家或地區，房地產價格上漲；而政局動盪、治安惡劣的國家或地區，房地產價格則低落。

3. 城市化的發展與城市公共設施的建設

城市化發展及城市公共設施建設的完善程度與房地產價格呈正相關關係。城市化的發展使得城市人口增多，對土地的需求加大，房地產的價格水平趨高。通常城市化發展規模大的城市，房地產價格就高；而城市化發展規模較小的中小城市，房地產價格相對較低。

城市公共設施包括城市基礎設施（如道路、交通等）和公用設施（如學校、醫院等）以及配套設施（如商業網點等）。城市公共設施建設越完善，土地效用就越高，人們生活和工作條件越方便，相應房地產價格就高；反之，房地產價格則低。

（三）經濟因素

1. 經濟發展狀況

房地產業發展的週期受國民經濟發展的週期性影響較大。經濟發展處於平穩及增長時期，對房地產的需求增加，房地產價格上漲；經濟發展處於衰退時期，對房地產的需求減少，房地產價格則下落。

由於中國各地經濟發展不平衡，房地產價格也存在區域上的差別。目前，中國大城市房價較高，而大部分中小城市房價相對較低，但從全國總體來看，房價穩中有升。據統計，中國城鎮商品房平均銷售價格在1987年為每平方米408元，2002年增至每平方米2,291元，1987—2002年15年間城鎮商品房平均售價年平均遞增12.2%（按現價計算）。

2. 物價、居民收入及就業水平

物價、居民收入及就業水平的高低及變化與房地產價格的變動方向一致。物價上漲直接導致房地產開發建造成本增加，進而影響房地產價格上漲。

居民收入增加以及就業狀況良好，才能形成對房地產的現實購買力，人們對房地產特別是住宅的有效需求增大，則房地產價格上漲。如果居民有效需求不足，房地產市場可能會「有價無市」。

居民有效需求直接取決於居民家庭收入。世界銀行資料顯示，普通商品住房價格與居民家庭年收入之比保持在3~6倍，居民收入才能形成住房購買力。目前，中國城市房價收入比平均為9.84倍，80%城鎮居民家庭收入約占城鎮居民家庭總收入的一半（55.54%），而其中收入最低的家庭，其收入只

占總收入的 6.04%。[①] 城鎮居民家庭收入與住房價格之間存在較大差距，導致居民住房支付能力嚴重不足，尤其是中低收入家庭對住宅市場的有效需求嚴重不足。

3. 財政、金融狀況

財政、金融狀況與國民經濟發展密切相關，並直接影響房地產價格。財政金融狀況好，國民經濟良性循環，不但房地產的供給量增大，房地產的需求量也會增加，房地產市場的持續發展會促使房地產價格上漲；如果財政金融狀況不景氣，經濟發展遲緩或過熱，不但房地產的需求量減退，房地產的供給量也會減少，房地產市場的萎縮會導致房地產價格下降。

4. 信貸扶持力度及利率水平

房地產商品開發週期長，需用的投資額大，必須借助銀行信貸支持。信貸的扶持力度及利率水平制約著房地產商品的供給量，並影響房地產價格。在中國的住房抵押貸款業務中，如信貸扶持力度不夠、貸款利率提高等，不僅將加大房地產的開發成本，而且將制約居民的支付能力和購買積極性，不利於實現住房消費和生產的良性循環。

(四) 行政因素

1. 土地制度

土地制度直接影響土地價格。中國有關土地制度的政策、法規主要包括：1986 年 6 月全國人大通過的、1998 年 2 月重新公布的《中華人民共和國土地管理法》（以下簡稱《土地管理法》）；1990 年 5 月國務院頒布的《城鎮國有土地使用權出讓和轉讓暫行條例》；1995 年 1 月財政部、國家土地管理局發布的《關於加強土地使用權出讓金徵收管理的通知》；1995 年 3 月國家土地管理局發布的《關於印發〈確定土地所有權和使用權的若干規定〉的通知》；1998 年 12 月國務院頒布的《中華人民共和國土地管理法實施條例》等。

中國實行土地有償使用制度之前，土地使用權的取得實行無償劃撥，並禁止土地買賣、出租或轉讓。1998 年 2 月重新公布的《土地管理法》第二條規定：國家依法實行國有土地有償使用制度。土地有償有期限出讓使用可採用協議出讓、招標出讓和拍賣出讓三種不同的方式，土地制度的改革激活了土地市場的發展，促進了土地價格的上漲。

2. 住房制度改革政策

住房制度改革的深度和力度影響著住宅市場發展的程度，並極大地影響著住房價格。為建立住房貨幣分配新體制，促進住宅建設可持續發展的住房

[①] 林可敬. '98 住宅樓市還能「火」多久？[N]. 房地產報，1998-06-16.

供應體制，培育個人成為住房消費主體，國務院先後頒布了有關深化城鎮住房制度的政策。其中主要包括：1994年7月中國國務院頒布的《關於深化城鎮住房制度改革的決定》；1995年2月國務院頒布的《國家安居工程實施方案》；1996年7月國務院轉發國務院住房制度改革領導小組發布的《關於加強住房公積金管理意見的通知》；1998年7月國務院頒布的《關於進一步深化城鎮住房制度改革，加快住房建設的通知》；2002年3月國務院頒布的《關於修改〈住房公積金管理條例〉的決定》等。

傳統的住房實物分配體制和低租金制導致極不合理的租金價格比，嚴重制約了居民購買住房的慾望，居民在住房問題上普遍存在「等、靠、要」的依賴思想。雖然政府提出了從1998年下半年起停止實物分房的要求，將過去計劃體制下長期實行的住房實物無償分配轉變為貨幣分配，但是房改不徹底，住房租售政策不配套，住房分配體制尚未根本改變。目前，建立和完善住房公積金制度、實施經濟適用住宅、出售住房、提高租金成為住房制度改革的四大主要內容。

3. 城市發展戰略及規劃

城市發展戰略及規劃是根據城市規劃法和城市社會經濟發展的具體情況進行綜合安排。由於對不同地段的建築用途、容積率、建築高度和建築密度等的要求不同，從而直接影響房地產開發的建造成本及價格。如規劃為商業區的房地產價格將高於工業區、住宅區房地產價格；如規劃中城市郊區的農村用地被徵用為城市建設用地，地價將大幅度上漲。

4. 稅費政策

稅費包括國家對房地產開發企業徵收的各種稅收和地方政府、部門徵收的各種行政性費用。稅費政策對房地產總開發成本、銷售價格影響較大。有關房地產的稅費政策主要包括：1993年12月國務院頒布的《中華人民共和國土地增值稅暫行條例》；1995年1月財政部發布的《土地增值稅暫行條例實施細則》；1995年1月財政部發布的《關於對1994年1月1日前簽訂開發及轉讓合同的房地產免徵土地增值稅的通知》；1995年4月國務院發布的《關於房地產建設進口物資稅收問題的通知》；1995年5月財政部發布的《關於土地增值稅一些具體問題的通知》；1997年7月國務院頒布的新版《中華人民共和國契稅暫行條例》等。

導致房價居高不下的重要原因之一是房價中稅費負擔重，房地產收費項目繁多而且混亂。據建設部房地產稅費聯合調查組統計，1996年北京、上海、廣州三城市稅費占商品房價格比重分別為18%、15.7%和24%，其中廣州市

1985 年有關房地產稅費僅 5 項，1995 年增至 85 項，其中 80% 以上為地方政府或部門規定的行政性收費項目。1995 年 5 月國家計委發布《關於禁止向房地產開發企業亂收費，抑制商品房價格不合理上漲的通知》后，1996 年年底國家計委、財政部聯合發布的《關於取消部分建設項目收費，進一步加強建設項目收費管理的通知》（后附經國務院批准取消的 48 項建設項目收費）明文規定取消 48 項不合理收費項目。調整或取消房地產市場不合理的收費項目和收費標準是降低房地產價格的直接有效措施之一。如上海、深圳等地採取政府補貼的辦法率先在全國實行契稅減半；1997 年廣州將稅費減少到 39 項，各項稅費占成本比重降到 15% 左右；北京在國家減免 48 項費用的基礎上，又減免 36 項費用，每平方米住宅降低成本 400~500 元[①]；山東省取消 24 項不合理收費，商品住宅房價下降 10%~15%[②]。

經國務院批准取消的 48 項建設項目收費如下：

（1）建設部門 19 項

建築工程管理費，開發企業資質初審、年審及年審公告費，建安臨時工程費，建築技術開發費，臨時建築規劃管理費，建設項目貸款抵押鑒證費，建設管理費，新建房屋安全鑒定費，房屋買賣登記費，房產復查費，商品房註冊登記費，自來水安裝管理費，自來水表立戶費，規劃定點保證金，拆遷安置押金，綠化保證金，綠化管理費，道路污染費，建設項目劃定紅線手續費、驗線費。

（2）土地管理部門 10 項

土地界樁、坐標測量費，土地出讓管理、手續費，土地辦證費，土地開發管理費，土地開發配套費，土地權屬變更費，土地過戶，改變土地使用性質轉戶費，土地占用招工保證金，土地測量費。

（3）電力部門 5 項

供電安裝管理費，用電入戶、立戶費，接電安裝費，用電附加費，電網改造費。

（4）公安部門 3 項

建築消防設計、設施審驗費，施工企業治安費，消防押金。

（5）工商行政管理部門 1 項

建築市場管理費。

[①] 陳錦華. 1998 年中國國民經濟和社會發展報告 [M]. 北京：中國計劃出版社，1998.
[②] 吳兆華. 四川房地產市場的現狀與對策 [J]. 中外房地產導報，1998（18）.

(6) 文化部門 2 項

考古調查費，考古勘探費。

(7) 環保部門 1 項

建設項目環保押金。

(8) 勞動部門 1 項

施工企業使用臨時工管理費。

(9) 審計部門 1 項

建設資金審計費。

(10) 統計部門 1 項

商品房統計費。

(11) 民政部門 1 項

地名申請費。

(12) 教育部門 1 項

教育設施配套費。

(13) 體育部門 1 項

體育設施配套費。

(14) 郵電部門 1 項

郵電通信設施配套費。

5. 價格政策

價格政策直接影響房地產價格的形成，並影響房地產的供給和需求。中國有關房地產價格的政策、法規主要包括：1992 年 7 月國家物價局、建設部、財政部、中國人民銀行聯合發出的《商品住宅價格管理暫行辦法》；1994 年 3 月建設部頒布的《城市公有房屋管理規定》；1994 年 7 月由全國人大頒布的《城市房地產管理法》；1995 年 5 月建設部頒布的《城市房屋租賃管理辦法》；1995 年 6 月國家土地管理局發布的《協議出讓國有土地使用權最低價確定辦法》；1995 年 8 月建設部頒布的《城市房地產轉讓管理規定》；1995 年 10 月國家計委發布的《城市國有土地使用權價格管理暫行辦法》；由國家計委、建設部制訂，於 2003 年 1 月 1 日起正式實施的《經濟適用住房價格管理辦法》等。

理順房地產價格構成是合理確定房地產價格的有效措施。如國家目前規定經濟適用房價格由七部分構成，即徵地拆遷費、勘測設計費、建設費、配套費、管理費、貸款利息及不超過 3% 的利潤。據有關調查資料表明，目前中國城鎮商品房住宅價格構成中，土地費用占 20% 左右，建安工程費用占 40% 左右，市政公共設施費用占 20%～30%，各種稅費占 10%～20%。要採取措施

降低房價，對商品房價格進行必要合理的調控。其主要包括：降低地價；合理分攤城市公共設施費用；取消不合理收費；降低居民住房交易契稅等。

(五) 其他因素

除上述四類影響房地產價格的因素之外，國際政治經濟形勢、社會潮流、宗教信仰、個人愛好及對房地產的特殊要求等其他因素均對房地產價格有不同程度的影響。

二、房地產價格的構成

(一) 房地產價格的理論構成

按照馬克思政治經濟學的原理，商品價格是商品價值的貨幣表現。其中商品價值 $W=C+V+M$，式中 C 為商品生產過程中消耗的生產資料的價值，V 為勞動者為自己勞動所創造的價值，M 為剩余價值。而商品價格 $P=C+V+\bar{R}$，式中 C 為物質消耗，V 為勞動報酬，$\bar{R}$ 為社會平均利潤（盈利），C 與 V 之和又稱為成本。房地產商品價格是房地產商品價值的貨幣表現，房地產商品價格包括成本和利潤兩部分。與一般商品不同，房地產商品的價值包括房產價值和地產價格，因此房地產價格是房地產商品價值和地租資本化的綜合性貨幣表現，由房產價格和土地價格兩部分構成。

(二) 房地產價格的實際構成

房地產商品由於類別不同，價格的具體構成內容也不同。如房地產銷售價格是一次性出售房地產所有權和使用權的價格，包括土地費用、前期工程費、房屋開發費、管理費、財務費、銷售費、開發企業各種稅費和開發利潤等；又如房地產租賃價格是分期出售房地產使用權的價格，包括維修費、管理費、折舊費、利息、稅金、保險費、地租和利潤等。根據房租性質的不同，還有福利房租、成本房租、商品房租之分，其具體構成也有差別。研究房地產價格的實際構成，離不開總成本和利潤兩個組成部分。構成房地產價格的總成本指房地產開發經營企業在開發、經營與管理房地產商品過程中所實際投入的總費用。利潤指房地產開發經營企業的投資收益。下面以商品房價格為例（見圖3-2），分析房地產商品價格的實際構成。

```
                                    ┌─ 城鎮土地出讓金
                        ┌─ 土地費用 ─┤
                        │           └─ 土地徵用費或拆遷安置補償費
                        │
                        ├─ 前期工程費
                        │           ┌─ 房屋建築安裝工程費
              ┌─ 總成本 ─┼─ 房屋開發費 ┼─ 基礎設施建設費
              │         │           └─ 公共配套設施建設費
    商品房價格 ─┤         ├─ 管理費用
              │         ├─ 貸款利息
              │         ├─ 稅費
              │         └─ 其他費用
              │
              └─ 利潤
```

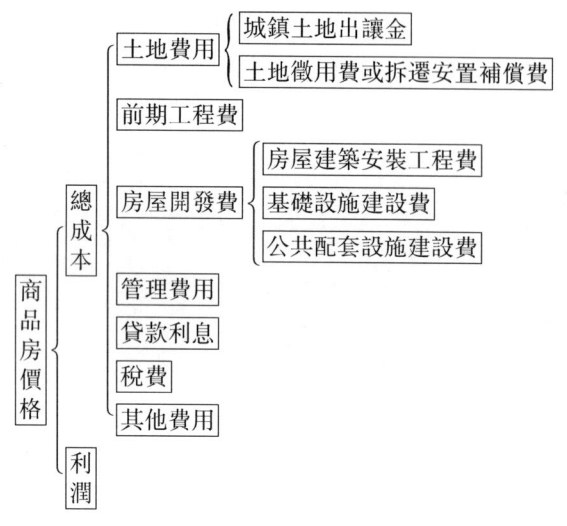

圖 3-2　商品房價格構成表

商品房價格由總成本和利潤兩部分構成。其中，總成本包括土地費用、前期工程費、房屋開發費、管理費用、貸款利息、稅費和其他費用。

1. 總成本

（1）土地費用

土地費用包括城鎮土地出讓金、土地徵用費或拆遷安置補償費。

①城鎮土地出讓金。中國城鎮土地所有權歸國家所有，實行有期限有償出讓制度。城鎮土地出讓金指土地使用者向國家支付的土地使用權的費用。該費用受土地出讓年限、位置和擬建房地產的用途、容積率等因素影響。

②土地徵用費或拆遷安置補償費。土地徵用費指徵用農村集體土地的徵地補償費和拆遷安置費，包括土地補償費、土地投資補償費、土地管理費及拆遷人員安置補助費等。土地徵用費針對新區開發而言。

拆遷安置補償費指在城鎮建成區重新開發建設時，需對建設用地上的原用地單位或個人進行拆遷安置和補償的費用。拆遷安置補償費針對舊城改造而言。

（2）前期工程費

前期工程費主要指房屋開發的前期規劃、設計費、可行性研究費、地質勘查費以及「三通一平」等土地開發費用。

（3）房屋開發費

房屋開發費主要包括房屋建築安裝工程費、基礎設施建設費和公共配套設施建設費。

①房屋建築安裝工程費。房屋建築安裝工程費指房屋建造過程中所發生

的建築工程、設備及安裝工程費用等，又稱房屋建築安裝造價。

②基礎設施建設費。基礎設施建設費指道路、自來水、污水、電力、電信、綠化等的建設費用。

③公共配套設施建設費。該費用指在建設用地內建設的為人們提供配套服務的各種非營利性的公用設施（如學校、幼兒園、醫院、派出所等）和各種營利性的配套設施（如糧店、菜場等商業網點）所發生的費用。公共配套設施建設費還包括室外的一些附屬工程，如煤氣調壓站、變電室、停車場、自行車棚等建設費用。

(4) 管理費用

管理費用指房地產開發經營企業組織和管理房地產開發經營活動所發生的各種費用，如管理人員工資、差旅交通費、辦公費、職工教育費、勞動保險費等。

(5) 貸款利息

貸款利息指房地產開發企業在開發、經營與管理過程中通過借貸籌集資金而應支付給銀行的利息。

(6) 稅費

稅費包括國家對房地產開發企業徵收的各種稅收和地方政府、部門徵收的各種行政性費用。

①稅收。稅收是根據《中華人民共和國工商統一稅條例》等法律和地方各級政府的規定，對房地產開發企業開徵的費用，由國家統一徵收。與房地產開發建設有關的稅收包括房產稅、城鎮土地使用稅、耕地占用稅、土地增值稅、契稅、兩稅一費（營業稅、城市維護建設稅和教育費附加）、企業所得稅、印花稅、外商投資企業和外國企業所得稅以及其他稅收。其中其他稅收包括國家能源交通重點建設基金、國家預算調節基金、農業基金、車船使用稅、獎金稅和工資調節稅等。

②行政性費用。行政性費用是由地方政府和有關部門向房地產開發企業收取的費用，項目繁多且不規範。具體包括：管理費，如立項管理費、徵地管理費、拆遷管理費、開發管理費、施工管理費、房價審核費、商品房交易管理費等；項目性收費，如大市政配套費和四源費（有些城市將其列入土地費用）、煤氣增容費、化糞池建設費、白蟻防治費等；證書工本費，如土地使用權證工本費、規劃許可證工本費、規劃圖紙工本費、建設許可證工本費、房地產權證書工本費等。

(7) 其他費用

其他費用指不能列入前六類的所有費用，如招標管理費、工程保險費、

銷售費用、不可預見費等。

2. 利潤

利潤指房地產開發企業的盈利。以商品房為例，商品房價格中的利潤是商品房銷售價格與土地費用、前期工程費、房屋開發費、管理費用、貸款利息、稅費及其他費用之差。

表 3-2 和表 3-3 分別給出了中國某城市新區開發和危舊房改造區商品房價格中總成本和利潤的構成情況。

表 3-2　　　　　　　　　新區開發商品房價格構成

序號	項　目	單　價（元/平方米）	占單價的比重（%）
一	總成本	3,690	94.86
（一）	土地費用	730	18.77
1	土地出讓金	200	5.14
2	土地徵用費	530	13.63
（二）	前期工程費	80	2.06
（三）	房屋開發費	1,820	46.79
1	建築安裝工程費	1,200	30.85
2	基礎設施建設費	300	7.71
3	公共配套設施建設費	320	8.23
（四）	管理費	80	2.06
（五）	貸款利息	120	3.08
（六）	稅費	800	20.56
（七）	其他費用	60	1.54
二	利潤	200	5.14
	合計	3,890	100.00

表 3-3　　　　　　　　危舊房改造區商品房價格構成

序號	項　目	單　價 (元/平方米)	占單價的比重（%）
一	總成本	8,600	94.09
（一）	土地費用	4,800	52.52
1	土地出讓金	600	6.57
2	拆遷安置補償費	4,200	45.95
（二）	前期工程費	80	0.87
（三）	房屋開發費	1,600	17.50
1	建築安裝工程費	1,000	10.94
2	基礎設施建設費	300	3.28
3	公共配套設施建設費	300	3.28
（四）	管理費	160	1.75
（五）	貸款利息	650	7.11
（六）	稅費	1,260	13.79
（七）	其他費用	50	0.55
二	利潤	540	5.91
	合計	9,140	100.00

　　從表 3-2 和表 3-3 可以看出，目前商品房價格構成不盡合理，如稅費負擔重、拆遷安置費用高等。為此，國家和中央各部委、地方政府和有關部門相繼制定和出抬了有關規範房地產價格的政策和配套措施，包括合理分攤市政基礎設施和公共設施費用、降低或減免稅費並取締不合理收費等。要使房地產價格納入正常軌道，還需要國家、各地政府和部門、房地產開發商及消費者共同努力，通過理順價格構成並建立合理的房地產價格體系來實現。

第三節　房地產估價的特徵及必要性

一、房地產估價的概念

　　房地產估價是房地產價格評估的簡稱，又稱為房地產評估或房地產評價。房地產估價的歷史在西歐相當久遠。20世紀60年代日本、韓國也建立了房地產估價制度。中國實行經濟體制改革的同時，隨著房地產市場的初步形成，房地產估價工作也隨之產生，並逐步規範。房地產估價存在於社會再生產的各個領域，是整個房地產市場運行不可缺少的基礎工作之一。

　　房地產估價是以房地產為估價對象，對其真實、客觀、合理的價格的估計和推斷。具體地說，房地產估價是指房地產專業估價人員，根據估價目的，遵循估價原則，按照估價程序，採用科學的評估方法，在綜合分析影響房地產價格各項因素的基礎上，對房地產價格作出真實、客觀、合理的估算與評定。

　　房地產估價是一門科學，也是一門藝術。正確的房地產價格的估算與評定，必須依賴於一套科學的房地產估價理論和方法。但僅僅有科學的理論和方法還不夠，還必須依賴估價人員的豐富經驗。由於房地產價格的形成因素是複雜多變的，房地產地理位置的固定性、區域性以及時間對房地產價格的影響，就要求房地產估價人員具有較豐富的實際經驗來應付房地產市場的變化。對整個房地產業來說，估價工作是不可缺少的。房地產價格不是單純憑某些數學公式計算出來的。為此，許多國家和地區建立了房地產估價制度，規定要具有估價師資格和相當的估價理論水平，才能獨立開展估價業務。

　　房地產估價不是對房地產價格的主觀給定，而是把房地產的客觀價值通過評估，正確地反應出來。房地產估價工作表現為一種主觀活動，集中體現了估價人員的知識、經驗和職業道德，也反應了估價人員的職業素質。因此，對同一宗房地產來說，由於不同的估價人員的操作，其評估的結果差異很大。房地產估價關係到房地產所有人與相關人的切身利益，為此，許多國家和地區的房地產估價制度中，規定了估價人員與被評估的房地產有利害關係時，應採取迴避的辦法，收費標準不能與估價額完全掛勾，並制定一些估價規範或標準，以約束估價人員的行為。

二、房地產估價的特徵

(一) 獨立性

房地產價格是房地產估價的結果，離開了估價，勢必導致房地產市場價格的混亂。市場經濟要求房地產估價必須具有獨立性，既不受行政的干預，也不受交易雙方的制約。

(二) 專業技術性

正確的房地產價格的估算與推斷，要求估價人員必須具備房地產專業知識，掌握一套科學嚴謹的房地產估價理論與方法，如房地產經營管理、工程預算、建築結構、識圖等多方面的知識。房地產估價的技術性在估價過程以及估價的技術處理中表現出來。因此，房地產估價有很高的專業性和技術性。

(三) 區域性與個別性

房地產的區域性或個別性決定了估價的區域性和個別性，任何房地產都具有特定的區域以及不同的影響因素的個別性。

(四) 時效性

任何房地產估價都必須明確估價期日（時點）。時間不同，房地產價格會隨之發生變化，其影響因素如物價指數、市場行情、利稅等都會改變，所以房地產估價對時間的界定是非常嚴格的。時效性成為房地產估價的特徵之一。

(五) 權威性

權威性是房地產估價的客觀要求。權威性既體現了估價結論的科學，也體現了合法程序審批的性質。沒有權威性就沒有獨立性，其他房地產估價的特徵也不可能受到重視。

三、房地產估價的必要性

房地產估價是市場經濟的必然產物，也是基本要求。在市場經濟體制下，房地產估價的必要性可以歸納為以下幾點：

(一) 房地產估價是房地產經濟體制改革的需要

住房制度改革和土地使用制度改革都同房地產價格評估有關。住房制度改革中有關租售比價的問題、租金調整的水準及步驟都同市場上房地產商品價格水準的趨向有關。房地產估價和有關資料的累積能提供科學的測算數據。土地有償使用的前提就是要適合中國國情，要有一套完整的土地估價標準和

方法，既包括新開發區土地批租標底的制定，也包括舊區已使用土地地價地租的核算。在土地的協議、招標、拍賣中，政府部門和開發企業都需要一個公正合理的出讓、轉讓和出租價格。

（二）房地產估價是各類房地產市場交易的需要

各類房地產商品流通、交易活動都需要估價人員提供一個合理的價格導向，如各類房地產的買賣、拍賣、轉讓、使用權交換或有償轉讓、商品房開發與銷售等。目前在國內的房地產交易中，不論是公對公、公對私、私對私之間，其標的物要經過法定的評估機構進行估價後，由買賣雙方參照市場供求情況以及雙方的意願進行洽談。房地產估價作為一個獨立的仲介行業，在交易秩序、交易價格、交易行為方面都有著重要的作用，既能有效地保護當事人雙方的合法權益，也能維護國家的利益。

（三）房地產估價是房地產綜合開發的需要

隨著經濟建設的不斷推進，文化和社會福利事業的不斷發展，城市建設中新區開發、市政建設、舊區改造、徵用農田等建設項目都要通過房地產估價提供正確的出讓、轉讓和補償標準。公正、合理的補償標準，既能兼顧徵用者與被徵用者雙方的利益，也能促進房地產綜合開發的工作順利進行。

（四）房地產估價是保證財政稅收的需要

房地產稅收是財政的主要稅源之一，有關房地產稅收的種類很多，諸如房產稅、土地增值稅、契稅等，在房地產的交易活動中，有關的稅率、稅費的徵收都要以法定的、權威的評估機構的結論為依據來進行。所以為了保證稅收收入的實現，避免逃稅漏稅、稅負不公平，必須搞好房地產估價。

（五）房地產估價是金融、保險和典當行業開展業務的需要

在市場經濟條件下，無論是房地產業，還是其他行業，都需要運用銀行資金來拓寬業務，提高經濟效益。完善的信用體系是以抵押貸款作為基礎的，單位和個人的房地產估價是銀行審批貸款的重要依據。房屋保險投保基數和賠償標準的確定，以及保險費數額的計算，都需要以房地產估價作為前提。典當業是中國近年恢復的，它為房地產典當創造了條件。因資金的需要，房地產擁有人將房地產典當給承典人，並取得典價。那麼典價就需要房地產估價來確定，以避免損害雙方的利益。

（六）房地產估價是對房地產這部分資產正確估值的需要

房地產作為企業的一項固定資產，對這部分資產的估值可協調國家、地方、企業間的利益關係。科學、合理的房地產估價能為國民經濟各部門的房

地產估值提供基本標準和測算方法。資產的正確估值有助於企業的平等競爭，提高企業的經營管理水平，使國有資產不受侵占並受到更好的保護，從而使資產能夠增值。資產估值從某種意義上說也不同於傳統的驗資、核算工作。隨著改革開放的深入，企業間的聯營、協作等活動也較頻繁，無論是行業間、企業間以及不同所有制間，或涉外經濟聯營、合作，甚至債務處理、破產等都涉及房地產價值的核定。房地產估價成為國內外經濟聯營活動中這部分股份利益公正、合理分配的基本條件。在股份制經濟形式中，首先要對企業現有資產正確估值，才能保證股東的合法利益。在對外經濟協作中，只有對中外雙方資產正確估值，才能明確和保障雙方的合法權益。

（七）房地產估價是合理解決房地產經濟糾紛的需要

房地產估價是解決房地產經濟糾紛、保障當事人合法權益的重要條件。它具體包括財產分割、遺產繼承、轉讓、饋贈等民事經濟活動中的糾紛的調解和仲裁。法院拍賣抵押房地產或沒收房產，流通領域發生的以房地產為擔保物的債務活動等糾紛都需要一個公正、合理的估價為依據。從目前情況來看，國家為了落實私房政策，在房屋收購作價方面以及補償或調換都需要有合理的估算依據。此外，在某些涉及房地產交易的違法違紀案件中，也需要有公正的房地產估價。

（八）房地產估價是開展房地產價格研究的需要

進行房地產估價工作，需要累積各類房地產價格的資料，並開展對房地產市場的預測及房地產價格變化的研究，從而發布房地產價格指數、租金指數等房地產市場的價格行情，以便為房地產開發經營公司的投資決策、項目評估等活動，為單位和個人購買房地產財產和財產保值等方面提供科學的情報資料及房地產諮詢服務。

除以上各方面的需要外，房地產估價還廣泛地運用於其他方面，如企業兼併、企業租賃、承包經營、經濟擔保、企業清算等。

第四節　房地產估價的原則和程序

一、房地產估價的原則

中國的房地產估價工作處於初級階段，要求每一位估價人員通過認識、掌握房地產價格形成運動的客觀規律，用科學的方法，對房地產價格進行客觀、公正、合理、準確的評定與估算。房地產估價的原則就是估價人員在反

覆實踐和理論探索過程中，形成對房地產價格運動的客觀規律的認識，並總結出在房地產估價活動中必須遵守的法則和標準。這些原則是人們在房地產估價的實踐中摸索總結出來的，對房地產估價具有普遍的指導意義。

(一) 公平原則

《城市房地產管理法》第三十三條規定，房地產估價應當遵循公正、公平、公開的原則。房地產估價的目的，在於求得一個公平合理的價格。如果評估的價格不公平，必然會影響交易雙方的利益，也會損害房地產估價工作的社會聲譽和權威性。所以這就要求估價人員在進行房地產估價活動中，必須保持公正的態度，尊重客觀事實，遵守有關法令、法規，採用科學的方法和程序，實事求是地進行房地產估價活動。為了保證房地產估價的公正性，要求房地產估價人員必須做到以下幾點：

（1）必須公正、清廉、認真、客觀地評估，絕不受任何私念的影響，不為私利而有所偏向。當估價人員與被估當事人有特殊關係時，應迴避。

（2）估價人員必須遵守國家和地方政府的有關法令、法規、政策，依法辦事，保證房地產估價工作的順利進行。

（3）估價人員要有嚴謹的科學態度、完整的知識結構和豐富的實際操作經驗以及科學的分析方法。

（4）估價人員必須熟悉房地產市場的供求情況，收集影響房地產估價的各項資料，並從當前的市場狀況分析影響房地產價格的各項因素，進行切合實際的評定與估算。

(二) 合法原則

房地產估價必須以法律法規為依據，只有這樣才能使房地產估價具有嚴肅性、權威性。這些法律法規有《城市房地產管理法》《土地管理法》《中華人民共和國城市規劃法》等。要在法律規定的房地產使用的條件下進行房地產估價，考慮土地的用途、容積率、覆蓋率、建築高度與建築風格等。具體地說，例如某宗土地，城市規劃限定為居住用途，即使該宗土地的坐落位置適合於商業用途，評估該宗土地的價格時也必須在該宗土地作為居住用途使用的條件下進行，而不可作為商業用途來估價。再例如某宗土地，城市規劃限定的容積率為5，評估這宗土地的價格時就必須以該宗土地的容積率不超過5為前提進行。如果以超過5的容積率進行估價，超出的容積率將沒有法律保障，也就是說，違反了房地產估價的合法原則。

(三) 供求原則

房地產價格同其他商品的價格一樣，受供求關係的影響。若需求不變，

供給增加，則價格下降；若供給不變，需求增加，則價格上升。進行房地產估價時，必須充分考慮到房地產的供求情況和可能導致供求關係變化的因素。分析房地產供求變化，除了要掌握一定時間內供給與需求的總量變化，還需要進一步瞭解供給與需求的結構變化。例如，增加住房總量的供給，住房需求緊張的狀況就可以緩解。但不同收入的居民對住房需求的類型不同，若過多增加高檔公寓和別墅，仍然不能解決普通居民家庭的住房需求問題。此外，城市房地產（特別是土地）供給量是有限的，因此，競爭主要在需求方面展開，房地產價格受需求的變化影響更大。另外房地產的位置固定性和個別性，在很大程度上限制了同類商品間的競爭性和替代性，所以，對房地產估價時，要注意這一特性。

（四）最有效使用原則

房地產估價要在依法使用的條件下來進行，要以房地產的最有效使用為前提來考慮。最有效使用原則，是指在合法的前提下，以獲利最佳的使用方式來評估該房地產。例如，某宗房地產城市規劃規定既可以作商業用途，也可以作居住用途，如果作商業用途能夠獲得最大的收益，那麼估價時以商業用途為假定的基礎來進行。對舊有房地產的估價，也應該遵循此項原則，而不應受該房地產現實使用條件的限定，而應該對該項房地產在哪種情況下為最佳使用作出正確的選擇。在現實中能運用最有效使用的原則，是因為房地產具有多樣性的用途，而且產權人也希望通過房地產獲得收益。所以，房地產估價要以該房地產的最有效使用的發揮為前提條件。

（五）相關替代原則

追求經濟合理性是人們經濟行為的普遍原則。在同一市場上，對兩種或兩種以上價格不等而效用可相互替代的商品，人們總是會選擇購買價格低廉的。因為在市場競爭機制的作用下，同類型、同功能、可替代的房地產商品，在同一供應市場內，其價格總是要趨於一致的。也由於房地產的個別性，完全相同的房地產是不存在的，但在同一市場中具有相近效用的房地產是可以互相替代的，如公寓與公寓、寫字樓與寫字樓，其價格在正常情況下應該是一致的。所以，估價人員評估房地產時，很難找到條件完全相同可以直接比較的房地產，但能找到一些與估價對象較接近和相關的房地產，作為具有替代性的比較參照物，然后對其差別作適當調整與修正，從而得到房地產的評估價格。

（六）估價時點原則

估價時點是指估價對象房地產的估價額所指的具體日期，一般以年、月、

日來表示。由於房地產市場不斷變化，房地產價格的時間性很強。在不同時點上，同一房地產具有不同的價格，所以對房地產估價時，必須假定市場停止在某一時點上，估價只是對被評估的房地產在該時點上的價格進行的估算。估價時點原則的重要意義就在於：估價時點是房地產權益責任的界限和評估時值的界限，如政府有關房地產法規的發布、變更、實施日期，都會影響房地產權益人的利益和房地產的價格。如果用市場比較法評估房地產，需選用多個比較實例，這些比較實例的交易日期都發生在估價時點以前，由於時間的差異，其時值是不相同的。因此，估價人員需將不同時間的比較實例的價格修正到某個標準時間，即為估價時點的標準時間，這樣，這些實例才具有可比性。

(七) 適法原則

適法原則就是指房地產估價方法的選用要適當，進行評估的方法要科學，這樣，才能使房地產估價的結果具有客觀性、準確性、公正性。因此，估價人員必須搞清楚估價適用的範圍以及各種估價的方法。例如，對具有特殊用途的房地產進行估價，適合選用成本估價法；而對於有商業用途的房地產估價，則選用收益還原法。

(八) 房地分離合一原則

房產價格的形成與地產價格的形成不一樣，房產價格是其價值的體現，可以用計算其他商品價格的方法來計算。而地產價格要遵循一定的估價制度，通過估價機構評估以後得到。從目前來看，中國房地產估價工作處於起步階段，對於比較複雜的估價方法尚難以掌握和推廣，因此，我們可以對房產和地產分別估價，然后再把兩種價格綜合起來。例如，在房地產出售、抵押、租賃過程中，我們可以在土地分等級的基礎上，大致確定出土地價格，然后再加上建築物的價格，這樣即成為房地產的整體價格。所以房地分離合一原則對估價房地產有重要的作用。

(九) 按質論價原則

按質論價原則是房地產商品估價中的基本原則，它對一切房地產商品要求優質優價、同質同價。房地產商品的質量包括建築質量、設備質量、環境質量。其中：建築質量是指建築物的種類、結構、式樣、層次、建築材料、裝飾檔次；設備質量除傳統的衛生設備和完善的廚房及洗滌設備條件外，還需要考慮空調、電梯、家電、通信等設備的安裝條件；環境質量包括交通條件、文化衛生娛樂設施、空氣水質噪聲綠化等環保條件。對以上三方面質量進行估價時，還要考慮其完好程度和先進程度，而完好程度的鑒定，主要是

對原有建築年限、建築情況、使用中的保養與修繕情況的考察。對房地產商品質量加以分析研究必須遵循按質論價的原則來進行。

(十) 現值原則和預測原則

現值原則和預測原則要求根據現行市場價格，按房地產的現實狀況進行評估；同時，還要將被評估房地產的全部未來收益的預測價值折合成評估時點的現值。例如，某一建築物每年出租可得到大約 100 萬元的租金，該建築物還可使用年限為 30 年，假定市場年利息率為 10%。試計算該建築物評估價值為多少？

根據資金時間價值的原理，年金現值的計算公式為：

$$年金現值 = 年金 \times 年金現值系數$$

$$P = A \cdot \frac{1-(1+r)^{-n}}{r}$$

年金現值系數可查年金現值系數表得到。

上例中的計算為：

$$P = 100 \times \frac{1-(1+10\%)^{-30}}{10\%}$$

$$= 943 \text{（萬元）}$$

該建築物被評估的價值為 943 萬元，這就是該建築物被評估那一時點的現值。

當前的房地產價格在很大程度上取決於對未來收益的預測，對於產生收益的土地更是如此。房地產的現值就是未來的淨出售收入，未來的收入和費用必須根據未來的情況進行預先估計，並且計算恰當的現值收益率；同時，還必須對未來的財務狀況、房地產的增值、投資者的收益進行詳細的分析。這樣，現值收益率才能正確地反應未來期望的狀況。估價人員也必須根據以往的專業技能和經驗對未來的狀況作出預測。

(十一) 折舊原則

從房地產的實際情況來看，地產會增值，建築物會折舊。按照建築物的設計標準，建築物都有耐用年限。因時間的推移，建築物受自然、人為等因素影響，建築物的價值會逐年下降。所以在房地產估價時，要計算建築物的折舊。建築物在一般情況下，使用年限長，每年所提折舊額少；使用年限短，所提折舊額按年計算的就多。對同一建築物存在不同的折舊率。所以在對建築物進行折舊時，還要充分考慮建築物的經濟使用年限和殘值。

二、房地產估價的一般程序

房地產估價是一項比較複雜的工作，需要有一套科學嚴謹的估價程序來高效、高質量地評估房地產價格，這樣可以避免重複勞動，減少不必要的浪費。嚴格按照房地產估價程序來辦事是很有必要的。

房地產估價程序，簡單地說，是指評估出一宗房地產的價格，自始至終需要做哪些工作，應該先做什麼，后做什麼。因此，通過房地產估價程序可以看到整個房地產估價的全過程，也可以瞭解到房地產估價過程的內在聯繫。作為估價人員，接受委託后，要對被估的房地產作大致的瞭解，搞清楚被估的對象、背景、目的、時點等內容，然后對被估的房地產進行實地勘查，確認其坐落位置、結構、面積、用途等，根據實際情況選用適當的估價方法，並確定一個綜合估價額，最后寫出估價報告書。

(一) 估價業務的受理

1. 估價受理的範圍

目前，中國城市房地產估價業務一般都由政府管理部門下設的估價機構管理（也有民間估價事務所）。凡屬下列範圍的業務，專業評估部門均可受理評估：

(1) 房屋買賣、交換、租賃；
(2) 房產繼承、贈與、析產；
(3) 房產轉讓、土地使用權轉讓；
(4) 舊公房出售；
(5) 房屋的拆遷補償；
(6) 私房落實政策作價收購；
(7) 房產抵押、土地使用權抵押；
(8) 房產糾紛訴訟；
(9) 企業房產租賃、聯營、股份經營、破產清理和中外合資、合作經營；
(10) 土地使用權分割；
(11) 土地徵用補償。

2. 估價業務來源

(1) 指定受理（被動接受）：等待委託估價者找上門來徵求估價服務。委託估價者可能是政府、企事業單位或個人等。委託估價者可以是該房地產的所有者或使用者，也可以不是。如政府徵收稅收，可委託對非政府擁有的課稅對象房地產進行估價，委託估價者即為政府部門；房地產的購買者，也可能會委託對欲購買對象房地產進行估價；一方以房地產入股與另一方合作，

另一方也可能委託對該入股房地產進行估價，以便於與對方討價還價，這另一方就是委託估價者；房地產擁有者拿房地產抵押貸款，銀行也可能委託其信任的估價機構對該抵押房地產進行估價，銀行就是委託估價者。

（2）委託受理（主動爭取）：估價人員主動力爭為他人提供估價服務。這在估價工作商業化後是估價業務的重要來源，特別是在估價業務競爭十分激烈的情況下。當然，在這種情況下，估價人員不能為迎合顧客的不合理要求，以損失估價的客觀、公正來爭取估價業務，而只有增強實力，提高專業知識水平和服務質量才能在長期的經濟活動中立於不敗之地，贏得信譽，擴大估價業務。委託估價者，不一定是房地產的擁有者，因此，估價人員在爭取估價業務時，可拓寬思路。

（3）自有自估：有估價能力者對自己擁有的房地產，提出估價要求並自己進行估價。這種估價結果一般不具有法律效力，僅供自己掌握以做到心中有數。如企業在清產核資時對企業擁有的房地產進行估價。

3. 證件提供和手續辦理

房地產估價業務的受理應在估價規定的範圍內進行。估價申請委託者應提供有關證件並辦理有關手續。凡是提交的憑證、證明齊全的業務，估價機構都應受理，並同時通知估價委託者填寫書面材料。在與估價受理單位進行協商並取得一致意見后，再正式簽訂估價合同或協議書（附後），以此明確雙方的責任義務。估價合同或協議書通常還應取得公證機關的公證，以得到法律保護。

房地產估價合同或協議書的格式如下：

<h3 style="text-align:center">房地產估價合同（協議書）</h3>

委託估價方：（以下簡稱甲方）

受託估價方：（以下簡稱乙方）

甲乙雙方按照自願原則，就房地產估價事宜簽訂本合同或協議書。

一、甲方_____的需要，委託乙方對下列房地產進行估價。

二、乙方應根據甲方的估價需要，對上列房地產給以客觀、公正的評價，並出具該委託估價房地產的估價報告書。

三、甲方應於×年×月×日前將待估價房地產的資料提交給乙方。甲方應提交給乙方的資料如下：

(1) _____

(2) _____

…………

四、乙方在估價期間應到現場實地查看，甲方要盡力配合提供方便。

五、甲方提供的估價資料乙方應妥善保管，並予以保密，未經對方同意不得擅自公開或洩露給他人。

六、甲方應支付給乙方的估價費依照雙方認同的國家計委、建設部《關於房地產仲介服務收費的通知》（計價格〔1995〕971號）的規定，見下表。

以房產為主的房地產價格評估收費標準

檔 次	房地產價格總額（萬元）	累進計費率（‰）
1	100 以下（含 100）	5
2	101 以上至 1,000	2.5
3	1,001 以上至 2,000	1.5
4	2,001 以上至 5,000	0.8
5	5,001 以上至 8,000	0.4
6	8,001 以上至 10,000	0.2
7	10,000 以上	0.1

本合同或協議簽訂之日，甲方先預付給乙方××萬元，餘款××萬元待乙方將估價報告書交給甲方時再付清。

七、如果甲方中途中斷委託估價時，乙方不予退還預付估價費。

八、本合同或協議自甲乙雙方正式簽訂之日起生效，任何一方未經同意不得隨意修改，如有未盡事宜，需雙方協商解決。

九、本合同或協議一式三份，甲乙雙方各執一份，公證機關執一份。

本合同或協議於×年×月×日正式簽訂。

甲方：＿＿＿＿＿＿＿　　　　乙方：＿＿＿＿＿＿＿
法定代表人：＿＿＿＿　　　　法定代表人：＿＿＿＿
地址：＿＿＿＿＿＿＿　　　　地址：＿＿＿＿＿＿＿
郵政編碼：＿＿＿＿＿　　　　郵政編碼：＿＿＿＿＿
電話：＿＿＿＿＿＿＿　　　　電話：＿＿＿＿＿＿＿
銀行帳戶：＿＿＿＿＿　　　　銀行帳戶：＿＿＿＿＿

公證機關：＿＿＿＿＿＿＿
公證員：＿＿＿＿＿＿＿
公證日期：＿＿＿＿＿＿＿

根據北京市房地產價格評估事務所的經驗累積和總結，委託人申請估價時，一般應提供以下資料：

（1）申請土地價格評估需提供的資料

①法定代表人身分證明書和授權委託書。

②公司章程。

③項目立項報告和市計委的批覆。

④項目可行性報告和市計委批覆。

⑤市房地局核發的房屋所有權證。

⑥市房地局頒發的房屋拆遷許可證。

⑦市規劃局釘樁坐標成果通知單。

⑧國家建設徵地拆遷結案表。

⑨市房地局或土地局核發的土地使用權證。

⑩市規劃局核發的建設用地許可證及附證、附圖。

⑪市規劃局核發的建設工程許可證及附證，附建築設計總平面圖。

⑫市建委核發的建設工程開工證。

⑬市規劃局規劃設計條件通知書。

⑭市規劃局設計方案審定通知書。

⑮市政部門概算書。

⑯拆遷安置補償情況及概算。

（2）申請其他項目的價格評估還需提供的資料

⑰工商局頒發的營業執照。

⑱土地價格評估報告。

⑲市土地局或市房地局簽訂的土地使用權出讓或轉讓合同。

⑳建築工程預決算書。

㉑銀行的驗資證明。

㉒市房地局核發的外銷商品房許可證。

㉓其他支出證明。

4. 估價受理單位明確估價的基本事項

在正式受理房地產估價委託后、簽訂合同之前，雙方應該明確估價的有關事項。主要內容包括：

（1）明確估價對象。在進行房地產估價時，必須把房地產估價的對象搞清楚，第一要弄清估價對象是土地、建築物，還是土地與建築物合成一體。如果是土地，是生地還是熟地，土地上有無建築物，建築物將被保存還是將被拆除；如果是建築物，是否包括其中的設備。第二要弄清估價房地產的基

本資料,如坐落位置、面積、用途、四至、結構、產權等情況,需要由委託者如實提供。

(2) 明確估價目的。即委託者因何種需要對房地產進行估價,一般包括:

①估價目的就是為何種需要而估價,如出售、購買、入股、徵用、課稅、抵押、租賃、保險、賠償等,由於估價的目的不同,對估價的要求也不同。

②不同的估價目的決定不同的價格類型,如買賣價格、投資價格、徵用價格、課稅價格、抵押價格等。

③明確估價採用的貨幣單位。中國一般是用人民幣表示,但有時也有用美元、港元或日元表示,這將涉及匯率換算的問題。

(3) 明確估價時點。需要明確所評估的房地產價格具體指哪個評估基準日的價格,因估價時點不同,評估價格也不同。

估價時點又稱為估價時日、估價期日、勘估時日或估價基準日,一般採用估價人員實地勘查的時間,也可採用委託人指定的時間。日期的詳細程度取決於所需要評估的房地產價格的類型。一般說來,買賣價格、租賃價格比抵押價格和課稅價格所要求的日期詳細,通常明確到年、月、日。

(4) 明確估價的作業日期。估價的作業日期,又稱估價日期,即進行估價的起止日期,一般需 15 天。完成估價的日期一般是委託者提出的,雙方一旦商定一個較合適的時間,估價人員必須按期按質地完成估價,否則會影響估價機構的信譽。

(二) 估價前的準備

1. 制訂估價作業計劃

制訂房地產估價作業計劃是對整個房地產估價作業全過程的各項工作作出一個周密而完整的工作計劃和安排,包括作業環節劃分、人員配備、時間進程、質量要求及經費安排等,以便控制進度,協同合作。制訂估價作業計劃的方法可採用網路計劃技術的方法來進行。

2. 資料準備

估價人員在估價前必須掌握被估房地產的性質及其產權變更情況,如買賣、轉讓、抵押、拆除或產權糾紛處理等,這需要收集與實際相適應的資料。

(1) 產權資料。產權資料是反應房地產所有權歸屬及其變更情況的綜合資料。產權資料一般包括:房地產登記文件、接管產權資料、落實政策資料、房屋買賣資料、徵地拆遷資料、私房改造資料以及 1:500 房地產平面圖或 1:200 房屋平面圖等。房屋產權性質有國有房屋、集體房屋、私有房屋。根據房屋所有權和管理的不同,對房屋產別又分為公產、代管產、託管產、撥用產、國有單位自管公產、集體單位自管公產、私產、中外合資產、外產、

軍產和其他產 11 個產別。

（2）房屋建築資料。房屋建築資料是反應房屋類型、建造年代、結構、設備造價的綜合材料。一般房屋建造時都有建築設計圖紙，詳細地論述了房屋建築情況。房屋的建築資料是房地產估價的依據，房屋建築資料包括結構類別、房屋層數、建築面積、房屋的建築年代和歷年維修狀況以及改建情況，這些資料可以為估價時確定房屋等級、折舊和保養程度提供依據。

（3）市場交易資料。市場交易資料是房屋買賣雙方自行協商達成的協議或者是買方或賣方的購銷意向記錄，能及時地反應當前房地產的供需狀況及其市場行情。估價人員要有敏銳的觀察力以分析市場交易活動，估價人員對房地產市場的瞭解程度與估價結果有很大的相關性。

（4）法規資料。作為房地產估價人員，要收集所有的直接或間接影響房地產價格的有關法律法規、條例及文件資料，這樣才能保證估價工作的質量，提高估價工作的效率與效果。

(三) 實地勘查

實地勘查是對已經確定為評估對象的房地產進行實地調查分析，從房地產的實體構造、權利狀態、環境條件等內容進行客觀的調查認可。

1. 核對房地產的位置

核對房屋的地址、坐落位置和部位，是房地產估價的前提。在買賣房屋評估、有償轉讓房屋評估、拆遷房屋評估等過程中，估價人員應認真細緻地核對委託人或產權人領勘房屋的坐落位置和部位。特別是估價同幢異產房屋時，要認真核對房屋的估價範圍，正確區分房屋產權的獨立部位、共有部位和他人所有部位，避免出現估價的誤差。對土地的確認，要明確其坐落位置、土地使用類別、地號、面積、地形、地貌等情況。它比房屋的確認簡單。

2. 核對房地產的結構和面積

核對房屋的結構和面積就是要檢查是否與房屋契約的結構或面積相符，如果發現不相符合的，要根據情況分別處理。

（1）在產權登記過程中發生錯登或失誤的，要按實際情況來估價。

（2）產權登記後，沒有經過批准私自加蓋房屋以及改建房屋的，按違章建築處理。

（3）產權登記後，經過向城建部門申請批准改建的，按改建後的情況估價。

3. 查明房屋裝修、設備、層高及其使用情況

房屋的裝修情況對房屋估價的影響較大。房屋裝修的主要項目有：牆體、屋面、地板、層高、隔間、門窗、廚廁及水電等。由於房屋結構多樣、類型

複雜、式樣各異，大多數房屋的層高、設備和裝修參差不一，差距較大，其造價也不同，各地區的造價標準也不能包羅萬象。因此，在勘查時必須做到：一是估料準，就是要分清門窗和地板的用料、牆體的厚度等；二是數量準，就是要分清大小衛生間的套數和衛生潔具的件數，以及各種不同裝修用料的實際數量；三是高度準，就是要分清房屋層高，正確測定房屋層高及建築面積。

4. 認定房屋的完損程度和新舊程度

確定房屋的建造年份是評定房屋折舊率的依據，估價人員要對房屋各主要部位進行勘查，按照房屋的完好程度評定出房屋的等級，確定房屋的折舊係數，鑒定房屋的完損程度及折舊程度，這些因素直接影響著房屋的造價。

5. 勘丈繪圖、攝影

勘丈繪圖是在房屋全面勘查丈量的基礎上，將房屋形狀、位置、結構、門窗、面積大小、牆體等按一定比例如實反應在房屋平面圖上，作為房屋估價的依據。

房屋攝影是以特寫鏡頭全面真實地反應房屋外貌、房屋結構、內外裝修設施等。

(四) 估價計算

1. 選擇估價方法計算價格

根據已有資料確定估價方法，一般同時採用多種估價方法，使各種方法相互補充。三種基本方法即市場比較法、成本估價法、收益還原法，其他方法是殘餘估價法、假設開發法、長期趨勢法和路線價估價法等。

2. 綜合決定估價額

由於採用的估價方法不同，計算出的估價額則不同，需要綜合決定估價額。綜合的方法有下列幾種：

(1) 簡單算術平均數

將估價出的所有結果加以累計，除以項數。設 $P_1, P_2, P_3, \cdots, P_n$ 為計算出的價格，公式為：

$$\bar{P}=\frac{P_1+P_2+P_3+\cdots+P_n}{n}=\frac{\sum P}{n}$$

例如，有三個估算價格的結果分別為 420 萬元、460 萬元、430 萬元，則需要綜合出一個價格。

$$\bar{P}=(420+460+430)\div 3=437 \text{（萬元）}$$

(2) 加權算術平均數

考慮價格的重要性不同而給以不同的權數。公式為：

$$\bar{P} = \sum P \cdot \frac{f}{\sum f}$$

式中：$\frac{f}{\sum f}$為權數。

假設上式中權數分別為 0.5、0.3、0.2，則：
$\bar{P} = 420 \times 0.5 + 460 \times 0.3 + 430 \times 0.2 = 434$（萬元）

（3）中位數

將價格按大小順序排列，項數為奇數時，取中間項價格；為偶數時，取中間兩項價格的簡單算術平均數。

（4）以一種估價方法計算出的價格為主，其他估價方法計算出的價格只供參考

如上例以 460 萬元為主，由於其他兩種估價方法計算出的價格均較這個價格低一些，則綜合價格為 450 萬元。

綜合價格不能定為最終估價額，一般還要考慮到估價人員的經驗以及影響房地產價格的因素情況，最后綜合評估決定出估價額。可能以計算結果為主，也可能以其他判斷為主，最后要復核審批，雙方認可才行。

(五) 撰寫估價報告書

估價報告書是記述房地產估價成果的文件，是估價機構接受委託方任務后完成估價全過程工作，提供給委託估價者的最終成品。其質量，取決於估價結論的準確性及文字表述的水平。一份完整的估價報告書，一般應包括以下內容：

（1）委託方、受託方名稱；
（2）估價目的；
（3）估價基準日期；
（4）估價的依據；
（5）估價標的物所處的地理位置、現狀條件、未來前景；
（6）規劃設計條件；
（7）估價的原則；
（8）估價的方法及結果；
（9）估價結果的應用；
（10）估價報告的附件；
（11）其他需要說明的情況；
（12）估價人員名單。

估價報告書的形式多種多樣，主要有定型式、自由式、混合式三種。定

型式又稱封閉式估價報告書，有固定格式，估價人員必須按要求填寫，不得隨意增減。自由式又稱開放式估價報告書，是由估價人員根據估價對象的情況而自由創作，是無固定格式的估價報告書。混合式估價報告書是兼取前兩種估價報告書的格式，既有自由式，又有定型式。

(六) 答覆和立案歸檔

估價機構在向委託估價者交付估價報告書及收取估價服務費後，應對房地產估價項目進行檔案管理，要將估價報告、審核結果、協議書、委託方提供的材料整理成冊並進行編號、立案歸檔。在有條件的情況下，可將重要數據輸入計算機，通過計算機可以大大提高管理的效率與水平。

第五節　房地產估價與工程技術及工程預(決)算

一、房地產估價與工程技術

(一) 區別

1. 性質不同

房地產估價是對房產和地產的現值進行真實、合理、客觀的估計推測或判斷。房地產估價是一門科學，也是一門藝術，更是一門技術。

工程技術是指投資項目（房地產開發項目）從籌建到竣工驗收的全過程中在土木建築工程上所採用的一系列方法和技能。它包括地質勘查、圖紙設計、工程施工等。

2. 順序不同

從技術角度來看，房地產估價與工程技術屬於並列的關係。但從先後順序上來看，工程技術在先，房地產估價在後。房地產估價是對採用工程技術生產出來的建築產品的價格進行評估。

(二) 聯繫

1. 房地產估價必須以工程技術為基礎

如果沒有工程技術，不可能完成一系列工程技術活動，如地質勘查、圖紙設計以及工程施工等，也就不可能生產出建築產品，房地產估價就沒有估價對象。房地產估價方法中，有些必須以工程技術為基礎，如房屋原值的確定、耐用年限、建築面積等，都需要借助於工程技術來完成。所以，房地產估價中離不開工程技術，兩者屬於不同的技術範疇，但又有著必然的聯繫。

2. 不同的工程技術直接影響房地產估價的結果

通過房地產把工程技術與房地產估價聯繫起來，那麼工程技術的不同必然會影響到房地產估價的結果。同一宗房地產不同的地質勘查、不同的圖紙設計以及不同的工程施工，房地產估價的結果必然不同。

二、房地產估價與工程預(決)算

工程預(決)算，又稱工程估價，是對建築產品從籌建到竣工所需的全部費用的確定，包括對勘查、設計、施工及建築產品價格的估算。

房地產估價與工程預(決)算兩者之間既有聯繫，又有區別。

(一) 兩者之間的區別

1. 目的不同

投資者發包給施工企業承包工程，雙方需要結算工程價款，因此就要編製工程預(決)算。編製的目的就在於對工程價款作出量的規定，其實質就是確定建築產品的價格。而房地產估價的目的比工程預(決)算要複雜，主要是出於出讓、出租、抵押、劃撥、徵購、清算、糾紛處理以及企業兼併等目的來進行估價的。

2. 在再生產過程中所處領域不同

施工企業主要生產的是建築產品，如果建築產品要轉化為商品，就需要房地產開發商購進建築產品，並將此建築產品（房地產商品）出售、出租。如果建築產品轉化為耐用消費品，就成為固定資產。從而可以看出，工程預(決)算在社會再生產過程中處於生產領域。房地產開發經營具有商業性，屬於第三產業，因此房地產估價在再生產過程中處於流通領域。

3. 範圍不同

工程預(決)算既包括房屋建築物，又包括全部構築物，所以是整個建築產品。而房地產估價包括土地、房屋建築物及其附帶的設施。

4. 計算基礎與方法不同

工程預(決)算的計算是以國家制定的定額和標準為基礎的，計算方法也要嚴格按照國家制定的計算方法、規則、定額、費用標準來計算。房地產估價受市場調節的因素較多，它主要是以房地產投資和盈利為基礎計算的，可按照不同的具體情況選用不同的方法。

(二) 兩者的聯繫

工程預(決)算與房地產估價同屬估價活動，兩者的研究對象是相同的。一方面，工程預(決)算為房地產估價提供資料，另一方面房地產估價可以直接利用房屋工程預(決)算的結果，為房地產估價服務。

資產評估

第四章　房地產評估的基本方法

第一節　市場比較法

一、市場比較法的原理

(一) 市場比較法的概念

市場比較法是房地產評估的三大基本方法之一，是最重要、最常用、最成熟的一種估價方法。市場比較法是指在求取估價對象房地產（又稱待估房地產或委估房地產）的價格時，把估價對象房地產和近期（一般指 5 年內）已經發生交易的類似房地產進行各方面的對照、比較，通過對這些已交易的房地產的成交價格的修正，來求取估價對象房地產價格的一種估價方法。其中，類似房地產是指在用途和性質、建築結構、建築材料、坐落位置等價格影響因素方面與估價對象房地產相同或相似的房地產，又稱為交易實例、可比實例或可比案例。根據市場比較法求得的價格稱為比準價格或比較價格。市場比較法又稱為交易實例比較法、交易案例比較法、買賣實例比較法、市價比較法等，簡稱市場法、比較法。

在房地產市場發育成熟且存在大量交易實例的國家和地區，如美國、英國、日本、中國香港地區和臺灣地區等，市場比較法應用得很廣泛。中國房地產市場發展較快的地區如上海、廣東等，市場比較法應用得也較廣泛。市場比較法是被估價人員普遍採用的、有效的估價方法。

(二) 市場比較法的理論依據

市場比較法的理論依據是經濟學中的替代原理，即具有相同效用的商品可以相互替代，其替代性越強，價格越趨於一致。經濟主體在市場上的行為總是追求效用的最大化，即購物時希望商品效用大而價格低。如果同樣價格，則希望商品效用大；如果同樣效用，則希望商品價格低。要判斷效用、價格的高低，必須進行商品之間的比較。就房地產來說，如果存在兩宗或兩宗以上效用相同且能互相替代的房地產，買者不會選擇高於市場正常價格水平的

價格成交，賣者不會選擇低於市場正常價格水平的價格成交，它們的價格會相互牽引、彼此接近，最終逐漸趨於一致。

但是，由於房地產商品的差別性，因此不存在各方面完全相同的房地產，需要採用替代原理，用類似房地產已成交價格進行修正和調整來推知待估房地產的價格。

(三) 市場比較法的適用範圍

1. 運用市場比較法的前提條件

（1）必須具有完備的市場交易資料。市場比較法評估房地產價格的準確程度取決於一定區域內市場交易資料的豐富程度。估價人員選作比較參照的交易實例，必須是近期該區域內房地產交易市場上已經發生的、與待估房地產類似的可比實例。交易實例越多，對待估房地產價格的評估越準確；如果當地市場缺乏相應的交易實例，則市場比較法的應用則受到限制。

（2）估價人員必須具有豐富的實踐經驗。運用市場比較法時，需要對選取的可比實例的交易價格進行修正和調整，包括交易日期修正、交易情況修正、區域因素修正和個別因素修正。這就要求估價人員不僅要有豐富的理論知識，還要具備豐富的實踐經驗。如果對當地房地產市場交易情況不熟悉，缺乏實踐經驗，將難以達到準確估價的目的。

2. 市場比較法的適用範圍

在相同地區或類似地區中存在較多的與待估房地產類似的交易實例時，常採用市場比較法進行房地產價格評估，其適用範圍主要是房地產市場比較發達的地區的房地產出售、租賃、轉讓等估價。如果房地產市場發育不成熟或房地產交易不多的地區，以及對較少交易的房地產如寺廟、教堂等的估價，由於缺乏完備的市場交易資料，不適宜採用市場比較法進行估價。

二、市場比較法的應用

(一) 市場比較法的操作步驟

採用市場比較法評估房地產價格，常採用單價（元/平方米）進行比較。其操作步驟具體有以下內容：

1. 收集充分的交易實例

充分的市場交易資料是運用市場比較法估價的前提條件。估價人員應盡可能多地收集近期本地區內或鄰近地區房地產交易市場已發生並與待估房地產類似的交易實例，至少要掌握 10 個左右可作為可比實例的市場交易資料，其中 3~5 個且最少不低於 3 個必須是與待估房地產相似的最基本的交易

實例。

估價人員收集交易實例的工作可從多種途徑展開，如官方或民間房地產估價事務所、房地產交易會等。收集的交易資料的內容應包括房地產的位置、用途、性質、結構、裝修標準、使用情況及完損程度，還應包括房地產所處環境、交通狀況、當地市場特性、權利狀況、交易日期、交易價格等，將需要收集的項目制成統計調查表，並對項目逐項查證、審核，保證收集的交易實例的客觀性、全面性和準確性。收集交易實例工作的質量決定了評估對象房地產價格工作的質量，因此收集充分的交易實例是運用市場比較法的基礎工作。

需要注意的是，估價人員收集的交易實例，無論從何種渠道取得，必須是客觀發生的、近期的、真實的交易實例，不能採用虛假的、推測的結果作為比較參照的交易實例，否則據此進行的估價就存在較大偏差，甚至是錯誤的。

2. 選取供比較參照的交易實例

從收集的交易實例中選擇與待估房地產接近的案例時，可採用數學方法或統計方法進行歸類，從中選擇與待估房地產類似的、接近且有替代關係的交易實例作為比較參照的對象。供比較參照的交易實例應符合以下原則：

（1）與待估房地產屬同一供需圈內的相同地區或類似地區。位置是影響房地產價格的決定性因素。交易實例與待估房地產處於相同地區或類似地區，市場供求關係接近或一致，其相關替代性越高，價格的可比性就越強。

（2）與待估房地產的用途相同，如同為住宅、辦公樓、商業營業用房或工業用房等。

（3）與待估房地產的建築結構相同，如同為磚木結構、磚混結構或鋼筋混凝土結構等。

（4）與待估房地產的價格類型相同，如同為買賣價格、租賃價格、徵用價格、課稅價格、投保價格、典當價格、入股價格或抵押價格等。

（5）與待估房地產的估價期日應接近。一般選擇最近 5 年內發生的交易實例。如果與待估房地產的估價期日越接近，估價的精確度越高。5 年以上的交易資料由於受房地產市場變動影響較大，進行交易日期修正時偏差則大。

（6）交易實例應是正常交易，或可修正為正常交易。正常交易是指在公開市場上進行的平等、自願的競價交易。

3. 對交易實例價格進行修正

（1）交易日期修正。由於交易實例是在求取待估房地產價格之前發生的，因此交易實例的估價期日與待估房地產的估價期日之間存在時間差異。如果

在這段時期內，房地產市場價格沒有變化，可以不作交易日期修正；如果房地產價格出現上漲或下跌趨勢，則必須進行適當的交易日期修正以符合市場實際情況。

交易日期修正的方法，通常是採用房地產價格指數變動率來進行，將交易實例當時的交易價格修正為估價期日的價格，用公式表示為：

$$\text{修正為估價期日的交易實例價格} = \text{交易實例價格} \times \frac{\text{估價日期的價格指數}}{\text{交易日期的價格指數}}$$

不同類型的房地產，價格指數是不相同的，變動方向和變動程度存在差別。實際中常採用的方法是在相同地區或類似地區利用數宗同類房地產價格變化規律，以此作為房地產價格指數變動率對交易實例價格進行交易日期修正。如某城市普通商品住宅價格調查中，近3年內商品住宅價格月平均遞增0.5%，則可將0.5%作為該地區普通商品住宅的價格指數變動率。

（2）交易情況修正。交易情況修正是對非正常交易行為和特殊因素所造成交易價格偏差進行的修正，通過交易情況修正使其成為正常的交易價格，才能進行比較分析。

常見的特殊因素和非正常交易行為有：

①交易雙方有特殊關係。如親友之間、單位與職工之間、有特別利害關係的單位之間等的房地產交易，通常交易價格偏低。

②特殊條件下的交易。如出於某種目的需要而急著買或急著賣，交易價格可能偏高或偏低；又如買方或賣方不瞭解市場行情而盲目購買或盲目出售，也會造成交易價格偏高或偏低。

③特殊方式的交易。如招標、拍賣雖是公開交易，但交易不正常、不充分，成交價格通常與市價有出入，低於或高於正常價格。

④交易上的其他特殊情況。如應由賣方負擔的房地產增值稅轉嫁給買方支付，造成房地產價格偏高。

選取供比較參照的交易實例，應盡量避免有非正常交易的實例。如果與待估房地產類似的交易實例較少而不得不選取特殊情況下的交易實例時，必須通過分析、計算以及經驗來確定價格的偏差程度，將非正常交易情況下的價格調整為正常價格。

（3）區域因素修正。如果交易實例與待估房地產處於同一地區或鄰近地區，可以不作區域因素修正。交易實例是類似地區的房地產時，則應對交易實例價格作區域因素修正。區域因素修正的內容有交通、環境、治安狀況、城市規劃、繁華程度、噪音等影響房地產價格的因素。實際比較時可對上述

指標給以不同的分值，並對待估房地產和交易實例房地產逐項打分，同時計算其分值總和。由於區域因素的優劣狀況不同，交易實例的分值可能高於或低於待估房地產，因此可對交易實例的價格通過分值對比而得的修正率進行降低或提高等調整，將交易實例價格修正為待估房地產所處地區的區域因素條件下的價格。區域因素修正的內容因房地產用途不同而有所區別，對交易實例的區域因素修正，應是對交易實例交易當時的區域因素狀況的修正。

（4）個別因素修正。個別因素修正的內容主要有位置、面積、地勢、地形、日照、通風、建築結構、樓層、朝向、內部設施、臨街狀態、土地使用權年限等影響房地產價格的因素，應找出影響交易實例價格和待估房地產價格的個別因素的差別，並對這些差別所造成的交易實例價格進行增減修正，將交易實例價格調整為處於待估房地產狀態下的價格。如果房地產用途不同，個別因素修正的具體內容也不同。對交易實例的個別因素修正，應是對交易實例交易當時的個別因素狀況的修正。

4. 綜合決定最可能實現的合理價格

利用市場比較法計算待估房地產的價格，通過修正率［增價（＋）或減價（－）的比率］或修正系數（1±修正率）對交易實例的價格進行交易情況修正、交易日期修正、區域因素修正及個別因素修正後，可計算出交易實例的修正價格。其計算公式如下：

$$\text{交易實例的修正價格} = \text{交易實例價格} \times \text{交易情況修正系數} \times \text{交易日期修正系數} \times \text{區域因素修正系數} \times \text{個別因素修正系數}$$

或

$$\text{交易實例的修正價格} = \text{交易實例價格} \times (1 \pm \text{交易情況修正率}) \times (1 \pm \text{交易日期修正率}) \times (1 \pm \text{區域因素修正率}) \times (1 \pm \text{個別因素修正率})$$

交易實例的修正價格已將交易實例的價格轉變成待估房地產的價格，但由於選取供比較參照的交易實例有多個，通過上述各種因素修正之後，每個交易實例都可計算出一個修正價格，各個交易實例的修正價格會有差異，最后需要綜合計算一個估價額，作為待估房地產的估價額。常用的綜合計算方法主要有以下三種：

（1）簡單算術平均法。將多個交易實例的修正價格相加並除以交易案例的個數，即得到待估房地產價格。如 A、B、C、D 四個交易實例的修正價格分別為 163 萬元、174 萬元、180 萬元和 172 萬元，則綜合計算的價格為 (163＋174＋180＋172)÷4＝172（萬元）。

（2）加權算術平均法。對每個交易實例的修正價格賦予不同的權數（權數之和為1），其中與待估房地產越接近的交易實例的權數越大，而差異較大的交易實例的權數則小，根據給定的權數來綜合計算待估房地產的價格。如上例中，對A、B、C、D四個交易實例的修正價格分別賦予權數為0.1、0.3、0.2、0.4，則綜合計算的估價額為$163 \times 0.1 + 174 \times 0.3 + 180 \times 0.2 + 172 \times 0.4 = 173$（萬元）。

（3）以多個交易實例中某一個交易實例的修正價格為主，其他交易實例的修正價格僅供參考。

與待估房地產越類似、越接近且替代性越強的交易實例，其價格與待估房地產價格越接近。如上例中交易實例D與待估房地產最相似，可直接將交易實例D的修正價格作為待估房地產的估價額，即待估房地產價格為172萬元。或者以交易實例D的修正價格172萬元為主，參考交易實例A、B、C的修正價格，其中B、C的價格高於D的價格，而A的價格低於D的價格，綜合出一個估價額，為173萬元。需要注意的是，參考的交易實例的修正價格的差異最好在10%以內，如果差異太大，則選擇的交易實例存在問題。

在實際操作中選擇交易實例時，還可採用剝離的方法將土地與建築物合為一體的房地產的交易價格分離開來，即將房地產價格分解為土地價格和建築物價格兩部分。當評估對象是單純土地或單純建築物時，如果分解開來的土地或建築物與待估土地或建築物類似，則可將其作為供比較的交易實例，通過對交易實例的修正來求得待估房地產的價格。這種方法就是分配法，又稱剝離法，也屬於市場比較法。分配法主要用於分解交易實例土地和建築物價格，從而對城市某宗地價格進行評估。

市場比較法不僅用於評估房地產的交易價格，如銷售價格、轉讓價格等，還用於評估房地產的租賃價格。如確定待估房地產的租金水平，往往採用市場比較法。此時，需要收集大量同類房地產的租賃實例，並從中選擇與待估房地產類似的租賃實例進行交易情況修正、交易日期修正、區域因素修正和個別因素修正，通過綜合比較求得待估房地產的評估租金。

（二）市場比較法實例

某被評估房地產屬於某城市商業用途的一塊空地，土地總面積為5,520平方米。要求採用市場比較法評估該土地2016年4月的買賣價格。交易實例的資料見表4-1。

表 4-1　　　　　　　　　　　　交易實例情況表

實例 項目	A	B	C	D
坐落位置	某市	某市	某市	某市
地域區分	近鄰	類似	類似	類似
用途	商業	商業	商業	商業
土地類型	素地	素地	附有建築物地	附有建築物地
出讓方式	協議	招標	協議	協議
面積	1,700 平方米	3,000 平方米	3,500 平方米	4,000 平方米
總價	300 萬元	540 萬元	670 萬元	780 萬元
單價	1,765 元/平方米	1,800 元/平方米	1,914 元/平方米	1,950 元/平方米
交易日期	2014 年 8 月	2015 年 6 月	2014 年 10 月	2015 年 12 月
土地使用權剩余年限	35 年	36 年	36 年	30 年
其他	略	略	略	略

其中：

（1）實例 A 為正常交易。經測算，實例 B 估計偏低 3.5%，實例 C 估計偏低 2%，實例 D 估計偏高 2%。

（2）根據土地調查資料，該市地價自 2014 年 8 月以來平均每月上漲 1%。

（3）實例 A 與被評估土地為近鄰地區，則該近鄰地區區域因素為 100，根據交通條件、社會環境、自然條件等比較，實例 B 所屬地區為 103，實例 C 所屬地區為 92，實例 D 所屬地區為 98。

（4）被評估土地不僅地理位置優越、交通便利，而且面積較大，因此比實例中 A、B、C、D 土地的價格高 2.5%。被評估土地使用權剩余年限為 36 年，目前折現率為 10%。

第一，交易情況修正。

實例 A 是正常交易，無須進行交易情況修正，實例 B、C、D 交易情況修正系數為：

實例 B：$\dfrac{100}{96.5} \times 100\% = 103.63\%$

實例 C：$\dfrac{100}{98} \times 100\% = 102.04\%$

實例 D：$\dfrac{100}{102} \times 100\% = 98.04\%$

第二，交易日期修正。

各實例交易日期修正系數為：

實例 A：（20×1%+1）×100% = 120%

實例 B：（10×1%+1）×100% = 110%

實例 C：（18×1%+1）×100% = 118%

實例 D：（4×1%+1）= 104%

第三，區域因素修正。

實例 A 與被評估土地為近鄰地區，無須進行區域因素修正。實例 B、C、D 區域因素修正系數為：

實例 B：$\frac{100}{103} \times 100\% = 97.09\%$

實例 C：$\frac{100}{92} \times 100\% = 108.70\%$

實例 D：$\frac{100}{98} \times 100\% = 102.04\%$

第四，個別因素修正。

各實例個別因素修正系數為：

實例 A 土地使用年限修正系數 $= [1-\frac{1}{(1+r)^m}] \div [1-\frac{1}{(1+r)^n}]$

$= [1-\frac{1}{(1+10\%)^{36}}] \div [1-\frac{1}{(1+10\%)^{35}}]$

$= 100.34\%$

實例 A 個別因素修正系數 =（2.5%+1）×100.34% = 102.85%

實例 B、C 土地剩余使用年限與被評估土地剩余使用年限一致，無須計算土地使用年限修正系數。其個別因素修正系數為：

實例 B 和實例 C 個別因素修正系數 = 2.5%+1 = 102.5%

實例 D 個別因素修正系數 $= [1-\frac{1}{(1+10\%)^{36}}] \div [1-\frac{1}{(1+10\%)^{30}}] \times 102.5\%$

$= 102.65\% \times 102.5\%$

$= 105.22\%$

第五，計算交易實例的修正價格。

實例 A 的修正價格 = 1,765×100%×120%×102.85%

= 2,178（元/平方米）

實例 B 的修正價格 = 1,800×103.63%×110%×97.09%×102.5%

= 2,042（元/平方米）

實例 C 的修正價格 = 1,914×102.04%×118%×108.7%×102.5%
= 2,568（元/平方米）

實例 D 的修正價格 = 1,950×98.04%×104%×102.04%×105.22%
= 2,135（元/平方米）

上述計算交易情況修正系數、交易日期修正系數、區域因素修正系數、個別因素修正系數及修正價格，也可列表進行，見表4-2。

表4-2　　　　　　　　　　　土地價格修正計算表

實例　　項目	A	B	C	D
交易單價（元/平方米）	1,765	1,800	1,914	1,950
交易情況修正系數	$\frac{100}{100}$	$\frac{100}{96.5}$	$\frac{100}{98}$	$\frac{100}{102}$
交易日期修正系數	$\frac{120}{100}$	$\frac{110}{100}$	$\frac{118}{100}$	$\frac{104}{100}$
區域因素修正系數	$\frac{100}{100}$	$\frac{100}{103}$	$\frac{100}{92}$	$\frac{100}{98}$
個別因素修正系數	$\frac{102.5}{100}\times 100.34\%$	$\frac{102.5}{100}$	$\frac{102.5}{100}$	$\frac{102.5}{100}\times 102.65\%$
修正后的單價（元/平方米）	2,178	2,042	2,568	2,135

第六，綜合計算該土地的評估價格。

如果採用簡單算術平均法進行綜合，則該塊土地2016年4月的評估價格為：

$$PV = \frac{2,178+2,042+2,568+2,135}{4} = 2,231（元/平方米）$$

根據單價可計算該土地的總價為：

2,231×5,520 = 12,315,120（元）≈ 1,232（萬元）

此例中綜合計算被評估房地產的價格時，還可以根據實例與被評估房地產的類似程度給予相應的權數，採用加權算術平均法計算；也可以一個實例價格為主，參考其他實例價格來計算。

第二節　成本估價法

一、成本估價法的原理

(一) 成本估價法的概念

　　成本估價法是以被評估房地產在估價時日重新建造所需的各項費用之和為價值基礎，再加上正常的利潤和應納稅金來測算房地產價格的一種估價方法，又稱為重置成本法、重置價值法，簡稱成本法。成本估價法是通過估算重置成本的構成，並從中扣除各種因素引起的貶值，對房地產價格進行直接評估。用公式表示為：

　　　　　　　　房地產評估價格＝房地產重置成本－各種貶值
或　　　　　　　房地產評估價格＝房地產重置成本－建築物折舊

式中，各種貶值包括實體性貶值、功能性貶值和經濟性貶值。若土地使用正常，一般不存在土地實體性貶值、功能性貶值和經濟性貶值。因此，各種貶值主要指建築物的貶值，通常又稱之為建築物折舊。

(二) 成本估價法的適用範圍

　　成本估價法的理論依據是生產費用價值論，即運用經濟學中的投資原理，把建造房地產的所有投資作為成本，加上投資產生的相應利潤，構成房地產價格。房地產評估值等於或近似等於對相應土地或建築物的投資，即買方的買價不能高於重新購置或建造房地產所花費的費用，賣方的賣價不能低於為購置或建造房地產所花費的費用。如果房地產存在各種因素造成的貶值，還需從重置成本中扣除。成本估價法應用範圍廣，除適用一般的土地價格、建築物價格和房地產價格評估外，還適用於特殊用途房地產的評估。它包括：①獨立或狹小市場上難以運用市場比較法的房地產的估價；②無收益或無潛在收益以及很少進行買賣的公共用房地產的估價；③房地產抵押貸款中對房地產的估價；④房地產拍賣底價的評估；⑤待拆遷房地產補償價的評估。

二、成本估價法的計算公式

　　成本估價法的基本計算公式為：

　　　　　房地產評估價格＝重置成本－各種貶值
　　　　　　　　　　　　＝土地重置成本＋建築物重置成本－各種貶值

由於評估對象不同，重置成本和各種貶值的構成有所不同，常用的計算

公式有：

（一）新開發土地估價

$$\begin{matrix}新開發土地\\評估價格\end{matrix} = \begin{matrix}購置待開發\\土地費用\end{matrix} + \begin{matrix}開發土地\\總費用\end{matrix} + \begin{matrix}正常\\利潤\end{matrix} - \begin{matrix}土地的\\各種貶值\end{matrix}$$

（二）新建房地產估價

$$\begin{matrix}新建房地產\\評估價格\end{matrix} = \begin{matrix}購置土地\\費用\end{matrix} + \begin{matrix}建造建築物\\費用\end{matrix} + \begin{matrix}正常\\利潤\end{matrix}$$

（三）舊有房地產估價

$$\begin{matrix}舊有房地產\\評估價格\end{matrix} = \begin{matrix}土地\\重置成本\end{matrix} + \begin{matrix}建築物\\重置成本\end{matrix} - \begin{matrix}舊有房地產\\各種貶值\end{matrix}$$

其中對舊有房地產價格的評估公式運用得比較廣泛，成本估價法的基本公式就來自此處。

三、成本估價法的應用

（一）成本估價法的操作步驟

採用成本估價法評估房地產價格，具體的操作步驟包括以下內容：

1. 求取房地產重置成本

（1）土地重置成本。土地重置成本一般由土地購置費用、土地開發費用和正常利潤三部分構成。通常情況下，往往採用市場比較法、收益還原法等方法求取單獨土地的價格。

（2）建築物重置成本。建築物重置成本包括直接成本、間接成本和開發商利潤三部分。直接成本指直接用於工程建造的總成本；間接成本是指直接成本以外用於工程建造的總費用；開發商利潤是指同行業中平均的正常利潤，通常按成本的一定比例來計算。由於建築物是與土地結合在一起的，包含土地價格在內的房屋建築物的價格構成包括土地費用、前期工程費、房屋開發費、管理費用、利息、稅金和利潤等。各項目具體內容在第三章中已述及，這裡不再重複。具體求取建築物重置成本的方法有重編預算法、預決算調整法和價格指數調整法。

①重編預算法

$$\begin{matrix}建築物\\重置成本\end{matrix} = \sum \left[\left(\begin{matrix}實際現行\\工程量\end{matrix} \times \begin{matrix}現行\\單價\end{matrix} \right) \left(1 + \begin{matrix}工程\\費率\end{matrix} \right) + \begin{matrix}材料\\差價\end{matrix} \right] + \begin{matrix}按現行標準計算\\的間接成本\end{matrix}$$

式中，材料差價可能為正值，也可能為負值。

②預決算調整法

預決算調整法是將待估建築物決算中的工程量，按估價時的標準調整成以現價計算的建築工程造價，加上間接成本后估算出建築物重置成本。

③價格指數調整法

$$建築物重置成本 = 待估建築物帳面原值 \times 價格變動指數$$

式中，價格指數可選擇建築業產值價格指數。如果取得定基價格指數時，價格變動指數等於評估時價格指數與建築物購建時價格指數之比；如果取得環比價格指數，須將環比價格指數換算成定基價格指數，再採用上述公式計算。

2. 估算各種貶值

（1）土地的各種貶值

土地一般不存在貶值。在特殊情況下，如房地產市場過度疲軟時，存在土地使用權的經濟性貶值。計算公式為：

$$\frac{土地的}{經濟性貶值} = \sum_{i=1}^{n} \frac{R_i}{(1+r)^i}$$

式中：R_i（R_1，R_2，…，R_n）——各年土地收益淨損失額；

r——土地還原利率（土地折現率）；

n——土地收益損失持續的年限。

中國土地使用權出讓是有期限的，因此，土地使用中存在土地使用權年限減少的情況。實際評估土地使用權價格時，應充分考慮土地使用權已使用年限和剩餘使用年限等因素的影響。

（2）建築物的各種貶值

①建築物的實體性貶值（有形貶值）

$$建築物的實體性貶值 = 建築物重置成本 \times (1 - 成新率)$$

式中，成新率的計算可採用使用年限法和打分法兩種方法。前一種方法中，成新率 = 建築物尚可使用年限 ÷（建築物實際已使用年限 + 建築物尚可使用年限）；后一種方法中評估人員參照建築物成新率的評分標準，對待估建築物的結構、裝修及設備等組成部分打分，並根據各部分評分修正系數綜合確定建築物的成新率。

②建築物的功能性貶值

對建築物因功能退化、落后而造成的貶值或損耗，可根據達到某標準的修復費用來測算，或與具有同樣功能的類似建築物比較來估算功能性貶值。

③建築物的經濟性貶值

$$\frac{建築物的}{經濟性貶值} = \sum_{i=1}^{n} \frac{R_i}{(1+r)^i}$$

式中：R_i（R_1, R_2, …, R_n）——各年建築物收益淨損失額；

r——建築物還原利率（建築物折現率）；

n——建築物收益損失持續的年限。

如果建築物使用正常時，則不存在經濟性貶值。

估算建築物的各種貶值，即估算建築物在使用過程中由於自然、物理、功能退化、技術革新以及社會經濟等因素所造成的損耗或相應減少的價值。在實際評估工作中，由於建築物的實體性貶值、功能性貶值和經濟性貶值往往交叉並同時發生作用，難以分別計算三種貶值，因此，通常採用建築物折舊來綜合衡量各種貶值。建築物折舊包含所有原因引起的貶值。具體計算折舊額的方法有很多，最常見、應用最普遍的折舊方法是定額折舊法，即假定房地產在其耐用年限內，每年的折舊額相等。根據中國建設部、財政部制定的《房地產單位會計制度——會計科目和會計報表》規定，中國經租房屋折舊的計算就是採用的定額法。其計算公式為：

$$年折舊額 = \frac{原價（1-殘值率）}{耐用年限}$$

有關殘值率和耐用年限的具體規定見表4-3。

表4-3　　　　　　　　各類建築物耐用年限及殘值率

建築物按建築結構分類分等		耐用年限（年）			殘值率（%）
		非生產用房	生產用房	受腐蝕的生產用房	
鋼筋混凝土結構		60	50	35	0
磚混結構	一等	50	40	30	2
	二等	50	40	30	2
磚木結構	一等	40	30	20	6
	二等	40	30	20	4
	三等	40	30	20	3
簡易結構		10			0

（二）成本估價法實例

[例] 某房地產為一幢教學樓，是鋼筋混凝土框架結構。該房地產地處市中心，占地面積為400平方米，建築總面積為1,200平方米，始建於1997年8月，以后未曾改建。目前擬改建為商場，要求評估該房地產2016年8月的市值。

1. 選取評估方法

由於待估房地產為教學樓，無直接經濟收益，故採用成本估價法評估房

地產價格。

2. 選擇計算公式

本例屬舊有房地產估價，選擇成本估價法中舊有房地產估價公式。

$$舊有房地產評估價格 = 土地重置成本 + 建築物重置成本 - 舊有房地產各種貶值$$

3. 計算土地重置成本

採用市場比較法評估土地價格。收集到該地最近成交的類似交易實例 A、B、C 三例。基本資料如下：

A 例：土地面積 350 平方米，交易日期為 2016 年 4 月，土地單價為 2,100 元/平方米。

B 例：土地面積 380 平方米，交易日期為 2016 年 3 月，土地單價為 2,500 元/平方米。

C 例：土地面積 300 平方米，交易日期為 2015 年 12 月，土地單價為 2,000 元/平方米。

根據被評估土地與交易實例 A、B、C 進行比較，分別對交易實例價格進行交易情況修正、交易日期修正、區域因素修正和個別因素修正。相關的修正系數及修正計算見表 4-4。

表 4-4　　　　　　　　　　土地價格修正計算表

實例　項目	A	B	C
交易單價（元/平方米）	2,100	2,500	2,000
交易情況修正系數	$\dfrac{100}{98}$	$\dfrac{100}{100}$	$\dfrac{100}{100}$
交易日期修正系數	$\dfrac{104}{100}$	$\dfrac{105}{100}$	$\dfrac{108}{100}$
區域因素修正系數	$\dfrac{100}{110}$	$\dfrac{100}{100}$	$\dfrac{100}{95}$
個別因素修正系數	$\dfrac{101}{100}$	$\dfrac{101}{100}$	$\dfrac{101}{100}$
修正后的單價（元/平方米）	2,046	2,651	2,296

通過對交易實例 A、B、C 的交易價格修正，採用簡單算術平均法計算待估土地單價。

$$待估土地單價 = \frac{2,046+2,651+2,296}{3} = 2,331（元/平方米）$$

待估土地總價＝2,331×400＝93.24（萬元）

4. 計算建築物重置成本

根據重編預算法計算出不包括土地價格在內的建築物單價為1,150元/平方米，則建築物重置成本為1,200×1,150＝138（萬元）。

5. 估算各種貶值

經估價人員對該建築物實地勘查，查實該建築物尚可使用年限為51年，採用使用年限法計算該建築物的成新率為51÷(19+51)×100％＝72.86％，則該建築物的實體性貶值為：建築物實體性貶值＝138×(1－72.86％)＝37.45（萬元）。

該房地產由教學樓改建為商場，需局部重新設計、布置，約需花費11萬元，則建築物的功能性貶值為11萬元。另知該房地產一直使用正常，因此沒有經濟性貶值。

6. 評估房地產價格

利用所選擇的具體計算公式測算該房地產2016年8月的評估價格為：

該房地產評估價格＝93.24+138－(37.45+11)＝183（萬元）

第三節　收益還原法

一、收益還原法的原理

(一) 收益還原法的概念

收益還原法是房地產評估的三大基本方法之一，是最古老、最主要的一種估價方法。收益還原法是將被評估房地產的未來預期純收益按適當的還原利率（折現率）折算成現值的一種估價方法。其最一般的情形用公式表示為：

$$PV = \frac{R_1}{(1+r_1)} + \frac{R_2}{(1+r_1)(1+r_2)} + \cdots + \frac{R_n}{(1+r_1)(1+r_2)\cdots(1+r_n)}$$

式中，R_1，R_2，…，R_n為未來各年的預期純收益，而r_1，r_2，…，r_n為適當的還原利率，n為收益持續年期。收益還原法又稱收益現值法，簡稱收益法，被廣泛地應用於有收益或有潛在收益的房地產價格的評估。無收益或無潛在收益的房地產估價，如公益設施等公共用房地產的估價不適宜用收益還原法。

(二) 收益還原法的計算公式

根據上述收益還原法最基本的公式，如果給以R、r、n限定條件，可推導出具體的計算公式。

1. 還原利率 r 不變且大於 0，未來純收益 R 不等，收益持續的年期 n 有限的情況

$$PV=\sum_{i=1}^{n}\frac{R_i}{(1+r)^i}$$

式中，r 為固定的還原利率（折現率）。

2. r 每年不變且大於 0，未來純收益固定，收益持續的年期有限的情況

$$PV=A\sum_{i=1}^{n}\frac{1}{(1+r)^i}$$

可簡化為：

$$PV=\frac{A}{r}\left[1-\frac{1}{(1+r)^n}\right]$$

或

$$PV=A\cdot\frac{1-(1+r)^{-n}}{r}$$

式中，A——每年固定的純收益；

$\frac{1-(1+r)^{-n}}{r}$——年金現值系數（見附錄 4）。

3. r 每年不變且大於 0，未來純收益固定，收益持續的年期無限的情況

$$PV=\frac{A}{r}$$

4. 純收益前若干年有變化，若干年以後收益固定的情況

（1）n 為無限年期

$$PV=\sum_{i=1}^{t}\frac{R_i}{(1+r)^i}+\frac{A}{r(1+r)^t}$$

式中，t 年包含在收益變化的前若干年內。

（2）n 為有限年期

$$PV=\sum_{i=1}^{t}\frac{R_i}{(1+r)^i}+\frac{A}{r(1+r)^t}\left[1-\frac{1}{(1+r)^{n-t}}\right]$$

5. 純收益按等差級數遞增或遞減的情況

（1）純收益逐年遞增且按等差級數遞增的數額為 b 時：

① n 為無限年期

$$PV=\frac{R_1}{r}+\frac{b}{r^2}$$

式中，R_1 為房地產第 1 年預期純收益。

② n 為有限年期

$$PV = \left(\frac{R_1}{r} + \frac{b}{r^2}\right)\left[1 - \frac{1}{(1+r)^n}\right] - \frac{b}{r} \cdot \frac{n}{(1+r)^n}$$

（2）純收益逐年遞減且按等差級數遞減的數額為 b 時：

① n 為無限年期

$$PV = \frac{R_1}{r} - \frac{b}{r^2}$$

② n 為有限年期

$$PV = \left(\frac{R_1}{r} - \frac{b}{r^2}\right)\left[1 - \frac{1}{(1+r)^n}\right] + \frac{b}{r} \cdot \frac{n}{(1+r)^n}$$

6. 純收益按一定比率遞增或遞減的情況

（1）純收益按一定比率遞增且按等比級數遞增的比率為 s 時：

① n 為無限年期

$$PV = \frac{R_1}{r-s}$$

② n 為有限年期

$$PV = \frac{R_1}{r-s}\left[1 - \left(\frac{1+s}{1+r}\right)^n\right]$$

（2）純收益按一定比率遞減且按等比級數遞減的比率為 s 時：

① n 為無限年期

$$PV = \frac{R_1}{r+s}$$

② n 為有限年期

$$PV = \frac{R_1}{r+s}\left[1 - \left(\frac{1-s}{1+r}\right)^n\right]$$

二、收益還原法的應用

(一) 收益還原法的操作步驟

採用收益還原法評估房地產價格，其具體的操作步驟包括以下內容：

1. 確定房地產的年純收益

房地產的年純收益是指未來預期的正常年純收益，即正常情況下年總收益中扣除年總費用的結果。用公式表示為：

$$年純收益 = 年總收益 - 年總費用$$

式中，年總收益指正常總收益，即採用普遍的經營管理方法而獲得的持續的

客觀收益；年總費用是指在正常經營管理房地產中支付的各種費用。根據該公式計算的年純收益區別於實際年純收益，具有普遍性和一般性的特點，屬於客觀年純收益，即在房地產實際純收益的基礎上，排除了實際年純收益中偶然的、個別的、主觀的因素以後，房地產所能得到的一般性正常純收益。根據房地產使用的具體情況，求取房地產年純收益有以下五種情形：

（1）以地租為目的而出租的房地產

$$純收益＝地租收入－管理費－維護費－稅費$$

（2）以房租為目的而出租的房地產

純收益＝房租收入－折舊費－管理費－維修費－稅費－保險費－租金損失

（3）企業用房地產

$$純收益＝產品銷售額－原材料費用－運輸費－工資－稅費－利潤$$

（4）居民自用非生產性房地產

根據相同或類似地區中相似房地產的年純收益，進行區域因素、個別因素比較和修正，求取被評估房地產的年純收益。

（5）待開發房地產

待開發房地產的純收益採用該房地產在最有效使用條件下取得的總收益與需要付出的各種費用的差額來確定。

2. 確定適當的還原利率

還原利率是將房地產的未來預期純收益還原或轉換為現值的比率或利率，又稱為房地產的折現率。其實質是反應房地產的投資收益率或投資報酬率，即可以將還原利率當作與獲取房地產的純收益具有相同風險的投資收益率。通常，投資風險越大，投資收益率就越高，則房地產的還原利率就越大；反之，投資風險越小，投資收益率就越低，則房地產的還原利率就越小（見表4-5）。房地產還原利率介於0~1，常用範圍為6%~18%。

表4-5　　　　　　　　　　不同風險下的房地產還原利率

單位:%

風險水平	土地還原利率	建築物還原利率
低	7~9	8~11
中	9~12	11~14
高	12~15	14~18
投機	15 以上	18 以上

資料來源：柴強. 房地產估價［J］. 北京：北京經濟學院出版社，1993.

(1) 還原利率的基本類型

根據評估對象的類型不同，房地產的還原利率可分為土地還原利率、建築物還原利率和房地綜合還原利率三種基本類型，又分別稱為土地折現率、建築物折現率和房地綜合折現率。其中土地還原利率和建築物還原利率是單獨評估土地或建築物價格時所採用的還原利率，相應地用於還原或折現的純收益只能是單純土地或單純建築物所產生的純收益。而房地綜合還原利率則是房地合一的房地產還原利率，即評估土地與建築物合為一體的房地產的價格時所採用的還原利率。通常建築物還原利率高於土地還原利率（見表4-5）。三種還原利率之間的關係表現為：

$$r = \frac{r_L P_L + r_B P_B}{P_L + P_B} \tag{4.1}$$

式中：r——房地綜合還原利率；

r_L——土地還原利率；

r_B——建築物還原利率；

P_L——地價；

P_B——建築物價格。

如果建築物未折舊，還需考慮建築物的折舊，若 d 表示建築物的折舊率，則：

$$r = \frac{r_L P_L + (r_B + d) P_B}{P_L + P_B} \tag{4.2}$$

根據公式（4.1）、（4.2），若已知其中任意兩個還原利率，可以求得另一還原利率。如由公式（4.1）可得公式（4.3）、公式（4.4）：

$$r_L = \frac{r(P_L + P_B) - r_B P_B}{P_L} \tag{4.3}$$

$$r_B = \frac{r(P_L + P_B) - r_L P_L}{P_B} \tag{4.4}$$

又如由公式（4.2）式可得公式（4.5）、公式（4.6）：

$$r_L = \frac{r(P_L + P_B) - (r_B + d) P_B}{P_L} \tag{4.5}$$

$$r_B = \frac{r(P_L + P_B) - r_L P_L - d P_B}{P_B} \tag{4.6}$$

(2) 確定還原利率的方法

①市場法。通過在房地產交易市場上尋找與被評估房地產相同或類似的

房地產交易實例，把交易實例的純收益與價格的比率作為還原利率，並以此作為確定被估價房地產的還原利率的根據，採用平均法（簡單算術平均法或加權算術平均法）計算選取的交易實例的還原利率的平均值，該平均還原利率就是被估價房地產的還原利率。為避免偶然性因素影響，往往要在充分的、有效的交易實例中選取最近時期發生的且與被估價房地產類似的 4 宗或 4 宗以上的交易實例。例如在市場上收集到與被估價房地產類似的交易實例資料見表 4-6。

表 4-6　　　　　　　　供比較參照的交易實例情況表

比較實例	房地產純收益 （萬元/年）	房地產價格 （萬元）	還原利率（%）
實例 A	20	180	11.11
實例 B	30	230	13.04
實例 C	35	370	9.46
實例 D	62	510	12.16
實例 E	90	780	11.54

若採用簡單算術平均法，則被評估房地產的還原利率為：

$$r = \frac{11.11\% + 13.04\% + 9.46\% + 12.16\% + 11.54\%}{5} = 11.46\%$$

②調整法。中國通常取國債利率或定期銀行儲蓄利率為無風險利率，在此基礎上，根據影響待估房地產的自然、社會、經濟、行政和其他各種因素，將無風險利率進行適當的調整，以此確定被評估房地產的還原利率。用公式表示為：

$$還原利率 = 無風險利率 + 風險調整值$$

式中，風險調整值可以為正，也可以為負。採用調整法確定還原利率，可參考不同風險下的土地還原利率和建築物還原利率。

③排序插入法。根據各種投資風險程度的大小，依次列出相應的投資收益率，估價人員根據待估房地產的投資風險，判斷相對應的投資收益率，以此作為被評估房地產的還原利率。

3. 求取房地產價格的評估值

評估特定的房地產價格時，根據該房地產預期年純收益 R、還原利率 r 以及收益持續年期 n 的變化，應選擇適當的收益還原法的計算公式求取該房地產價格的評估值。

(二) 收益還原法實例

[例] 某房地產每年房租收入均為 20 萬元，預計尚可使用 20 年，若房地產還原利率（折現率）為 12%，要求評估該房地產的現值。

該房地產的評估值為：

$$PV = A \cdot \frac{1-(1+r)^{-n}}{r}$$

$$= 20 \times \frac{1-(1+12\%)^{-20}}{12\%}$$

$$= 149 \text{（萬元）}$$

式中，$\frac{1-(1+r)^{-n}}{r}$ 可通過查年金現值系數表（見附錄 4）中 n 為 20、r 為 12% 的年金現值系數得到，查表結果為 7.469,4。該房地產的評估值 $PV = 20 \times 7.469,4 = 149$ 萬元。

[例] 某土地使用年限尚有 35 年，預計未來前 5 年預期年純收益分別為 50 萬元、53 萬元、55 萬元、56 萬元、58 萬元，若從第 6 年開始到第 35 年為止，該土地預期年純收益為 60 萬元，若該土地還原利率為 10%，要求評估該土地的價格。

該土地的評估價格為：

$$PV = \sum_{i=1}^{t} \frac{R_i}{(1+r)^i} + \frac{A}{r(1+r)^t}\left[1-\frac{1}{(1+r)^{n-t}}\right]$$

$$= \frac{50}{(1+10\%)} + \frac{53}{(1+10\%)^2} + \frac{55}{(1+10\%)^3} + \frac{56}{(1+10\%)^4}$$

$$+ \frac{58}{(1+10\%)^5} + \frac{60}{10\%(1+10\%)^5}\left[1-\frac{1}{(1+10\%)^{35-5}}\right]$$

$$= 556 \text{（萬元）}$$

[例] 某房地產第 1 年預期純收益為 10 萬元，預計今後每年按 1 萬元的遞增額增加，若該房地產的還原利率為 9%，則該房地產的評估值為：

$$PV = \frac{R_1}{r} + \frac{b}{r^2}$$

$$= \frac{10}{9\%} + \frac{1}{(9\%)^2}$$

$$= 235 \text{（萬元）}$$

［例］某房地產預計第 1 年預期純收益為 300 萬元，今后每年的純收益按 2％的比率遞增。已知該房地產的使用年限為 40 年，目前已使用 10 年，若還原利率為 11％，則該房地產的評估價格為：

$$PV = \frac{R_1}{r-s}\left[1-\left(\frac{1+s}{1+r}\right)^n\right]$$

$$= \frac{200}{11\%-2\%}\left[1-\left(\frac{1+2\%}{1+11\%}\right)^{40-10}\right]$$

$$= 2,046 \text{（萬元）}$$

第五章　房地產評估的其他方法

第一節　殘余估價法

一、殘余估價法的原理

(一) 殘余估價法的概念

在已知土地或建築物一方的價格時，可運用適當的土地還原利率或建築物還原利率計算土地或建築物一方的獨立純收益，在房地合一的房地產總純收益中扣除土地或建築物的純收益，便得到殘余的建築物或土地的純收益，再運用適當的建築物還原利率或土地還原利率將建築物或土地的純收益還原或折算為現值，就得到建築物或土地的價格。這種評估房地產價值的方法就是殘余估價法。由於殘余估價法中多次運用到收益還原法，即根據價格計算純收益和根據純收益還原價格，因此屬於收益還原法的派生方法。其理論依據、適用範圍等基本原理與收益還原法無異。

(二) 殘余估價法的種類

根據評估對象不同，殘余估價法可分為土地殘余估價法和建築物殘余估價法，簡稱土地殘余法和建築物殘余法。

1. 土地殘余法

土地殘余法是指運用收益還原法以外的其他估價方法（通常是市場法或成本法）計算建築物的價格，並根據建築物還原利率計算屬於建築物的純收益，再從房地合一的總純收益中扣除建築物的單獨純收益，殘余部分就是屬於土地的純收益。將土地純收益還原或折算成現值，即為土地價格。其計算公式為：

$$P_L = \frac{R - P_B\,(r_B + d)}{r_L}$$

或

$$P_L = \frac{R_L}{r_L}$$

式中：P_L——土地價格；

　　　R——房地合一的總純收益；

　　　P_B——根據收益還原法以外的其他方法計算的建築物的價格；

　　　r_L——土地還原利率；

　　　r_B——建築物還原利率；

　　　d——建築物的折舊率；

　　　R_L——土地純收益。

2. 建築物殘余法

建築物殘余法是指運用收益還原法以外的其他估價方法（通常是市場法或成本法）計算土地的價格，並根據土地還原利率計算屬於土地的純收益，再從房地合一的總純收益中扣除土地的單獨純收益，殘余部分就是屬於建築物的純收益。將建築物純收益還原或折算成現值，即為建築物價格。其計算公式為：

$$P_B = \frac{R - P_L r_L}{r_B + d}$$

或

$$P_B = \frac{R_B}{r_B + d}$$

式中，R_B 為建築物純收益。

二、殘余估價法的應用

（一）土地殘余法的應用

運用土地殘余法評估土地價格，具體的操作步驟包括以下內容：

（1）計算房地總純收益：

$$R = 年總收益 - 年總費用$$

（2）計算建築物純收益：

$$R_B = P_B (r_B + d)$$

（3）計算土地（殘余）純收益：

$$R_L = R - R_B$$

（4）計算土地價格：

$$P_L = \frac{R_L}{r_L}$$

如果土地純收益、土地還原利率以及收益持續年期有特殊限定，則採用收益還原法中相應的計算公式測算土地價格。

[例] 某房地產為某市一幢 5 層磚混結構住宅，土地面積為 500 平方米，

房屋建築面積為1,200平方米。其他相關資料如下：
（1）土地還原利率為9%，建築物還原利率為10%；
（2）該房地產目前處於最佳使用狀態，尚可使用40年；
（3）該房屋供出租用，月租金36,000元；
（4）經統計，該房屋常年空租率為10%；
（5）年經常費用支出為房地產稅（土地使用稅、房產稅）為5,000元，管理費為20,000元，修繕費為建築物價格的2%，保險費為3,600元；
（6）根據市場比較法計算出的單價為1,000元/平方米。

根據以上資料，要求採用土地殘余法評估該房地產40年期土地價格。

1. 計算房地總純收益（R）
年房租收入 = 36,000×12×（1-10%）= 388,800（元）
年經常費用 = 5,000+20,000+2%×1,000×1,200+3,600 = 52,600（元）
房地總純收益 R = 388,800-52,600 = 336,200（元）

2. 計算建築物純收益（R_B）

$$R_B = P_B(r_B+d)$$

$$= 1,000 \times 1,200 \times (10\% + \frac{1}{40}) = 150,000（元）$$

3. 計算土地純收益（R_L）
$R_L = R - R_B = 336,200 - 150,000 = 186,200$（元）

4. 計算40年期土地價格（P_L）

$$P_L = \frac{A}{r}\left[1-\frac{1}{(1+r)^n}\right] = \frac{R_L}{r_L}\left[1-\frac{1}{(1+r_L)^n}\right]$$

$$= \frac{186,200}{9\%} \times \left[1-\frac{1}{(1+9\%)^{40}}\right] = 2,003\,020（元）$$

土地單價 = $\frac{2,003,020}{500}$ = 4,006（元/平方米）

該土地價格約200萬元，土地每平方米價格為4,006元。

（二）建築物殘余法的應用

運用建築物殘余法評估建築物價格，具體的操作步驟包括以下內容：
（1）計算房地總純收益：

$$R = 年總收益 - 年總費用$$

（2）計算土地純收益：

$$R_L = P_L \cdot r_L$$

（3）計算建築物（殘余）純收益：
$$R_B = R - R_L$$
（4）計算建築物價格：
$$P_B = \frac{R_B}{r_B + d}$$

如果建築物純收益、建築物還原利率以及收益持續年期有特殊限定，則採用收益法中相應的計算公式測算建築物價格。

[例] 如仍採用前例（土地殘余法中），但未知建築物價格。另根據成本法計算出土地單價為3,900元/平方米，則土地總價為 3,900×500＝1,950,000 元，要求採用建築物殘余法評估該住宅建築物的現時價格。

1. 計算房地總純收益（R）

R ＝年總收益－年總費用
　＝388,800－52,600＝336,200（元）

2. 計算土地純收益（R_L）

$R_L = P_L \times r_L$
　＝1,950,000×9%＝175,500（元）

3. 計算建築物純收益（R_B）

$R_B = R - R_L$ ＝336,200－175,500＝160,700（元）

4. 計算建築物價格（P_B）

$$P_B = \frac{A}{r}\left[1 - \frac{1}{(1+r)^n}\right]$$

$$= \frac{R_B}{r_B + d}\left[1 - \frac{1}{(1+r_B+d)^n}\right]$$

$$= \frac{160,700}{10\% + \frac{1}{40}}\left[1 - \frac{1}{(1+10\%+\frac{1}{40})^{40}}\right]$$

$$= 1,274,039 （元）$$

建築物單價＝$\frac{1,274,039}{1,200}$＝1,062（元/平方米）

該住宅建築物價格約127萬元，建築物每平方米價格為1,062元。

第二節　假設開發法

一、假設開發法的原理

（一）假設開發法的概念

假設開發法是指按最佳、最有效開發方式從擬開發的房地產的未來總價中扣除建築物價格來求取土地價格的一種估價方法，又稱為預期開發法、剩餘法。用公式表示為：

$$土地價格 = 房地產未來總價 - 建築物價格$$

式中，房地產未來總價包括建築物價格和土地價格，又稱為樓宇價、樓價、賣樓價；而建築物價格則包括開發商在房地產經營過程中所發生的建築物建造的總成本和正常的投資利潤兩部分。假設開發法是採用倒算的方式從樓宇的賣價中估算土地價格，因此又稱為倒算法。

（二）假設開發法的基本計算公式

不同的國家或地區運用假設開發法評估土地價格時，所採用的具體計算公式各異，但普遍的、常用的基本計算公式表現為：

$$地價 = 賣樓價 - 建築物建造總成本 - 投資利潤$$

上述基本計算公式可進一步展開為具體的計算公式：

$$地價 = 賣樓價 - 建築費用 - 專業費用 - 投資利息 - 稅費 - 投資利潤$$

式中，各項指標的含義及估算方法如下：

（1）地價：評估的土地價格或地產評估值。

（2）賣樓價：待評估土地開發建設完成後形成的房地產的預計銷售收入。

（3）建築費用：開發建設待評估土地的所有建築、安裝等費用，包括「三通一平」等所需要的費用以及建造建築物的工程費用。

（4）專業費用：開發建設待評估土地而支出的設計、測量、工程預算編製等專業技術費用，包括建築師、工程師、測量師的收費，按建築費用的一定比例計算。

（5）投資利息：支付地價款、建築費用和專業費用而發生的利息，按地價、建築費用和專業費用之和與社會平均利息率（正常利息率）的乘積來計算。

（6）稅費：開發、建設及銷售過程中應繳納的各種稅收及各種行政性收費。實際中常按賣樓價的一定比例來估算。

（7）投資利潤：指房地產開發商因投資擬開發的房地產應獲得的正常回報，按地價、建築費用和專業費用之和與行業平均利潤率（正常利潤率）的乘積來計算。

(三) 假設開發法的適用範圍

假設開發法應用於具有開發價值或潛力的土地估價，適用範圍較廣泛。由於中國土地使用權的出讓是有償的、有期限的，各地開展的土地使用權協議出讓、招標出讓和拍賣出讓的活動中，政府出讓土地的底價和開發商擬報的購買土地的最高價格，往往就是運用假設開發法來確定的。隨著中國土地制度的改革，土地使用權的出讓中，招標出讓份額和協議出讓份額將越來越大，假設開發法將更加廣泛地應用於新開發土地的估價或再開發土地的估價。具體的適用範圍包括：

（1）政府出讓土地底價和購地者參加競投，並願意接受的購買土地的最高價的評估；

（2）新開發土地價格的評估；

（3）待拆遷改造的再開發土地價格的評估；

（4）現有房地產中單純土地價格的評估。

但是，無論新開發土地或再開發土地，如果該土地的規劃設計不明確，則不適用假設開發法評估土地價格。

二、假設開發法的應用

(一) 假設開發法的操作步驟

運用假設開發法評估地價，應根據待評估土地的基本情況，遵循合法原則和最有效使用原則，從而確定該土地的最佳開發利用方式，並科學地預測該土地開發建設完成後形成的房地產（包括土地和建築物）的出售價格，估算相應的建築物價格（包括建築物建造總成本和開發商投資利潤），就得到被評估的土地價格。上述內容可用具體的操作步驟表示如下：

1. 掌握待評估土地的基本情況

有關待評估土地的基本情況包括地理位置、面積大小、地塊形狀、地質狀況等自然條件和土地使用用途、土地使用權年限、轉讓方式、土地所在區域的經濟狀況、政府的經濟政策、城市規劃限制等社會經濟條件。掌握上述基本情況，能為選擇土地最佳開發利用方式和預測賣樓價提供依據。

2. 選擇土地最佳開發利用方式

根據合法原則和最有效使用原則，確定被評估土地的最佳用途、建築式

樣、建築結構、建築容積率和覆蓋率等，其中最重要的是選擇土地的最佳用途。

3. 估計建設期

估計待開發土地的總開發週期和不同開發階段所需的時間。由於房地產開發建設週期較一般商品長，未來的賣樓價、資金費用的投入等存在貨幣（資金）的時間價值。如果評估地價時考慮貨幣的時間價值因素，則應動態評價；如果不考慮貨幣的時間價值因素，則按靜態方式測算。

4. 預測未來開發完成的房地產的出售價格（即賣樓價）

通常採用市場比較法、收益還原法或長期趨勢法預測賣樓價，也可以將幾種方法結合起來預測未來樓價。

5. 估算建築物價格

它包括估算建築物建造總成本和開發商投資利潤。其中建築物建造總成本又包括建築費用、專業費用、利息和稅費等，具體的測算方法在假設開發法的基本公式中已述及。而開發商投資利潤在採用前述方法計算時，可參照行業慣例確定正常利潤率。在通常情況下，正常的房地產開發利潤為總成本的 10%~20%。

6. 進行具體計算，綜合確定土地評估價格

根據假設開發法的基本計算公式，採用動態評價或靜態測算兩種方式計算土地價格，可結合估價人員的經驗，並參考房地產市場的交易情況，客觀地綜合確定土地評估價格。

(二) 假設開發法實例

［例］某房地產為一塊待開發建設但已做「三通一平」的空地，土地總面積為 1,000 平方米，允許用途為商業、居住混合，允許容積率為 5，覆蓋率為 50%，土地使用權年限為 50 年。某開發商欲購買該地塊，要求評估該地塊 2016 年 8 月出售時的公開市場價值。

運用假設開發法評估該待開發土地的價格，評估過程如下：

1. 確定評估方法

由於該土地為待開發土地，適用假設開發法，因此評估方法採用假設開發法。

2. 選取最佳開發方式

據評估人員分析得出：待估土地最佳用途為商業、居住混合；按允許容積率為 5 設計，該房地產建築總面積＝容積率×土地總面積＝5×1,000＝5,000（平方米）；該建築物共 10 層，每層建築面積均為 500 平方米；底層作商業服務用房，2~10 層作公寓使用。

3. 估計建設期

預計從土地使用權出讓到建築物建造完成，共需 2 年時間。預計建築費用的投放：第 1 年投入 70%，第 2 年投入 30%。

4. 預測賣樓價

該建築物到 2018 年 8 月建造完成後，即可全部售出。預計底層商業服務用房售價為 4,400 元/平方米，公寓房售價為 2,200 元/平方米，折現率為 10%。

5. 估算建築物建造總成本和投資利潤

預計建築費用為 800 元/平方米，總建築費用計 400 萬元；預計專業費用為總建築費用的 6%，年利息率為 10%，各種稅費綜合為賣樓價的 4%，房地產行業平均利潤率為 20%。

6. 計算土地價格

第一，採用動態評價的方法計算土地價格（考慮資金的時間價值因素）。

（1）賣樓價

$$賣樓價 = \frac{4,400 \times 500}{(1+10\%)^2} + \frac{2,200 \times 4,500}{(1+10\%)^2} = 1,000 （萬元）$$

（2）總建築費用

$$總建築費用 = \frac{400 \times 70\%}{(1+10\%)^{0.5}} + \frac{400 \times 30\%}{(1+10\%)^{1.5}} = 370.98 （萬元）$$

（3）專業費用

專業費用 = 370.98×6% = 22.26（萬元）

（4）稅費

稅費 = 1,000×4% = 40（萬元）

（5）投資利潤

投資利潤 =（地價+建築費用+專業費用）×平均利潤率
　　　　 =（地價+370.98+22.26）×20%
　　　　 = 78.65+20%地價（萬元）

（6）總地價

$$總地價 = \frac{1,000-370.98-22.26-40-78.65}{1+20\%} = 406.76 （萬元）$$

$$單位地價 = \frac{4,067,600}{1,000} = 4,068 （元/平方米）$$

由於估算建築費用、專業費用、賣樓價時已考慮資金的時間價值因素，都按折現率折現成現值，因此，不再計算投資利息。

第二，採用靜態估算的方法計算土地價格（不考慮資金的時間價值因素）。

(1) 賣樓價

賣樓價＝4,400×500＋2,200×4,500＝1,210（萬元）

(2) 總建築費用

總建築費用＝400（萬元）

(3) 專業費用

專業費用＝400×6%＝24（萬元）

(4) 稅費

稅費＝1,210×4%＝48.4（萬元）

(5) 投資利息

投資利息＝（地價＋400＋24）×10%＝42.4＋10%地價（萬元）

(6) 投資利潤

投資利潤＝（地價＋400＋24）×20%＝84.8＋20%地價（萬元）

(7) 總地價

$$總地價 = \frac{1,210 - 400 - 24 - 48.4 - 42.4 - 84.8}{1 + 30\%} = 469.54（萬元）$$

$$單位地價 = \frac{4,695,400}{1,000} = 4,695（元／平方米）$$

第三節　長期趨勢法

一、長期趨勢法的原理

(一) 長期趨勢法的概念

長期趨勢是時間數列（將歷史資料按時間先後順序排列起來所形成的數列）變動的基本形式。它是指現象由於受各個時期普遍的、起決定性作用的基本因素的影響，在長時期內持續上升或下降的發展變動的趨勢。很多社會經濟現象的變動，存在著長期持續上升或下降的情況，從而構成長期變動趨勢。在一個較長的時期中，房地產價格也具有不斷上升的趨勢（某些時期中，具有下降的趨勢），這種長期向上或向下的規律性變動，就形成房地產價格長期變動趨勢。

長期趨勢法是指運用適當的預測方法，根據某一房地產價格時間數列變動的趨勢進行類推和延伸，對未來房地產價格進行科學推測和判斷的估價方法，簡稱趨勢法。

(二) 長期趨勢法的理論依據和運用前提

長期趨勢法的理論依據是預測科學的基本理論和方法，它是將預測科學的基本理論和方法運用到房地產估價的價格評估中所產生的一種估價方法。其運用前提條件是假定房地產價格歷史的變動趨勢將會延續到所預測的未來，即允許這種趨勢向未來外推。因此，估價人員運用長期趨勢法評估房地產價格時，必須收集較長時期內估價對象房地產價格的相關資料，主要目的在於消除房地產價格變化過程中一些非本質的偶然性因素的影響，反應房地產價格變動趨勢的規律性。長期趨勢適用範圍廣泛，只要掌握大量的房地產價格的歷史資料，就可以採用長期趨勢法預測房地產的未來價格及其發展趨勢。

二、長期趨勢法的應用

(一) 長期趨勢法的操作步驟

(1) 收集估價對象房地產價格的相應歷史資料。

(2) 整理分析房地產價格資料，並按時間先後順序排列形成時間數列。

(3) 分析房地產價格時間數列變動趨勢，選擇恰當的評估方法或數學模型。

(4) 根據選擇確定的評估方法或數學模型對估價對象在目前或未來估價時點的價格進行預測和判斷。

(二) 長期趨勢法的具體評估方法

由於不同用途和權益的房地產，其價格變動趨勢各異，應選擇適當的長期趨勢法公式評估價格。常用的具體長期趨勢法主要有平均增長趨勢法、移動平均法、指數修勻法和直線趨勢法。

1. 平均增長趨勢法

平均增長趨勢法包括簡單算術平均數趨勢法、平均增長量趨勢法和平均發展速度趨勢法三種。

(1) 簡單算術平均數趨勢法

採用簡單算術平均數趨勢法來計算房地產價格在一定時期內的序時平均數，作為被評估房地產的價格。其計算公式為：

$$PV = \frac{\sum_{i=1}^{n} P_t}{n}$$

式中：P_t（P_1，P_2，$\cdots$，P_n）——不同時期房地產價格水平；

n——時期項數。

［例］已知某房地產 2015 年各月價格，要求評估該房地產 2016 年 1 月的價格。

表 5-1　　　　　　　某房地產 2015 年各月的價格

單位：元/平方米

月份	1	2	3	4	5	6	7	8	9	10	11	12
房地產價格	2,740	2,740	2,781	2,781	2,818	2,818	2,818	2,840	2,840	2,850	2,850	2,870

2015 年 1～12 月該房地產平均每月的價格為：

PV

$= \dfrac{2,740+2,740+2,781+2,781+2,818+2,818+2,818+2,840+2,840+2,850+2,850+2,870}{12}$

$= \dfrac{33,746}{12}$

$= 2,812$（元/平方米）

如果該房地產的價格變動不大，則該房地產 2015 年每月價格的簡單算術平均數可作為 2016 年 1 月價格的評估值。

（2）平均增長量趨勢法

如果房地產價格在一定時期內環比增長量相等或接近，則可採用平均增長量趨勢法計算房地產價格的評估值。其計算公式為：

$$PV_n = P_0 + nA$$

式中：PV_n——第 n 期房地產價格的評估值；

　　　P_0——房地產價格第 1 期的實際值；

　　　A——平均增長量。

［例］已知某房地產 2009—2015 年的價格，要求評估該房地產 2016 年的價格。

表 5-2　　　　　　　某房地產 2009—2015 年的價格

單位：元/平方米

年份	房地產價格	環比增長量
2009	2,100	—
2010	2,400	300
2011	2,750	350
2012	3,070	320
2013	3,400	330
2014	3,740	340

| 2015 | 4,100 | 360 |

2009—2015 年該房地產價格的環比增長量大體相同，則 2016 年該房地產價格的評估值為：

$$PV = P_0 + nA$$
$$= 2,100 + 7 \times \frac{300+350+320+330+340+360}{6}$$
$$= 4,433 \text{（元／平方米）}$$

（3）平均發展速度趨勢法

如果房地產價格在一定時期內環比發展速度（或環比增長速度）相等或接近，則可採用平均發展速度趨勢法計算房地產價格的評估值。其計算公式為：

$$PV_n = P_0(1+r)^n$$

式中：$1+r$ ——平均發展速度；

r ——平均增長速度。

[例] 已知某房地產 2011—2015 年價格，要求評估該房地產 2016 年的價格。

表 5-3　　　　　某房地產 2011—2015 年的價格

年份	房地產價格（元／平方米）	環比發展速度（%）
2011	2,410	—
2012	2,650	109.96
2013	2,920	110.19
2014	3,210	109.93
2015	3,540	110.28

平均發展速度可採用幾何平均法計算，即：

$$\text{平均發展速度} = \sqrt[n]{\frac{P_1}{P_0} \times \frac{P_2}{P_1} \times \frac{P_3}{P_2} \times \cdots \times \frac{P_n}{P_{n-1}}} = \sqrt[n]{\frac{P_n}{P_0}}$$

平均增長速度 = 平均發展速度 - 1

該房地產價格 2011 年—2015 年平均增長速度為：

$$r = \sqrt[n]{\frac{P_n}{P_0}} - 1 = \left(\sqrt[4]{\frac{3,540}{2,410}} - 1\right) \times 100\% = 10.09\%$$

2016 年該房地產價格的評估值為：

$$PV_n = P_0(1+r)^n = 2,410 \times (1+10.09\%)^5 = 3,897 \text{（元／平方米）}$$

2. 移動平均法

移動平均法是採用逐期推移、擴大時距計算序時平均數的方法，以一系

列移動平均數作為對應時期的趨勢值。

由於影響房地產價格的因素較多，價格受某些不定因素的影響，時高時低，變動較大，房地產價格變動除受長期趨勢影響外，還受週期因素影響。如果不進行分析，不易顯示其發展趨勢。假設把若干期的實際價格加起來計算其移動平均數，就可以從平滑的發展趨勢中明顯地看出其發展變動的方向和程度，進而可以作出現在或未來的價格判斷。

在移動平均法中，時距擴大的程度是由時間數列的具體特點決定的。如果數列水平波動有一定的週期性，擴大時距應注意與週期變動的長度相吻合。如果是分月（季）的時間數列中，必須清除季節變動的因素，這就要採用12項（月）或4項（季）的移動平均。在以年為單位的時間數列中，不出現季節變動因素，所要消除的是循環變動和不規則變動因素，這時可借助對時間數列水平的觀察，循環週期大體幾年，就相應採用幾年移動平均。若數列水平是無規則的波動，而擴大時距計算的一系列移動平均數又未能把趨勢明顯地表現出來，則要進一步擴大時距。

若奇數項（N項）移動平均，可一次完成移動平均，新數列比原數列首尾各少$\frac{N-1}{2}$項。

若偶數項（N項）移動平均，需計算移動平均，新數列比原數列首尾各少$\frac{N}{2}$項。

根據移動平均數計算環比增長量，再計算環比增長量的移動平均，根據最後一個移動平均數計算趨勢值。

$$PV_n = \bar{P}_t + (n-t)A$$

式中：$\bar{P}_t$——t期的移動平均價格；

A——最後一期移動平均數的環比增長量的移動平均數。

3. 指數修匀法

指數修匀法是在移動平均法的基礎上發展起來的，既保持了移動平均法的優點，又考慮了數據的時效性，應用得比較廣泛。它是以本期的實際數和本期的預測數為依據，經過修匀後計算得出下一期的預測數。其計算公式為：

$$PV_{t+1} = \alpha P_t + (1-\alpha)\hat{P}_t$$

式中：PV_{t+1}——$t+1$期的預測評估值；

P_t——t期的實際值；

$\hat{P}_t$——t期的預測值；

α——修匀係數。

α 的取值範圍為：0≤α≤1。若 α→1，則近期價格的影響越大；α=1，則本期的評估值等於上期的實際值；α=0，則本期的評估值等於上期的預測值。通常情況下，0<α<1。如果房地產價格的長期變動趨勢較小，則 α 越接近1。

［例］已知某房地產2016年1~8月份的價格，試估計其9月份的價格。（取 α=0.4）

表5-4　　　　　　某房地產2016年1~8月份的價格資料

單位：元/平方米

時間	P_t	$\hat{P}_t$
1	2,400	2,400
2	2,500	2,400
3	2,450	2,440
4	2,510	2,444
5	2,490	2,470.4
6	2,500	2,478.24
7	2,510	2,486.94
8	2,540	2,496.16

該房地產9月份的評估價格為：

$PV_9 = 0.4 \times 2,540 + 0.6 \times 2,496.16$

　　　$= 2,514$（元/平方米）

4. 直線趨勢法

如果被評估房地產價格時間數列的逐期增長量相等或接近，則可以擬合一條相應的直線。如果把房地產價格視為時間的函數，則採用直線模型來評估該房地產的價格方法就稱為直線趨勢法。其計算公式為：

$$PV = a + bt$$

式中：a、b——待估的參數；

　　　t——時間變量。

a、b 的值通常用最小二乘法（最小平方法）來確定。最小平方法用於估計參數的基本原理是計算長期趨勢值與實際值的離差平方和為最小，即 $\sum (P-PV)^2 =$ 最小值，保證擬合的趨勢線與原數列達到最佳的配合。根據數學分析中的極值原理，用偏微分法可得出趨勢方程。$PV = a + bt$ 中求解參數 a、b 所需的兩個標準方程式如下：

$$\begin{cases} \sum P = na + b\sum t \\ \sum tP = a\sum t + b\sum t^2 \end{cases}$$

求解該標準方程組，得：

$$\begin{cases} b = \dfrac{n\sum tP - \sum t \sum P}{n\sum t^2 - (\sum t)^2} \\ a = \bar{P} - b\bar{t} \end{cases}$$

n 為時間數列的項數，$\sum t$、$\sum t^2$、$\sum P$ 和 $\sum tP$ 的值，可以分別從時間數列的實際值中計算得到。

［例］評估某類房地產 2016 年的租金，已知該房地產 2004—2013 年租金資料如下：

表 5-5　　　　　某類房地產 2004—2013 年租金資料

單位：元/平方米

年份	房地產租金（P）	t	t^2	tP
2004	30	1	1	30
2005	35	2	4	70
2006	50	3	9	150
2007	70	4	16	280
2008	80	5	25	400
2009	85	6	36	510
2010	90	7	49	630
2011	90	8	64	720
2012	110	9	81	990
2013	120	10	100	1,200
合計	760	55	385	4,980

$$b = \dfrac{n\sum tP - \sum t \cdot \sum P}{n\sum t^2 - (\sum t)^2} = \dfrac{10 \times 4,980 - 55 \times 760}{10 \times 385 - 55^2} = 9.697$$

$$a = \dfrac{\sum P}{n} - b\dfrac{\sum t}{n} = \dfrac{760}{10} - 9.697 \times \dfrac{55}{10} = 22.67$$

直線趨勢方程為：

$PV = 22.67 + 9.697t$

評估該類房地產 2016 年租金為：

$PV_{2016} = 22.67 + 9.697 \times 13 = 149$（元/平方米）

第四節 路線價估價法

一、路線價估價法的原理

(一) 路線價估價法的概念

對面臨特定街道或接近性相當的城市臨街地，設定標準深度，求得在該深度上數宗土地的平均單價，此單價即為路線價。根據這個路線價，再配合街地的深度，用數學方法算出臨接同一街道的其他街地地價，這種估價方法就是路線價估價法（見圖5-1）。路線價估價法是一種對大量城市土地進行估價的評估方法。

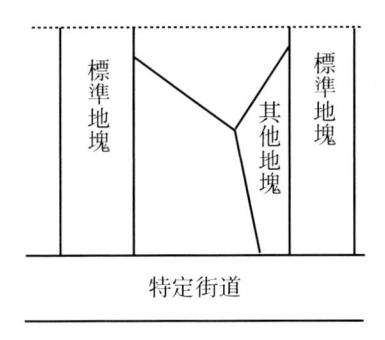

圖5-1 路 價估價法

在房地產估價業務中，以方便政府徵收稅費為目的的地價評估，由於是大宗土地估價，很難採用市場比較法、收益還原法等房地產評估方法。政府是按每塊土地所處不同的位置、街道的條件等來收取地稅，需要確定每塊土地的地價。而在同一城市中，不同地區的繁華程度、交通條件等均不相同；即使是同一街道的不同地段，其繁華程度、交通條件也有差異。因此，要確定城市每塊土地的地價，需要有一種既迅速、合理，又節省人力、財力的土地估價方法，而這種方法正是路線價估價法。

(二) 路線價估價法的理論依據

路線價估價法的理論依據是土地價值的決定理論。土地價值主要是由土地的有用性和接近性決定的（即距離街道的遠近決定的）。這一理論依據主要表現在兩個方面：一是城市街地的各宗土地隨其距離街道的程度（即臨街深度）的增加而地價遞減，越臨近街道的土地地價越高，反之則越低（見圖

5-2）；二是對於臨近各街道而具有標準深度的土地價格各不相同，土地的利用狀況、街道的條件、房屋建築物的疏密程度、交通的便利程度等決定了土地價格有所差異。

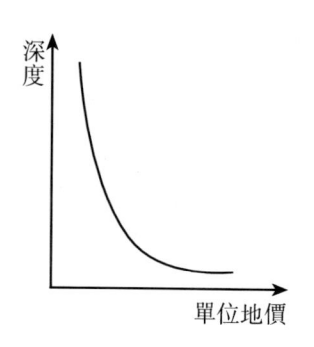

圖 5-2　單位地價隨深度變化圖

運用路線價估價法評估土地價格，目前在中國還不完善，但在英國和美國，這項估價技術已相當成熟。日本應用這種估價方法的時間也比較長。不過，在美國、英國、日本，雖然應用這種方法進行估價的理論依據基本上一致，但在具體操作上也不完全相同，它們各具特色。

（三）路線價估價法的基本公式

1. 路線價估價法的基本計算公式

地價＝路線價×深度指數×宗地面積

運用路線價估價法評估城市地價時，如果街道兩邊的土地另有特殊條件存在（例如屬街角地、兩邊臨街地、三角形地、梯形地、不規則形地等），在依據上述公式計算地價的基礎上，還需進一步做加價或減價修正。

2. 路線價估價法的修正公式

地價＝路線價×深度指數×宗地面積±修正額

或　　　　地價＝路線價×深度指數×宗地面積×(1+修正率)

（四）路線價估價法的適用範圍

路線價估價法是有特定適用範圍的，只有在某一區段內的各幅土地，才能根據該區段內的路線價計算其土地價格，如果越出這一區段，則宜運用其他的路線價計算土地價格。

路線價估價法只適用於城市土地的估價，特別是對城市土地課稅、土地重劃、徵地拆遷或其他需要在大範圍內對大宗土地進行估價的場合。這種方法具有省時省力、公平合理的優點。

二、路線價估價法的應用

(一) 路線價估價法的操作步驟

路線價是設定在某一路線上的標準地塊的單位地價。通常在同一路線價區段內選擇若干標準地塊，分別計算其單位地價，然后計算這些標準地塊的平均單位地價，就得到該路線價區段的路線價，以此為標準來評定鄰近各宗土地的價值。路線價估價法能夠迅速地確定街道內各宗土地的地價，因為在路線價確定后，只需將街道內的土地劃分為許多與街道平行的地塊，找出各宗土地所處位置的深度指數，加上特定的修正值就可以計算各宗土地的地價。

1. 劃分路線價區段

一個路線價區段，是指具有同一路線價的地段。劃分路線價區段，就是確定具有同一路線價地段的長度。沿街道的帶狀地段，以及以該街道為交通路線的接近性大致相當的地段，應劃分為同一路線價區段。路線價有明顯差異的地點，是該路線價區段與其他路線價區段劃分的界限。通常是從十字路口或丁字路口中心處劃分，即原則上街道不同，路線價也不同。但繁華街道有時需要將同一街道作多段劃分，附設不同的路線價。而某些不是很繁華的地區，如工業區或住宅區，同一路線價區段也可延長至數條街道。此外，在有些情況下，同一街道兩側繁華狀況有較顯著差異時，同一路線價區段的兩側，也可附設不同的路線價，即可視為兩個路線價區段。

路線價區段長度關係到路線價的確定，所以路線價區段的劃分十分重要。一般情況下，在價格變化不大的地區，路線價區段劃分較為粗略；而在價格變化較大的繁華地區，路線價區段的劃分就較為嚴格。

2. 設定標準深度

標準深度，指標準地塊的深度。通常採用路線價區段內臨街各宗土地的深度的眾數。如路線價區段內的臨街大多數地塊的深度為 18 米，則設定其標準深度也應該為 18 米。如果不以眾數的深度為標準深度，則會使以后多數宗地的地價計算都要用深度指數加以修正，這不僅使計算繁瑣，而且會使路線價失去其代表性。

3. 確定路線價

路線價是設定在路線上的標準地塊的單位地價。通常在同一路線價區段內選擇若干有代表性的標準地塊，分別求其單位地價，然后求這些標準地塊的單位地價的平均值，可以是眾數或中位數、簡單算術平均值、加權算術平均值，即為該路線價區段的路線價。在標準宗地的選取上，各個國家和地區也不完全相同，如標準地塊美國是寬 1 英尺深 100 英尺的矩形地塊，日本是

寬1間深5間的矩形地塊，臺灣地區是寬1米深18米的矩形地塊。（註：1英尺＝0.304,8米，1間≈1.8米）

4. 製作深度指數表

（1）深度指數。深度指數又稱深度百分率，是指隨臨街深度的差異而表現地價變化的相對數。製作深度指數的原則是臨接街道宗地接近街道部分的地價高於離開街道的部分。即街道深度越小，其利用價值越大，價格越高；反之，街道深度越大，價格越低。這種深度指數是隨街道的繁榮狀況、土地用途的不同而顯示出差異。

（2）深度指數表。深度指數表又稱深度百分率表，是用來反應深度變化對地價影響程度的表格，能詳細地、系統地反應出深度對地價的影響，從而科學合理地編製深度指數表。所以，在編製深度指數表時，需要對地價進行充分的調查，然后用統計的方法，求得指數值。

深度指數表的格式見表5-6。其中，標準深度為16~18米。

表5-6　　　　　　　　臺灣地區深度指數表

深度（米）	4以下	4~8	8~12	12~16	16~18	18以上
深度指數（%）	130	125	120	110	100	40

（3）深度價格遞減比率。深度價格遞減比率是由於街道深度變化而引起地價變化的比率。這種比率在同一路線價區段內，地價是隨街道深度的增加而呈下降趨勢的。

根據深度價格遞減比率的概念，假設有一臨街矩形地寬度為 m 米，深度為 n 米，土地單價為 A 元/平方米，則該臨街地的總價格為 mnA 元，見圖5-3。

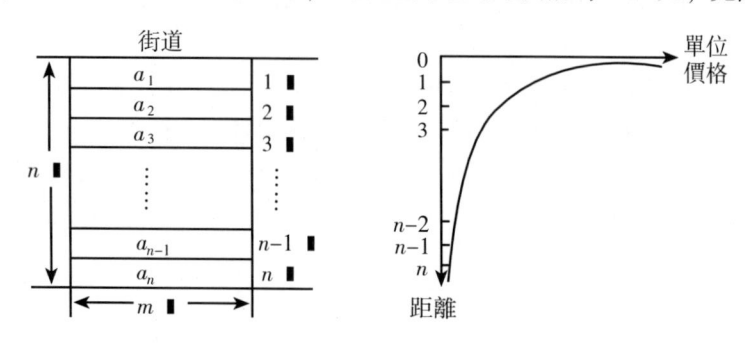

圖5-3　相關資料

現進行分析如下：

圖5-3將該地塊沿平行於街道的方向以1米為單位劃分成 n 幅細片土地，對臨街的第1幅、第2幅直至第 n 幅分別以 a_1，a_2，…，a_{n-1}，a_n 等符號表

示，各幅土地的單位價格為 a_1'，a_2'，a_3'，…，a_n'，則我們可以得出，從土地的利用價值看，$a_1'>a_2'>a_3'>\cdots>a_{n-1}'>a_n'$。其中 a_1' 與 a_2' 之差最大，a_2' 與 a_3' 之差次之，並依次減小，a_{n-1}' 與 a_n' 之差幾乎接近零。

因矩形臨街地的單價 A 是 n 幅土地單價的平均數，則：

$$mnA = ma_1' + ma_2' + ma_3' + \cdots + ma_{n-1}' + ma_n'$$

$$A = \frac{a_1' + a_2' + \cdots + a_{n-1}' + a_n'}{n} = \frac{\sum_{i=1}^{n} a_i'}{n}$$

a_1'，a_2'，a_3'，…，a_{n-1}'，a_n' 是第 1，2，3，…，n 幅細片土地的單價，並具有 $a_1'>a_2'>a_3'>\cdots>a_n'$ 的性質，如果將其比率用百分率表示，即為單價深度百分率。而 a_1'，$\dfrac{a_1'+a_2'}{2}$，$\dfrac{a_1'+a_2'+a_3'}{3}$，…，$\dfrac{a_1'+a_2'+a_3'+\cdots+a_n'}{n}$ 分別稱為至第 1，2，3，…，n 米的平均單價，則具有：

$$a_1' > \frac{a_1'+a_2'}{2} > \frac{a_1'+a_2'+a_3'}{3} > \cdots > \frac{a_1'+a_2'+a_3'+\cdots+a_n'}{n}$$

的性質，以百分率表示，即為平均深度百分率。

a_1'，$(a_1'+a_2')$，$(a_1'+a_2'+a_3')$，…，$(a_1'+a_2'+a_3'+\cdots+a_n')$ 稱為累計單價，並具有 $a_1' < (a_1'+a_2') < (a_1'+a_2'+a_3') < \cdots < (a_1'+a_2'+a_3'+\cdots+a_n')$ 的性質，以百分率表示，稱為累計百分率。

將上述三種百分率綜合制成表，就可以得到深度指數價格遞減率表。上述的各種百分率，是以標準地塊的平均深度百分率為 100% 時的百分率表示。當標準地塊的深度為 t 米，則有：

$$\frac{a_1' + a_2' + \cdots + a_t'}{t} = 100\%$$

這種深度遞減比率，隨街道的繁華、住宅地的用途而有差異，所以在使用深度遞減比率時，要經過對地價的調查，才能進行統計歸納。

5. 制定其他修正率

一塊面臨街道的矩形宗地，其深度雖然各不相同，但依據深度指數表即可估計其地價。而其他形狀的宗地，如梯形地、平行四邊形地、街角地、兩面臨街地及三面四面臨街地、三角形地、不規則形地、袋地等，在地價計算時，必須制定相應的其他修正率，進行加價或減價修正。

6. 計算各地塊的價格

確定了某一區段的路線價后，可以根據深度指數表，計算各塊待估土地的價格。在具體計算時，歐美國家與日本對路線價單位面積的表示不同，甚

至計算方法也不相同。

(二) 路線價估價法法則

在歐美國家，著名的路線價估價法法則有四三二一法則、巴的摩爾法則、蘇慕斯法則、霍夫曼法則、哈柏法則等。現分別介紹如下。

1. 四三二一法則

四三二一法則，又稱慎格爾法則，是將標準深度為 100 英尺（1 英尺 = 0.304,8 米）深的普通臨街地劃分成與街區平行的四等份，即由臨街線算起，第一個 25 英尺土地的價值占路線價的 40%，第二個 25 英尺土地的價值占路線價的 30%，第三個 25 英尺土地的價值占路線價的 20%，第四個 25 英尺土地的價值占路線價的 10%。如果深度超過 100 英尺，則需要以「九八七六」法則來補充。即超過 100 英尺的第一個 25 英尺土地的價值占路線價的 9%，第二個 25 英尺土地的價值占路線價的 8%，第三個 25 英尺土地的價值占路線價的 7%，第四個 25 英尺土地的價值占路線價的 6%。列成深度指數表見表 5-7。

表 5-7　　　　　　　　　　深度指數表

深度（英尺）	25 以下	25~50	50~75	75~100	100~125	125~150	150~175	175~200
指數（%）	40	30	20	10	9	8	7	6

運用四三二一法則進行估價，簡明易懂，但由於對深度的劃分較為粗略，所以估價結果不太精確。例如相鄰兩塊地寬度相同，深度一塊為 75 英尺，另一塊為 90 英尺，在路線價為 6,000 元的情況下，兩塊地的估價結果是相等的，這顯然是不合理的。

2. 巴的摩爾法則

巴的摩爾法則與四三二一法則相類似，又被稱為「前面1/3裡面2/3」法則，就是將宗地臨街的最初 1/3 賦予全宗地價值的一半，其餘 2/3 賦予另一半價值。

雖然巴的摩爾法則與四三二一法則相類似，但為了使其在實踐中更加精確，可用深度指數表來修正補充。

3. 蘇慕斯法則

蘇慕斯法則又稱克利夫蘭法則，因為它在美國的俄亥俄州克利夫蘭市應用而著名。它是由美國估價師蘇慕斯於 1886 年創設的。蘇慕斯根據對眾多買賣實例價格的調查分析發現，100 英尺深的土地價值，前面一半臨街 50 英尺的部分占全部土地總價的 72.5%，后一半 50 英尺的部分占 27.5%。如果再深 50 英尺，那麼該宗土地所增加的價值僅僅為 15%。其深度指數表就是在這種價格分配原則下制定的，見表 5-8。

表 5-8 蘇慕斯法則、霍夫曼法則、巴的摩爾法則深度指數表比較

深度 (英尺)	蘇慕斯法則指數 (Somers' Cleveland Curve) (%)	霍夫曼法則指數 (Hoffman Rule) (%)	巴的摩爾法則指數 (Baltimore Rule) (%) (標準深度 150 英尺)
5	14.35	17	9
10	25	26	15
15	33.22	33	21
20	41	39	27
25	47.9	44	33
30	54	49	38.5
40	64	58	49
50	72.5	67	58.5
60	79.5	74	67
70	85.6	81	73.9
75	88.3	84	76.9
80	90.9	88	79.6
90	95.6	94	84.2
100	100	100	88
110	104	—	91
120	107.5	—	93.8
130	109.05	112	95
140	113	—	98.5
150	115	118	100
160	116.8	—	—
175	119.14	122	—
180	119.8	—	—
200	122	125	—

蘇慕斯法則在估價方法中是比較科學合理的方法，對土地價格的正確估算起到了積極的作用。

4. 霍夫曼法則

霍夫曼法則是美國紐約市法官霍夫曼在 1866 年創設的，並且是最早被承認的對各種深度的土地估價法則。該法則表明：標準深度為 100 英尺的土地，在最初 50 英尺的價值應占全部土地價值的 2/3。在此基礎上，深度為 100 英尺的土地，最初的 25 英尺占全部土地價值的 37.5%，最初的一半即 50 英尺占 67%，75 英尺占 87.7%，100 英尺占 100%。其深度指數表見表 5-8。

5. 哈柏法則

哈柏法則是一種算術法則，最早在英國創立。它的基本理論是一宗土地的價格與其深度的平方根成正比。如果標準深度為 100 英尺，那麼該宗土地的深度指數為其深度平方根的 10 倍。

$$深度指數 = (10 \times \sqrt{深度})\%$$

[例] 一宗 40 英尺深的土地，深度指數為：

$(10\times\sqrt{40})\% = 63.25\%$

也就是說，一宗 40 英尺深的土地，相當於 100 英尺深土地價值的 63.25%。然而，標準深度不一定為 100 英尺，為此，澳洲新南威爾士首席估價師羅斯特與澳洲開發銀行主席柯林斯共同對哈柏法則提出了修正意見，認為深度指數是某地塊深度的平方根與標準深度的平方根之比。

修正后的公式為：

$$深度指數 = \frac{\sqrt{所給深度} \times 100\%}{\sqrt{標準深度}}$$

哈柏法則，即深度指數為土地深度平方根的 10 倍，成了該公式的特例。

6. 其他法則

以上幾種方法都是在歐美國家比較常用的，除此之外還有紐約運用的戴維斯法則、芝加哥運用的馬丁法則、倫敦運用的愛德加法則等。這些法則都是以 100 英尺深為標準深度，各法則比較見表 5-8、表 5-9。

表 5-9 戴維斯法則、馬丁法則、愛德加法則的深度指數表比較

深度（英尺）	戴維斯法則指數（%）	馬丁法則指數（%）	愛德加法則指數（%）
5	12.5	14.90	23
10	21.8	17.90	32
15	29.2	25	39
20	35.8	30.1	45
25	41.5	34.3	50
30	47	39.9	55
40	56.7	48.8	63
50	65.8	57.5	70.5
60	73.3	67	77.5
70	80.5	77	83.6
75	84.1	79.3	86.6
80	87.5	84	89.4
90	94.1	92.2	95
100	100	100	100
110	106.9	108	105
120	111.1	116	109.5
130	113.7	119.3	112.6
140	121.2	131	118.2
150	126.1	137.5	122.4
160	131.1	145	126.4
175	138.5	154.3	132.3
180	141.2	158	134.2
200	149	170	141.4

第六章　機器設備評估

第一節　機器設備及其分類

　　機器設備是人類進行物質資料生產的勞動資料，是現代化生產的物質基礎，其數量和質量標志著一個部門、地區乃至整個國家的社會生產力發展水平。尤其在工業企業中，生產設備、動力設備等機器設備直接影響著原材料消耗水平、產品成本以及勞動生產率。機器設備屬於固定資產，機器設備評估是資產評估中的重要組成部分。

一、機器設備的含義和特徵

（一）機器設備的含義

　　機器設備是指利用力學原理組成的、能變換能量或產生有用功的獨立或成套裝置，主要包括屬於固定資產的生產設備、動力設備、計量設備、檢測設備、起重運輸設備、信息處理及控制設備等，也包括屬於固定資產的工具、器具及儀器等。屬於低值易耗品的簡單工具、刀具及容器等不能作為機器設備。

　　機器設備不能簡單地等同於機械設備。機械設備往往僅指對勞動對象進行機械加工的設備，如紡紗機、織布機、金屬切削機床及鍛壓設備等。而對原材料進行熱處理及化學處理的設備，即熱力及化學設備，如高爐、鍋爐、化工設備等，也屬於機器設備之列。通常，機器設備評估既包括對機械設備的評估，也包括對熱處理設備及化學設備的評估。

（二）機器設備的特徵

　　機器設備作為固定資產的一部分，與其他資產相比，具有以下特徵：

　　（1）單位價值較大，使用期限長。相對於流動資產而言，在中國被列為固定資產的機器設備是指使用期限在一年以上、單位價值在規定標準以上、在使用過程中保持原有物質形態的資產。同時滿足上述條件的機器設備即屬

於機器設備評估的範圍。

（2）工程技術性強。機器設備的技術含量很高，其價值大小往往取決於技術水平的高低。如中國在全國工業普查中對主要工業設備進行了四級分等，即國際水平、國內先進水平、國內一般水平及國內落后水平。機器設備的技術含量差異直接關係到設備的評估價值。

（3）涉及的專業門類廣泛。機器設備存在於國民經濟各部門，有的是通用的，有的是專用的，各行各業的機器設備種類繁多，機器設備涉及的專業面廣泛。

二、機器設備的分類

根據不同的分類標準，可對機器設備進行多種分類。結合機器設備評估的需要，應從以下方面進行分類：

（一）按固定資產分類的國家標準，將機器設備分為通用設備，專用設備，交通運輸設備，電氣設備，電子產品及通信設備和儀器儀表、計量標準器具及量具、衡器

（1）通用設備。它是指各生產部門均能使用的機器設備，包括鍋爐、金屬加工設備及起重設備等，主要指金屬切削機床和鍛壓設備。

（2）專用設備。它是指從事某一特定產品生產的機器設備，如菸草加工設備、木材加工設備、金屬冶煉軋制設備、紡織設備等。

（3）交通運輸設備。它包括鐵路運輸設備、汽車、電車、摩托車、水上交通運輸設備、飛機及其配套設備等。

（4）電氣設備。它包括電機、變壓器、電容器、電器等。

（5）電子產品及通信設備。它包括電子計算機、廣播電視設備、通信設備等。

（6）儀器儀表、計量標準器具及量具、衡器。它包括儀器儀表、電子和通信測量儀器、計量標準器具及量具、衡器等。

（二）按現行會計制度的規定分類，將機器設備分為生產用機器設備、非生產用機器設備、租出機器設備、未使用機器設備、不需用機器設備以及融資租入機器設備

（1）生產用機器設備。它是指直接參加生產過程且正在生產中使用的設備，包括生產設備、動力設備、起重運輸設備等。

（2）非生產用機器設備。它是指為非生產部門所使用的設備，如醫療設備、娛樂設備等。

（3）租出機器設備。它是指出租給外單位使用的機器設備。

（4）未使用機器設備。它是指本單位需用但尚未使用的機器設備，包括新增機器設備、調入尚未安裝的機器設備、正在進行改建和擴建的機器設備以及經批准停止使用的機器設備。

（5）不需用機器設備。它是指本單位不需用、需進行處理的機器設備。

（6）融資租入機器設備。它是指以融資租賃方式租入的機器設備。融資租入機器設備不同於一般租賃方式租入的機器設備。當融資租入機器設備的租賃期滿后，該設備的所有權即歸承租方所有。如果評估時設備的租賃期未滿，承租方同樣對該設備擁有部分產權。

(三) 根據價值標準，將機器設備按重要性程度分為 A 類機器設備、B 類機器設備以及 C 類機器設備

（1）A 類機器設備。它是指最重要的機器設備，通常種類、數量不多，但價值大，單臺(套)設備價值在 5 萬元以上，如大型、精密設備等。A 類機器設備是機器設備評估的重點。

（2）C 類機器設備。它是指不重要的機器設備，其數量多，但價值較低，單臺(套)設備價值在 5,000 元以下。

（3）B 類機器設備。它是指較重要的機器設備，其數量與價值介於 A 類機器設備和 C 類機器設備之間。

此外，根據不同的研究目的和評估要求，還可以對機器設備從工藝特點、技術狀況、自動化程度等方面進行其他分類。

第二節　機器設備評估的特點及程序

一、機器設備評估的特點

機器設備具有單位價值較大、使用期限長、工程技術性強以及涉及的專業門類廣泛等特點，其本身的特點決定了機器設備評估的特點。評估的基本特點表現為：

(一) 機器設備評估以技術檢測為基礎

由於機器設備使用期限長、工程技術性強，機器設備的技術含量、技術性能以及機器設備的使用、維修狀況等，直接影響到機器設備的評估價值。必要的技術檢測和技術鑒定有助於正確確定機器設備的損耗程度和評估價值。

(二) 機器設備評估主要以單臺(套)、單件設備為評估對象

由於機器設備單位價值較大，涉及的專業門類廣泛，因此機器設備種類多。不同種類機器設備的規格型號、功能各異，評估時設備的新舊程度也存在差異，不能籠統地進行評估，通常要對機器設備逐臺(套)、逐件地進行評估，以保證評估結果的準確性。

(三) 機器設備評估主要採用成本法

機器設備評估中常以重置成本為計價標準，因而主要採用重置成本法，即成本法。市場法、收益法及清算價格法也用於機器設備評估。

(四) 機器設備評估不同於機器設備的清產核資

機器設備的清產核資指企業或其主管部門對企業的機器設備組織實施的清查、估算資產的工作。而機器設備評估是在企業發生產權轉移、企業重組或清算以及經營方式變更等經濟行為時，由資產評估的專門機構和人員對企業的機器設備進行評估。機器設備評估和機器設備的清產核資有相似之處，如有時核查的對象是一致的，但二者的目的和組織實施的內容卻是不相同的。

二、機器設備評估的程序

評估機構和評估人員在明確機器設備評估目的、評估範圍及評估基準日的基礎上，對機器設備評估一般應進行以下幾方面的工作，包括評估準備工作、現場勘查及技術鑒定工作以及評定估算工作。

(一) 評估準備工作

評估準備工作具體包括以下三方面內容：

(1) 指導委託方做好機器設備評估的基礎工作。指導委託方的財會人員填寫待評估機器設備清冊及分類明細表，進行設備的帳面自查和財務處理；指導委託方的管理人員和技術人員準備有關待評估機器設備的產權資料及技術經濟資料等。評估機構和評估人員應審查委託方提供的各種資料，發現問題後應及時修正。

(2) 制訂評估工作計劃。根據委託方提供的待評估機器設備的相關資料，明確評估重點和勘查、鑒定重點，制訂具體的評估工作計劃，包括組織並落實評估人員、設計評估技術路線和時間進度、選擇評估方法等。

(3) 收集評估所需資料。在進行評估準備工作時，除收集委託方提供的待評估機器設備的有關資料外，還應廣泛地收集與評估工作有關的信息資料，包括設備的使用情況資料以及價格資料等，為以後的評定估算工作提供可靠、

翔實的數據資料。

(二) 現場勘查及技術鑒定工作

現場勘查及技術鑒定工作是機器設備評估中的重點，主要是在清查核實機器設備的基礎上對待估機器設備進行現場勘查和技術鑒定，判斷設備的使用情況及損耗情況。具體包括以下三方面的工作內容：

1. 清查核實待估機器設備

評估人員要對列入評估範圍的機器設備逐臺(套)、逐件進行清查核實，核對機器設備的名稱、類別、規格、型號、數量、製造廠家、出廠日期、使用情況及維修記錄等。如果待評估機器設備種類較多時，可對設備按經濟用途或重要性程度等標志進行分類。對數量較少、價值較大的設備採用全面清查的方法核實；對數量較多、價值較小的設備或成批同型號設備，可採用重點清查或抽樣檢查等方法核實，以避免評定估算發生遺漏或重複。

2. 對機器設備進行現場勘查和技術檢測鑒定

由於機器設備的技術含量、技術水平和技術性能具有較大差異，對待估機器設備進行現場勘查和技術檢測鑒定，往往需要有關設備的專業技術人員配合。勘查、技術檢測鑒定的主要內容包括設備的技術狀況、使用情況、質量水平和磨損程度等。評估人員通過現場工作，充分掌握設備的技術及主要功能、設備的運行及維修狀況、設備的製造質量以及設備的有形損耗和無形損耗，為評定估算設備價值奠定基礎。

3. 確定機器設備的成新率

評估人員一般應通過現場勘查，並結合專業技術人員的技術檢測鑒定，確定待估機器設備的有形損耗率和綜合成新率，作為評定估算設備價值的重要依據。

(三) 評定估算工作

評定估算工作是指根據評估目的、評估標準選擇評估方法，測算有關待估機器設備的經濟技術參數，並運用與待估機器設備類似設備的市場價格及變動情況等數據資料，對機器設備進行評定估算，然后匯總單臺(套)、單件設備評估值或各類別設備評估值。在驗證、核查后，確定評估結果，並撰寫機器設備評估報告書和評估說明。評定估算工作具體包括以下三方面的內容：

1. 選擇評估方法

評估目的和評估計價時適用的價值類型決定了評估方法。機器設備評估常用的方法是成本法。根據不同的評估目的要求，如果能收集和處理相應的信息資料，還可以運用市場法、收益法和清算價格法評估機器設備價值。

2. 測算設備的經濟技術參數

評估目的、評估標準和評估方法不同，評估所需要的經濟技術參數就存在差別。應在收集、整理、分析有關待估機器設備的相關資料的基礎上，科學地測算其經濟技術參數，包括設備的負荷大小、設備的磨損程度、設備的精度及技術改造情況、設備的收益及損失、折現率或本金化率以及市場上同類設備的市價及其變動情況等數據資料。

3. 評定估算設備價值並撰寫評估報告書

根據選擇的評估方法和相應的經濟技術參數，對機器設備進行評定估算。對於數量較少、價值較大的機器設備，應逐臺（套）、逐件進行評估；對於數量較多、價值較小的機器設備，可分類別進行評估。匯總機器設備評估值後，應進行驗證、核查或調整，最後客觀、合理地確定評估結果，並按一定的格式和要求撰寫機器設備評估報告書及評估說明。

第三節　機器設備評估中的成本法

在機器設備評估中，成本法適應性強，廣泛地運用於繼續使用假設前提下單臺(套)、單件機器設備的評估。如果評估中缺乏類似評估設備的市場參照物或設備不具有獨立獲利能力，難以運用市場法或收益法評估機器設備價值時，通常採用成本法進行評估。如企業進行收購、兼併、股份制改造時，機器設備往往處於在用、續用狀態，評估機器設備的價值時適用重置成本標準，可採用成本法；但企業破產或解散清算時，機器設備往往處於非續用狀態，此時，評估機器設備的價值不再適用重置成本標準，應採用其他評估方法，如清算價格法等。

運用成本法評估資產的價值，其基本原理和評估方法在本書第二章中曾經加以介紹，資產的評估淨值是根據被評估資產在評估基準日全新狀態下的重置全價（即重置成本），扣減資產的有形損耗和無形損耗後的差額價值。實際應用到機器設備評估，成本法的基本公式可表示為：

　　　　機器設備評估淨值＝重置成本－有形損耗－無形損耗
即　機器設備評估淨值＝重置成本－實體性貶值－功能性貶值－經濟性貶值

一、確定機器設備的重置成本

機器設備的重置成本是指重新建造或購置與被評估機器設備相同或相似的全新設備所需的全部費用。根據重置方式不同，機器設備的重置成本有復

原重置成本和更新重置成本。

(一) 機器設備重置成本的構成

機器設備的重置成本由設備的直接費用和設備的間接費用構成，其中：設備的直接費用是指設備的建造價或購置價，還包括設備的運雜費、安裝調試費、配套裝置費、關稅、增值稅及各種手續費；設備的間接費用是指為建造、購置設備而發生的各種管理費用和財務費用等。

(二) 機器設備重置成本的測算

由於機器設備取得的方式和渠道不同，其重置成本也有所不同。

1. 自製設備重置成本的測算

自製設備的重置成本具體包括製造費用（含已消耗的原材料和輔料的購價、運雜費以及應分攤的管理費用和財務費用等）、安裝調試費、大型自製設備合理的資金成本、合理利潤以及其他必要合理的費用等。自製設備有標準設備和非標準設備之分。測算自製設備的重置成本可採用重置核算法、指數調整法、功能計價法等。

（1）重置核算法。重置核算法是運用成本核算的原理，根據重新建造或購置設備時所消耗的材料數量、工時數量、各種費用和現時價格等，逐項計算並匯總，然後加上合理的利潤計算出自製設備的重置成本。

（2）指數調整法。指數調整法是根據自製設備的原材料、工時及費用的消耗情況，結合評估基準日的價格變動指數，調整后計算出重置成本。

（3）功能計價法。如果自製設備是標準設備，可將與待評估機器設備功能相同或相似的設備作為參照物，並參考參照物的市場價格，通過自製設備與參照物生產能力對比來調整計算自製設備的重置成本。

2. 外購國產設備重置成本的測算

外購國產設備的重置成本具體包括設備自身購置價格、運雜費用、安裝調試費用、大型設備一定期限內的資金成本以及其他必要合理的費用等。確定外購國產設備的重置成本時，應分別測算設備自身的購置價格、運雜費用及安裝調試費用等。

（1）測算設備自身的購置價格。對於能夠在市場上取得標準定價的機器設備，可採取直接詢價法，從設備銷售商或設備製造廠家取得設備價格資料。對於無法取得設備現行購置價格的機器設備，可採用指數調整法、功能計價法或規模經濟效益指數法測算設備的重置成本。當設備的生產能力與其價值之間呈指數關係時，採用規模經濟效益指數法計算被評估機器設備的重置成本，其中機器設備的規模經濟效益指數（又稱功能價值指數）為 0.6~0.7；當設備的

生產能力與其價值之間呈線性關係時，採用功能計價法計算被評估機器設備的重置成本；當市場上不存在與待評估機器設備功能類似的設備時，則採用指數調整法，根據設備的價格變動指數計算被評估機器設備的重置成本。

（2）測算設備的運雜費用。國產設備的運雜費用與設備的重量、價值與運輸距離等因素有關。常用的運雜費率見表6-1，其取值視重量、價值等而定。

表6-1　　　　　　　　　　運雜費率表

運輸距離（千米）	運雜費率（%）
當地生產	1~2.5
100~1,000	1.5~3.5
1,000~2,000	2~5.5
2,000~2,800	2.5~6.5
2,800以上	3~7.5

（3）測算設備的安裝調試費用。設備的安裝調試費用與各類設備的安裝工作量、安裝內容等因素有關。常用的安裝費率見表6-2，其取值視安裝工作量而定。

表6-2　　　　　　　　　　安裝費率表

設備名稱	安裝費率（%）
輕型通用設備	0.5~1
一般機械加工設備	0.5~2
大型機械加工設備	2~4
數控機械及精密加工設備	2~4.5
鑄造設備	3~6
鍛造、衝壓設備	4~7
焊接設備	0.5~1.5
檢測試驗設備	1~3
熱處理設備	1.5~4.5
起重設備	5~8
電鍍設備	6~10
快裝鍋爐	6~12
泵站內設備	8~12
化工設備	8~40
冷卻塔	10~12
壓縮機	10~13
供、配電設備	10~15
工業窰爐及冶煉設備	10~20
電梯	10~25
蒸汽及熱水鍋爐	30~45

3. 進口設備重置成本的測算

進口設備重置成本具體包括現行國際市場的離岸價格、境外途中保險費、境外運雜費、進口關稅、增值稅、銀行及其他手續費、國內運雜費及安裝調試費等。其中離岸價格（FOB）是指在出口國家的裝運港口賣方交貨的價格。離岸價格加上境外途中保險費和境外運雜費，就是到岸價格（CIF），即到達中國港口后的交貨價格。測算進口設備的重置成本時，應根據不同的情況分別進行計算。

（1）對於可取得現行國際市場的離岸價格（FOB）的進口設備，可採用下列公式測算重置成本。

進口設備的重置成本=（現行國際市場的FOB價格+境外途中保險費+境外運雜費）×現行外匯匯率+進口關稅+銀行及其他手續費+國內運雜費+安裝調試費

（2）對於可取得現行國際市場的到岸價格（CIF）的進口設備，可採用下列公式測算重置成本。

進口設備的重置成本=現行國際市場的CIF價格×現行外匯匯率+進口關稅+銀行及其他手續費+國內運雜費+安裝調試費

（3）對於無法取得現行國際市場的FOB價格或CIF價格的進口設備，如果能取得國外類似設備的現行FOB價格或CIF價格，可採用功能計價法測算進口設備的重置成本。

（4）對於既無法取得現行國際市場的FOB價格或CIF價格，又無法取得國外類似設備價格的進口設備，如果能取得國內類似設備的現行市價（或重置成本），可由此推測進口設備的重置成本。

（5）對於可取得進口設備生產國及中國國內同類資產價格變動指數但進口時間較長的進口設備，可採用下列公式測算重置成本。

進口設備重置成本=帳面原值中支付外匯部分÷進口時的外匯匯率×進口設備生產國同類資產價格變動指數×評估基準日外匯匯率×（1+現行關稅稅率）×（1+其他稅費率）+帳面原值中支付人民幣部分×國內同類資產價格變動指數

［例］2016年年初評估某市一聯營企業的一臺進口的精密加工設備。該設備2014年3月從美國進口，當時合同中的FOB價格是30萬美元，評估人員通過向經銷商詢價，得到美國新型同類設備FOB報價為45萬美元，認為實際成交價為報價的80%（按照慣例實際成交價應為報價的70%~90%）；並針對新型設備與待評估設備的比較分析，推測待評估設備的現行FOB價格約為新型設備成交價的75%。如果對該企業進口設備進口關稅按CIF價格的10%

計徵，增值稅為 CIF 價格與關稅之和的 17%，境外途中保險費為設備 FOB 價格的 0.5%，境外運雜費為 FOB 價格的 5%，銀行手續費為 CIF 價格的 0.5%（一般為 0.4%~0.5%），國內運雜費及安裝調試費為 CIF 價格與銀行手續費之和的 3%，評估基準日人民幣對美元的匯率為 6.235：1。試測算該進口設備的重置全價。

①待評估設備的 FOB 價格＝45×80%×75%＝27（萬美元）
②待評估設備的 CIF 價格＝27+27×0.5%+27×5%＝28.49（萬美元）
③進口關稅＝28.49×10%＝2.85（萬美元）
④增值稅＝（28.49+2.85）×17%＝5.33（萬美元）
⑤銀行手續費＝28.49×0.5%＝0.14（萬美元）
⑥國內運雜費及安裝調試費＝（28.49+0.14）×3%＝0.86（萬美元）
⑦該進口設備的重置全價＝28.49+2.85+5.33+0.14+0.86＝37.67（萬美元）＝234.87（萬元人民幣）

二、確定機器設備的有形損耗和無形損耗

（一）測算機器設備的實體性貶值

機器設備的實體性貶值即機器設備的有形損耗，是指由於機器設備使用磨損和自然損耗造成設備在實物形態上的貶值。實體性貶值與機器設備重置成本的比率為實體性貶值率，即機器設備的有形損耗率，與機器設備的成新率互為余數，二者都是表示機器設備新舊程度的比率，二者的關係用公式表示為：

$$成新率＝1-實體性貶值率$$

或

$$實體性貶值率＝1-成新率$$

通過機器設備實體性貶值率或成新率的確定，就可以測算出機器設備的實體性貶值。用公式表示為：

$$實體性貶值＝重置成本×實體性貶值率$$

或

$$實體性貶值＝重置成本×(1-成新率)$$

通常採用觀測分析法、使用年限法及修復費用法確定機器設備的成新率。

1. 觀測分析法

觀測分析法是評估人員通過對機器設備實物進行現場觀察和技術檢測及鑒定，並綜合分析機器設備的技術狀態、使用和維護情況以及設備工作環境和條件等因素，測算機器設備成新率的方法。觀測分析法不是評估人員單純根據設備外觀的新舊程度推算成新率，而是配合工程技術人員根據機器設備的內在性能和技術狀態確定成新率，因此真實而可靠。

2. 使用年限法

使用年限法是採用機器設備的尚可使用年限與設備的總使用年限之比來確定機器設備的成新率。用公式表示為：

$$成新率 = \frac{設備的尚可使用年限}{設備的總使用年限}$$

或

$$成新率 = \frac{設備的總使用年限 - 設備的已使用年限}{設備的總使用年限}$$

其中，設備的已使用年限是根據設備的帳面使用時間以及設備的技術檢測、鑒定而確定的實際已使用年限；設備的尚可使用年限是指設備的剩余使用壽命；設備的總使用年限是指設備的使用壽命，表現為設備的已使用年限和設備的尚可使用年限之和。

3. 修復費用法

修復費用法是根據修復磨損的設備至全新狀態的費用與設備的重置成本之比確定設備的實體性貶值率，進而推算設備的成新率。用公式表示為：

$$成新率 = 1 - \frac{設備的修復費用}{設備的重置成本}$$

其中，設備的修復費用指修復設備的有形損耗而支出的費用，不包括對設備進行技術更新和技術改造的支出。

(二) 測算機器設備的功能性貶值和經濟性貶值

機器設備的無形損耗包括機器設備的功能性貶值和經濟性貶值兩部分。其中，機器設備的功能性貶值是指由於技術進步因素而造成待評估機器設備技術落後，從而引起的設備貶值；機器設備的經濟性貶值是指由於設備外部因素而引起的設備貶值。

1. 測算機器設備的功能性貶值

機器設備的功能性貶值有兩種表現形式，可以用設備超額投資成本和設備超額營運成本來表示。

（1）設備超額投資成本形成的功能性貶值。由於技術進步，重新購置或建造與原設備功能相同或相似的新設備的費用低於原設備的購置或建造費用，二者之差為設備超額投資成本，體現出設備的功能性貶值。用公式表示為：

功能性貶值 = 設備復原重置成本 - 設備更新重置成本

在實際評估工作中，如已使用更新重置成本評估機器設備的淨值，則無須考慮設備超額投資成本引起的功能性貶值，應計算設備超額營運成本形成的功能性貶值。

（2）設備超額營運成本形成的功能性貶值。由於技術進步，原設備與類似的新設備相比，性能落後致使營運成本增加，形成設備超額營運成本，體現出設備的功能性貶值。用公式表示為：

$$\begin{matrix}功能性\\貶\quad值\end{matrix} = \begin{matrix}設備年超額\\營\ 運\ 成\ 本\end{matrix} \times (1 - \begin{matrix}所得稅\\稅\ \ 率\end{matrix}) \times \begin{matrix}待估設備剩餘使用年\\限內的年金現值系數\end{matrix}$$

或

$$\begin{matrix}功能性\\貶\quad值\end{matrix} = \begin{matrix}設備年淨超額\\營\ 運\ 成\ 本\end{matrix} \times \begin{matrix}待估設備剩餘使用年限\\內的年金現值系數\end{matrix}$$

2. 測算機器設備的經濟性貶值

機器設備的經濟性貶值是由於設備本身以外的因素而造成的貶值，如原材料供應緊張、市場競爭激烈、產品銷售困難、政府政策影響等引起設備使用不充分甚至閒置以致收益額減少。當設備使用基本正常時，不計算經濟性貶值。

設備的經濟性貶值一般是從設備的重置成本中扣減設備的實體性貶值和功能性貶值，再將差額價值乘以經濟性貶值率。用公式表示為：

$$\begin{matrix}經濟性\\貶\quad值\end{matrix} = (\begin{matrix}設\quad備\\重置成本\end{matrix} - \begin{matrix}實體性\\貶\ \ 值\end{matrix} - \begin{matrix}功能性\\貶\ \ 值\end{matrix}) \times \begin{matrix}經濟性\\貶值率\end{matrix}$$

式中，經濟性貶值率 $= 1 - (\dfrac{待估設備被利用的生產能力}{該設備設計生產能力})^{\alpha}$，$\alpha$ 為設備的規模經濟效益指數，取值為 0.6~0.7。

如果能夠預計設備由於外部因素引起的收益額損失，可採用下列公式，直接計算設備的經濟性貶值。

$$\begin{matrix}經濟性\\貶\quad值\end{matrix} = \begin{matrix}設備年收益\\損\ \ 失\ \ 額\end{matrix} \times (1 - \begin{matrix}所得稅\\稅\ \ 率\end{matrix}) \times \begin{matrix}設備繼續使用期間\\的年金現值系數\end{matrix}$$

在實際評估工作中，是否對機器設備的功能性貶值和經濟性貶值進行單獨測算，取決於在設備重置成本和成新率的計算中是否已扣除了這些貶值。因此，應根據不同情況區別對待，以避免評估中出現重複或遺漏的情況。

第四節　機器設備評估中的其他方法

機器設備評估主要採用成本法，在一定的條件下，市場法、收益法及清算價格法也可以用於機器設備評估。

一、市場法在機器設備評估中的應用

機器設備評估中的市場法是指在市場上選擇三個或三個以上與待估機器

設備相同或相似的設備作為對比參照物，根據設備參照物在近期的市場交易價格，針對影響價格變動的主要因素，通過待估機器設備與參照物進行價格差異的對比分析，將功能差別、時間差別、區域差別及其他主要差別逐一進行修正或調整，然后綜合確定被估機器設備的評估值。

如果具有一個較發達的設備交易市場，並且能在市場上尋找到若干具有可比性的類似設備參照物的交易價格及相關資料，採用市場法評估機器設備價值，是一種普遍的、便捷的、合理的評估方法。如果缺乏具有可比性的設備參照物或難以掌握參照物的有關市場資料，此時，運用市場法評估時，則有失公允，不僅不恰當，而且不合理。

二、收益法在機器設備評估中的應用

機器設備評估中的收益法是通過測算待估機器設備未來的預期收益並折現來評估機器設備價值的一種方法。

對於具有獨立生產能力和獲利能力的成組配套的設備、專門的生產線以及獨立作業的設備等，適合採用收益法評估設備的價值；相反，單臺、單件設備往往不具有獨立的獲利能力，難以量化預期收益，因而不適宜採用收益法加以評估。

三、清算價格法在機器設備評估中的應用

機器設備評估中的清算價格法是指以非正常交易市場上拍賣機器設備得到的變現價值來確定設備評估價值的一種方法。清算價格由於受到變現時間限制，其評估價格一般低於公開交易市場上的現行市價。

以破產清算、解散清算、設備抵押等為目的的機器設備評估，需要迅速變現而處理設備，包括清理不需用和閒置的設備，淘汰落后設備等，此時，適宜採用清算價格法評估機器設備價值。

第七章　流動資產評估

第一節　流動資產評估的範圍及程序

流動資產是指企業在生產經營活動中，可在一年或一個經營週期內變現或耗用的資產，包括貨幣資金、應收及預付款項、交易性金融資產、存貨和其他流動資產等。

（1）貨幣資金，包括現金、銀行存款及其他貨幣資金。

（2）應收及預付款項，包括應收票據、應收帳款、其他應收款、預付貨款等。

（3）交易性金融資產，是指企業主要是出於近期內出售、回購或贖回等交易目的所持有的債券投資、股票投資、基金投資等金融資產。例如，企業以賺取差價為目的從二級市場購入的股票、債券和基金等。

（4）存貨，指企業在生產經營過程中為銷售或耗用而儲備的資產，包括商品或產成品、在產品以及各類原材料、燃料、包裝物、低值易耗品等。

（5）其他流動資產，指除上述流動資產之外的流動資產。

一、流動資產的特點及其分類

（一）流動資產的特點

1. 週轉快，流動性好

流動資產在企業的生產經營過程中依次經過購買、生產、銷售三個階段，並分別採取貨幣資產、儲備資產和成品資產等形態，經過一個生產經營週期，其價值全部轉移到所形成商品中去，然后從營業收入中得到補償。

2. 存在形態多樣化

流動資產的存在形態多種多樣，在企業生產經營過程中流動資產以貨幣形態、儲備形態、生產形態、成品形態及結算形態等多種形態存在。而流動資產的實物形態更是種類繁多，不同行業的企業中流動資產的實物形態千差萬別，即使在同一行業中，不同類型企業流動資產的實物形態也差別很大。

流動資產的存在形態可歸結為四種類型：實物類流動資產，包括材料、在產品、產成品；債權類流動資產，包括應收帳款、預付款、預付費用、應收票據、交易性金融資產；貨幣類流動資產，包括現金、各項存款；其他流動資產。

3. 具有較強的變現能力

流動資產週轉速度快、流動性好，也決定了流動資產的變現能力強，各種流動資產可以在較短的時間內出售和變現。從流動資產變現的快慢排序來看，貨幣資金本來就是隨時可用的資金，可以交易的有價證券也可以隨時變現，其次是可在短期內變現的債權性資產和短期內出售的存貨，最后是生產加工過程中的在製品及準備耗用的物資。

(二) 流動資產的分類

企業流動資產品種繁多，形態各異。為了便於對流動資產的評估，必須對其進行合理的分類。依據不同的分類標準，可將流動資產作如下分類：

1. 按照流動資產在企業生產經營活動中的形態和作用的不同，流動資產可分為儲備資產、生產資產、成品資產、結算及貨幣性資產

(1) 儲備資產。它是指從購買到投入生產為止，處於生產準備階段的資產，包括原材料及主要材料、輔助材料、燃料、修理用備件、低值易耗品、包裝物、外購半成品等。

(2) 生產資產。它是指從投入生產到產品入庫為止，處於生產過程中的流動資產，包括在產品、自製半成品、待攤費用等。

(3) 成品資產。它是指從產品入庫到出售為止，處於產品待銷過程中的流動資產，包括產成品、準備銷售的半成品、外購商品等。

(4) 結算及貨幣性資產。它包括發出商品、銀行存款、現金、應收帳款、應收票據等。

2. 按流動資產取得或重置時金額是否固定，流動資產可分為貨幣性流動資產和非貨幣性流動資產

(1) 貨幣性流動資產。貨幣性流動資產的價值表現為一個固定的金額，評估時無須考慮物價變動的影響和貨幣購買力變化的影響，包括上述結算性資產和貨幣性資產。

(2) 非貨幣性流動資產。在物價變動的情況下，非貨幣性流動資產價值不固定，將隨著物價水平的升降而變動。因此，評估時必須考慮物價變動因素對其價值的影響。它包括上述儲備資產、生產資產、成品資產。非貨幣性流動資產是流動資產評估的重點。

3. 按對流動資產管理方式的不同，流動資產可分為定額流動資產和非定額流動資產

（1）定額流動資產。它是流動資產的基本部分，其中包括處於儲備過程中的原材料、輔助材料，處於生產過程中的在產品、自製半成品以及處於流通過程中的產成品等。

（2）非定額流動資產。非定額流動資產包括結算資產和貨幣性資產。

4. 按流動資產所處領域的不同，流動資產可分為生產領域的流動資產和流通領域的流動資產

（1）生產領域的流動資產。它包括原材料、輔助材料、低值易耗品、包裝物、在產品及自製半成品等。

（1）流通領域的流動資產。它包括產成品、購銷過程中的結算資金和貨幣資金等。

5. 根據適用的評估方法的不同進行分類，可將流動資產分為三大類

第一類是存貨，又可稱有實體形態的流動資產；第二類是貨幣；第三類是應收帳款、應收票據、交易性金融資產等沒有物質實體的流動資產。對第一類流動資產的評估，重置成本法、現行市價法和清算價格法均可採用。第二類流動資產的帳面價值本身就是現值，不需用特殊的方法進行評估，僅需對外幣存款按評估基準日的外匯匯率進行折算。第三類流動資產的評估只適用清算價格法，即按可變現值進行評估。

上述資產都可作為流動資產評估對象，但並不是所有的流動資產都能列為評估對象，如下列的流動資產就不能列為評估對象，因為下列流動資產的所有權不屬於企業。

（1）承接代客加工，客方（委託方）交來的材料、半成品。

（2）外單位委託本企業代銷、承銷、代管或寄存本企業的材料、產品、商品。

（3）借入材料、包裝物、商品。

（4）已開出發貨票，但在評估基準日，企業仍存在的已銷未提的材料、產品、商品，以及銷貨退回待返工、待退換的產品、商品。

（5）租入的包裝物（若租期已過，暫付押金已被沒收，應列入評估盤存數）。

（6）錯發到本企業或來源不明的材料。

二、流動資產評估的特點

流動資產評估，是指由專門的資產評估機構根據資產評估的目的、原則，依照法定標準和程序，應用相應的方法，對被評估流動資產的數量、價值做出合理的評定和估算。

流動資產的特點直接反應在流動資產的評估上，並影響著流動資產評估工作的順利進行。與固定資產相比，流動資產在週轉方式、存在形態等方面具有明顯的區別。這些特點使得流動資產評估具有如下特點：

（1）選準評估基準日。因流動資產快速週轉、流動性的特點，要求在評估流動資產時，必須合理確定評估時點。要求評估時點盡可能與流動資產估價結論利用的時點一致。資產評估是評定其某一時點上的價值，而又不可能人為地停止企業流動資金的運轉。因此，所選評估基準日應盡可能在會計期末，這樣可以充分利用企業會計核算資料，提高評估的準確性和評估工作效率。必須嚴格在規定時點上進行資產清查，確定評估資產數量，避免出現重複登記或遺漏現象。在資產評估實務上對流動資產的評估採取三種處理方式：①選擇評估利用期或生效期相鄰近的時點作為評估基準日，盡可能保證基準日與生效期相一致。②在資產業務生效期之前組織資產評估，對在評估基準日以後的流動資產增減變化作嚴格、規範的記錄、核算，在實際開展資產業務時加以調整原評估價。③在預先進行的資產評估時對流動資產不作細緻的評估，只是根據企業清理盤點后的帳戶，以流動資產帳面數扣除流動負債的餘額作為營運資本，匯總到企業資產評估值之中。

（2）由於流動資產流動性好，幾種估價標準的差異較小。較好的流動性使流動資產的變現價格、清算價格與重置價格基本上統一於一個十分活躍的生產資料市場，儘管價格可能還有差異，但差異的原因主要不是市場性質的區別，而是來自價格標準本身構成的區別，因而差異的幅度就小得多。

（3）對企業會計核算資料的依賴度高。由於流動資產種類繁多，數量很大，且處在快速週轉之中，在評估時，不可能對全部的流動資產逐一進行清查盤點，許多價格要素也不可能一一通過市場去瞭解。很多情況是以企業的會計帳表的有關數據資料為依據，並經過抽查、核實，對企業會計帳表的有關資料進行可用性判斷，在此基礎上確定評估時日流動資產的實有數量及價值量。當然，如果通過分析判斷認為企業會計帳表上的數據資料不全面、不真實、不可靠，不能直接運用。

（4）流動資產評估是單項評估。它是以單項資產為對象進行的資產評估，如對原材料、在產品等分別進行評估。因此，不需要以其綜合獲利能力進行綜合性價值評估。

（5）對流動資產進行評估時，既要認真進行資產清查，又要分清主次，掌握重點。為保證評估結果的準確性，評估之前必須認真進行資產清查，否則會影響評估結論的準確性。因流動資產的數量多、種類多、清查工作量大，所以清查時，應考慮評估的時間要求和評估成本。清查採用的方法有抽查、

重點清查和全面清查。在實際評估中要根據不同的企業的生產經營特點和流動資產分佈的情況，對評估資產分清主次，選擇不同的方法進行清查和評估。

三、流動資產評估的程序

為了提高評估工作效率，使流動資產評估工作有條不紊地進行，並確保評估結果的客觀、準確、可靠，就必須有一個科學合理的評估程序。根據流動資產評估的特點，結合流動資產的評估實踐，我們給出如下的流動資產評估的一般程序，其操作流程見圖7-1。

```
┌─────────────────────────────────────┐
│ 確定評估對象、評估範圍和評估時點      │
└─────────────────────────────────────┘
              ↓
┌─────────────────────────┐
│ 核實被評估流動資產        │
└─────────────────────────┘
              ↓
┌─────────────────────────────────────┐
│ 實物形態流動資產的質量檢測和技術鑒定  │
└─────────────────────────────────────┘
              ↓
┌─────────────────────────┐
│ 市場調查預測和資信調查    │
└─────────────────────────┘
              ↓
┌─────────────────────────┐
│ 流動資產的評定估算        │
└─────────────────────────┘
              ↓
┌─────────────────────────┐
│ 編制評估報告              │
└─────────────────────────┘
```

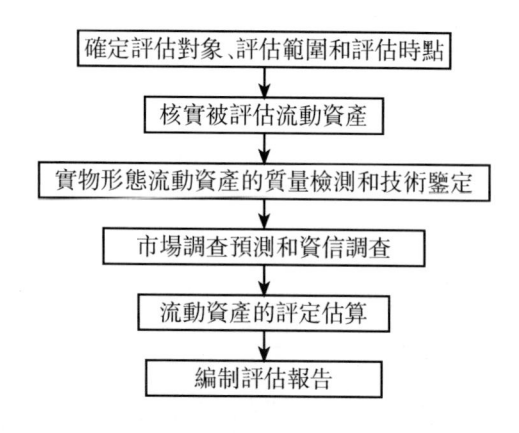

圖 7-1　流動資產評估流程圖

(一) 確定評估對象、評估範圍和評估時點

為了保證評估質量和提高評估效率，在進行流動資產評估前，要認真確定評估對象和評估時點。首先，要對被評估資產劃清流動資產與非流動資產的界限，以流動資產作為評估對象。其次，根據資產評估的目的和有關經濟活動的類型劃定評估範圍，對發生聯營、合資、合營、股份制改造等經濟活動的評估，應以其投入的全部流動資產為評估範圍；對發生企業解散、破產、清算等經濟活動的評估，應以企業所擁有的全部流動資產為評估範圍。最後，確定合理的評估時點（即評估基準時間），並以這一時點下的流動資產形態、價格作為評估的依據。評估對象和評估範圍應根據經濟活動所涉及的資產範圍而定。同時應做好以下工作：第一，鑒定流動資產。弄清被評估流動資產範圍，必須注意劃清流動資產與非流動資產的界限，防止將不屬於流動資產的機器設備等作為流動資產，也不得把屬於流動資產的低值易耗品等作為非流動資產，以避免重複評估和遺漏評估。第二，查核待評估流動資產的產權。企業中存放的外單位委託加工材料、代保管的材料物資等，儘管存在於該企

業中，但不得將其列入流動資產評估範圍。此外，根據國家有關規定，抵押後的資產不得用於再投資，如該企業的流動資產已作為抵押，則不能將其再轉讓或投資，這類流動資產也不得列入評估範圍。第三，對被評估流動資產進行抽查核實，驗證基礎資料。一份準確的被評估資產清單是正確估價資產的基礎資料，被估資產的清單應以實存數量為依據，而不是以帳面記載情況為標準。

(二) 核實被評估流動資產

流動資產評估的基礎資料是委託方提供的被評估資產清單。評估機構在收到被評估資產清單後，應對清單所列資產進行全面清查或局部抽查，核實清單所列資產與實有資產是否相符。

對需要評估的存貨進行核實，主要是核查各種存貨的實存數量與清單所列數量是否一致。如果在清查或抽查中發現短缺或溢出，應對清單進行調整；如果清單所列數量嚴重失實，應要求委託方重新組織清查工作，重新編製被評估資產清單。

對需要評估的各類應收及預付款項進行核實，主要是核實有無錯記、重記或漏記的問題，在核即時可採取核對帳目以及與債務人進行函對的形式。

對需要評估的貨幣資產進行核實，主要是核實庫存現金和各種存款的實存金額。對於庫存現金，要通過清點方式核實實存金額；對於各種銀行存款，要通過銀行對帳單與企業銀行存款帳面余額核對的方式核實實存金額，如果委託方有外幣存款，可按當日的市場價折合為人民幣金額。

(三) 實物形態流動資產的質量檢測和技術鑒定

對企業需要評估的原材料、在產品、半成品、產成品、庫存商品等實物形態的流動資產，在核實數量之後，還應進行質量檢測和技術鑒定，以確定它們的技術狀況和質量等級，並將其檢測鑒定結果與被評估資產清單的記錄進行核對。對各類存貨的技術質量檢測，可由評估人員會同被評估企業的有關技術人員和管理人員進行。在進行技術質量檢測時，重點應放在那些有時效要求的各類存貨，如有保鮮期要求的食品，有有效期要求的藥品、化學試劑等。

(四) 市場調查預測和資信調查

在市場經濟體制下，企業各種存貨的銷路和價格水平，直接受到供求關係、消費心理、產品技術水平等因素的影響，而各種存貨的銷路和價格水平，又直接影響存貨的變現情況。因此，評估人員要對被評估存貨的市場行情進行調查分析，預測市場的變化趨勢，並在此基礎上對存貨變現的可能、變現

的時間、變現的費用和變現的風險作出基本的判斷，為評估作價提供必要的依據。

同時，要對企業的債權、票據、發出商品的基本情況進行調查分析。根據對被評估企業與債務人經濟往來活動中的資信情況的調查分析，確定這部分債務、票據等回收的可能性、回收的時間、回收時將要發生的費用和風險，並調查分析大宗發出商品的情況。這項工作可以同核實債權、債務、清查帳外資產一併進行。

(五) 流動資產的評定估算

在對流動資產進行清查核實和對存貨市場進行分析預測的基礎上，應根據評估目的和不同種類流動資產的特點，選擇適應的方法對流動資產進行評估。對於實物類流動資產可以採用市場法和成本法評估，對存貨中價格變動較大的要考慮市場價格，對買入價較低的要按現價調整，對買價提高的除考慮市場價格外，還要分析最終產品價格是否能夠相應提高，或存貨本身是否具有按現價出售的現實可能性。對貨幣類流動資產，其清查核實后的帳面價值本身就是現值，不需採用特殊方法進行評估，只是應對外幣存款按評估基準日的國家外匯牌價進行折算。對債權類流動資產只適用於按可變現值進行評估。對其他流動資產，應分別不同情況，其中有物質實體的流動資產，則應視其價值情形，採用與機器設備相同的方法進行評估。

(六) 編製評估報告

對各項評估結果進行匯總分析，並與被評估企業有關人員進行討論，對評估結果的初步意見進行必要的調查，產生綜合性結論，據此來編製評估報告。如果是流動資產作為企業資產評估的一部分進行評估，可不做單獨的評估報告，但應對有關情況進行說明。特別是對企業待處理流動資產的情況，應在評估報告中單獨列示，並註明資產占用單位需辦妥的有關手續。

第二節　流動資產評估的原則及依據

一、流動資產評估的原則

由於流動資產存在形態的不同，評估時的價格標準也有所不同，為了公正、客觀地得出評估結論，評估時應遵循以下原則：

(一) 評估目的、評估假設與評估方法相匹配

在流動資產評估中，依然運用到以下假設：

（1）繼續使用假設。在中外合資、合作、聯營等過程中發生的產權變動或產權轉移，被評估企業仍維持原有的生產經營範圍和經營方式，或在不改變原生產經營方式和範圍的情況下進一步擴大規模，被評估流動資產在今後的生產中繼續按原預定用途使用。在這種前提條件下，選用重置成本法比較適宜。

（2）公開出售假設。即在合作、聯營、兼併過程中發生產權轉移或產權變動時，被評估企業的生產經營範圍和方式可能會改變，原有的生產經營規模可能大大縮小，未來的生產經營對被評估流動資產的需求量將大量減少或根本不需要。評估這種多余或不需要並準備通過市場調劑的流動資產，應選用現行市價法進行評估。

（3）強制清償假設。在破產清理過程中發生的流動資產，一般來說對產權接受方根本無使用價值，出於償還債務等考慮，需將這些資產變現，被評估資產要在限定的期限內在市場出售，在這種情況下，應選擇清算價格法。

（二）根據不同種類流動資產的特點選用適當的評估方法

從評估的角度來看，可將流動資產劃分為四大類：第一類是存貨，又可稱之為有實體形態的流動資產，包括企業庫存原材料、輔助材料、產成品、修理用配件、產成品、在製品、低值易耗品以及商業企業的庫存商品、陳列品等；第二類是貨幣，包括企業的庫存現金、銀行存款（包括人民幣存款和外幣存款）；第三類是應收帳款、應收票據、發出商品等沒有物質實體的流動資產；第四類為其他流動資產。

對第一類流動資產的評估，重置成本法、現行市價法、清算價格法均可採用。而第二類資產的帳面價值本身就是現值，無須採用特殊的方法進行評估，只是外幣存款需按評估當日的國家外匯牌價進行折算。第三類流動資產的評估只適用清算價格法，即按可變現價值進行評估。第四類流動資產的評估應根據不同的情況採用不同的處理方法，其中有物質實體的在用模具等，因其價值較高，評估的方法與機器設備的評估方法相同。

二、評估計價的依據

對原材料、輔助材料、修理用配件、低值易耗品、包裝物等各類存貨的評估，應以其質量狀態為基礎，充分考慮不同等級存貨的市場價格水平、購進過程中支出的各種合理稅費、存量大小、庫存週期的長短以及資產變現風險的大小等，並以此作為評估中的計價依據。

對在生產經營過程中改變其原有形態的流動資產的評估，應以資產實際技術等級狀態為基礎，或以重置同類資產的社會平均成本為評估計價的依據；

或根據市場供求情況、價格及其變動趨勢，同時考慮資產變現的風險，選擇合理可行的市場價格為評估中的計價依據。

對非實物性流動資產的評估，應以其可收回的變現價值和變現風險作為評估中的計價依據。

第三節　實物類流動資產評估

實物類流動資產包括各種材料、在產品、產成品及庫存商品等。實物類流動資產評估是流動資產評估的重要內容。

一、儲備資產的評估

(一) 儲備資產的構成

儲備資產是指從購買到投入生產為止處於生產準備階段的流動資產，是構成被評估企業流動資產最重要的內容。儲備資產主要包括：

(1) 原料及主要材料，是指經過加工后能夠構成產品主要實體的各種原料、材料以及由外部購入的半成品。

(2) 輔助材料，指用於生產，有助於產品形成，但不構成產品主要實體的各種材料。

(3) 燃料，指工藝技術過程和非工藝技術過程中用的燃料。

(4) 修理用備件，指為修理本企業機器設備和運輸工具用的各種備件。

(5) 包裝用品，指為包裝本企業產品，並準備隨同產品一同出售或租借給購貨單位使用的各種包裝物品和容器。

(6) 低值易耗品。

(二) 儲備資產評估的評估步驟

儲備資產的特點是品種多、金額大，而且性質各異，計量單位、計價、購進時間、自然損耗等情況也各不相同。根據庫存材料的特點，評估時可按下列步驟進行：

(1) 核查帳、表與實物數量是否相符，並查明有無霉爛、變質、毀損的材料，有無超儲呆滯的材料及尚可使用的邊角余料。

(2) 根據不同的評估目的和被評估資產的特點，選擇計價標準和評估方法。如在企業承包時的資產評估，由於資產的所有權不發生變動，一般可以採用重置成本法估算資產；當企業進行合資經營、股份經營、企業兼併及資

產出售等經濟活動時，資產的產權在不同的法人之間發生轉移，一般應用重置成本法、現行市價法來評估材料資產的價值；對破產企業的材料資產評估，一般應用清算價格法評估。當然，選擇方法並不是絕對的，應按照被評估對象的具體情況選用。

（3）運用企業庫存的 ABC 管理法，按照一定的目的和要求，對存貨排隊，分清重點，著重對重點資產進行評估。具體方法是：在一定類別的流動資產中，按照資產品種及占用資金的大小進行分類排隊，把它們分成 A、B、C 三大類。A 類資產品種少，占用資金多；B 類資產品種比 A 類多一些，占用資金比 A 類少一些；C 類資產品種繁多，占用資金少。在具體操作時，可以將 A 類流動資產作為評估重點，重點進行核實並重點調查整理有關價格資料，作出準確評估。對 B 類材料和 C 類材料，可以進行一次性的核實和評估。由此，可以大大減少核實和評估的時間，能夠使評估人員在評估中抓住主要問題，解決重點難點，同時忽略次要問題，提高流動資產的評估效率。

（三）儲備資產評估的基本方法

下面具體介紹各種儲備資產的評估方法。

1. 材料的評估方法

企業中的材料，可以分為庫存材料和在用材料。在用材料在再生產過程中形成產品或半成品，已不再作為單獨的材料存在，故材料評估是對庫存材料的評估。

材料包括企業外購的原材料、輔助材料、燃料、修理用備件及外購半成品等，是儲備資產的主要構成部分。材料處於生產經營過程中的生產準備階段，尚未改變其購進時的原有實物形態。在評估時應根據其購進時間的長短，採用不同的評估方法。

（1）近期購進材料的評估。近期購進的材料，庫存時間短，在市場價格變化不快的情況下，其帳面成本與現行市價基本接近，評估時可採用歷史成本法評估，也可採用市場法。評估公式為：

$$材料評估價值 = 材料帳面價值 - 損耗$$

[例] 某企業在評估時點的一個月前購進燃料 100 噸，單價為 150 元/噸，運雜費為 500 元；兩個月前購進生產配套件 200 件，單價為 120 元/件，運雜費為 150 元。資產評估時，經核實鑒定，尚有燃料 40 噸，生產配套件 100 件，沒有發現損耗。燃料和配件近期價格基本穩定。根據上述資料，則庫存材料的評估價值為：

燃料：40×（150+500÷100）= 6,200（元）

配件：100×（120+150÷200）= 12,075（元）

（2）近期購進、批次不同的庫存材料的評估。對這類材料，在批次價格波動很小、帳面價值基本接近市場價格的情況下，可以採用歷史成本法進行評估。評估時用材料明細帳的結存價值作為評估價值。材料核算常採用先進先出法、移動加權平均法、加權平均法。不同的核算方法，結存價值也不同。

（3）購進批次間隔時間長、價格變化大的庫存材料評估。在對這類材料進行評估時，可採用兩種方法：

一種是以最接近市場價格的那批材料的價格或直接以市場價格作為評估的計價標準。

［例］某企業與外單位聯營，要求對某種材料進行評估。該項材料在2015年1月10日購進100噸，單價為400元/噸，2015年12月10日又購進50噸，單價為560元/噸。2015年12月15日評估時，經核實年初購進材料尚存50噸，12月10日購進材料尚未使用。因此，需要評估材料的數量是100噸，價格可採用560元/噸計算，確定其評估值為：

材料評估值＝560×（50+50）＝56,000（元）

另一種是以統一的評估時點為基準日，利用物價指數對不同批次的原材料物資的帳面價值加以調整。計算公式為：

評估價值＝帳面價值×評估時物價指數÷取得時物價指數－損耗

［例］某企業庫存材料評估時帳面價值為540,000元，共分三批購進，第一批購進40,000元，當時物價指數為100%；第二批購進50,000元，當時的物價指數為140%；第三批購進450,000元，當時的物價指數為200%。資產評估時物價指數為180%。損耗不計。據此計算庫存鋼材的評估值。

第一批評估值：40,000×180÷100＝72,000（元）
第二批評估值：50,000×180÷140＝64,286（元）
第三批評估值：450,000×180÷200＝405,000（元）
庫存材料評估值合計＝72,000+64,286+405,000＝541,286（元）

（4）可以取得現行市場價格的庫存材料的評估。如果庫存材料購進時間長，該項材料價格變化較快，而又能取得同種材料的現行市場價格，則最好採用重置成本法評估，即按該材料的現行發票價格來確定評估值。評估公式為：

評估價值＝現行發票價格－損耗

（5）購進時間早、市場已經脫銷，沒有準確的市場現行價格的庫存材料的評估。對這類材料的評估，可以選擇下列三種評估方法之一進行。評估公式分別為：

①可以通過尋找替代品的現行價格變動資料來修正材料價格的評估方法。

評估公式為：

材料評估值＝庫存數量×替代品現行市價×替代品物價比較指數－損耗

②可以在市場供需分析的基礎上，確定該項材料的供需關係，並以此修正材料價格的評估方法。評估公式為：

材料評估值＝庫存數量×進價×市場供需升降指數－損耗

③可以通過市場同類商品的平均物價指數修正材料價格的評估方法。評估公式為：

材料評估值＝庫存數量×進價×同類商品物價指數－損耗

（6）超儲積壓材料的評估。超儲積壓物資是指從企業庫存原材料物資中清理劃出，需要進行處理的那部分流動資產。這類物資長期積壓在庫房，占用流動資金，並需支付銀行利息，有的還因長期積壓，受自然力侵蝕或保管不善而發生損耗，導致使用價值下降。

評估超儲積壓物資，首先應核實鑒定其數量和質量。然后區分不同情況：對於產權變動企業的資產評估，可以採用清算價格法進行；對於繼續生產經營，仍有可能使用的資產的價值評估，可以在原帳面基礎上，扣減各項損耗計算。公式為：

超儲積壓材料評估值＝超儲積壓材料帳面值×（1－調整系數）

（7）盤盈、盤虧或毀損材料的評估。盤盈材料由於沒有歷史成本資料，應採用重置成本法和現行市價法評估。若盤盈材料能取得同種材料現行市場價，則應以市場價計價來進行評估。

盤盈材料評估值＝盤盈材料數量×該種材料現行市場單價－損耗

若不能取得現行市價，則應以類似材料的交易價為參照進行評估。

盤盈材料評估值＝盤盈材料數量×類似材料交易價×(1+調整系數)－損耗

盤虧、毀損原材料不存在評估問題，但應從待評估材料申報額中將其扣除。

2. 低值易耗品的評估方法

低值易耗品是指單位價值在規定限額以下，或使用年限在一年以內的勞動資料。低值易耗品一般包括工具、管理用具、替換設備、勞動保護用品等。

低值易耗品在不少方面與固定資產相似。例如可以多次使用而不改變原有的實物形態，在使用過程中需要進行維護、修理，報廢時也有一定的殘值等。但由於其單位價值較低，也容易損壞，故在會計核算中歸入材料核算，並實行限期分次攤銷、五五攤銷和一次轉銷三種方法對其領用進行核算。

儘管財務上確定劃分固定資產與低值易耗品的標準，但不同行業對二者劃分卻不一樣。如作為服裝行業主要勞動資料的縫紉機，在機械行業中通常

作為低值易耗品看待。在評估中判斷是否為低值易耗品，原則上視其在企業中的作用而定。低值易耗品是特殊的流動資產，與一般的流動資產相比，具有週轉時間長、不構成產品實體等特點。這是做好評估的前提。

對低值易耗品評估時，可將低值易耗品分為在庫低值易耗品、在用低值易耗品和殘損無用、待報廢的低值易耗品，並採取不同的評估方法對三種類型的低值易耗品進行評估。

（1）在庫低值易耗品。在庫低值易耗品的評估方法與材料類存貨的評估方法類似，可根據具體情況分別採用歷史成本法、物價指數法、重置成本法或現行市價法進行評估。

①對於購進時間不長、市場價格變化不大的低值易耗品，可採用歷史成本法評估，即按帳面價值評估。

②對於購進時間較長、市價變化較大的低值易耗品，可採用物價指數法評估。

評估公式為：

評估價值＝帳面價值×資產評估時的物價指數÷資產取得時的物價指數

③對於購進時間較長、市價變化較大，但能知道市場近期交易價或特定物價指數的低值易耗品，可採用重置成本法評估。具體方法有：

第一，對能取得市場近期交易價的外購低值易耗品，可按其現行發票價格評估。

第二，對於企業可以自製的低值易耗品，可按購進材料價格加上加工費評估。

第三，對於可以取得特定物價指數的低值易耗品，可按特定物價指數調整帳面價值評估。

評估公式為：

評估價值＝帳面價值×資產評估時特定物價指數÷資產取得時特定物價指數

④對於購進時間較長、價格變動較大，而又不具備現行市場交易價格或特定物價指數的低值易耗品，可按市場類似資產的交易價格為參照資產來確定被評估資產的價值。

評估公式為：

評估價值＝低值易耗品數量×市場同類低值易耗品價格×（1±調整系數）

（2）在用低值易耗品的評估。在用低值易耗品的評估方法類似於固定資產的評估方法，也可根據不同情況採用歷史成本法、物價指數法、重置成本法或現行市價法進行評估。它與在庫低值易耗品評估的區別就在於，在用低值易耗品已發生了部分損耗，不能按原值評估，只能按淨值評估。

在評估工作中先評估低值易耗品的完全重置成本，然后分類計算出資產成新率，再計算低值易耗品的重置淨價。這種方法的關鍵是要合理確定低值易耗品的成新率。一般說來，成新率可按如下公式確定：

成新率＝（1－實際已使用月數÷估計可使用月數）×100%

對於分期攤銷進成本的低值易耗品，成新率也可根據如下公式確定：

成新率＝低值易耗品帳面淨值÷低值易耗品帳面原值×100%

由於多數單位對低值易耗品採用「五五攤銷法」，新舊程度很難從現有帳面上得到準確反應，因此，成新率可主要由評估人員通過經驗觀測方法予以確定。

成新率確定后，便可根據預先選定的評估方法對在用低值易耗品進行評估，如採用重置成本法，則在用低值易耗品可按如下公式進行評估：

低值易耗品評估價值＝市場現價×成新率

〔例〕某企業的某項低值易耗品購進時原價為400元，預計使用10個月，實際已使用6個月，該項低值易耗品現行市價為500元，則該項低值易耗品的評估值為：

500×(4÷10×100%)＝200（元）

（3）殘損無用、待報廢的低值易耗品的評估。該類低值易耗品的評估應根據技術鑒定結果和有關憑證，通過分析計算，以變現淨值確定評估值。

二、在產品、自製半成品的評估

在產品是指原材料投入生產后，尚未最后完工的產品，包括各生產階段正加工或裝配的產品，以及已經完成一道或幾道生產工序，還未完成整個生產過程，等待加工或裝配的庫存半成品。半成品分為自製半成品、外購半成品和對外銷售的半成品三種，屬於生產資產的僅是供企業內部使用的自製半成品。外購半成品被視同材料評估，對外銷售的半成品則被視同產成品評估。

對在產品的評估應注意以下幾個問題：①在產品變動頻繁，流動性大，其數量不易核實，要合理地選擇評估時點，力求核實準確。②在產品是未完工產品，在評估時應注意確定其完工程度。③注意企業的成本核算資料是否真實可靠，與同行業一般產品成本是否相一致，以及社會平均成本水平如何。這部分流動資產包括生產過程中的在製品及已完工入庫但不外銷售的半成品。對這部分流動資產評估時，基本上按照合理費用進行評估。具體方法有重置成本法和現行市價法，以下介紹兩種方法的運用。

（一）重置成本法

它是指根據技術鑒定和質量檢測的結果，按現行市場價格重置同等級在

產品及自製半成品所需投入合理的料工費計算評估值。這種方法適用於對繼續生產、銷售並且有盈利的在產品等的評估。具體評估方法有以下幾種：

1. 按價格變動系數調整原成本，計算評估值

對生產經營正常、會計核算水平較高的企業在產品的評估，可參照原始成本，根據評估日的市場價格變動情況，調整其重置成本。基本計算公式為：

某項在產品、自製半成品評估值＝原合理材料成本×(1+價格變動系數)
　　　　　　　　＋原合理製造費用×(1+合理製造費用變動系數)

評估可分以下幾個步驟進行：

（1）對被評估在產品進行技術鑒定，將其中的不合格在產品成本從總成本中剔除；

（2）分析原成本，將非正常的不合理費用從總成本中剔除；

（3）分析原成本中材料從其生產準備開始到評估日止市場價格變動情況，並測算出價格變動系數；

（4）分析原成本中製造費用從開始生產到評估日止無重大變動，是否作了調整，並測算出調整系數；

（5）根據上述數據調整原成本，確定評估值，必要時還要從變現角度修正評估值。

［例］被評估資產是某企業準備繼續生產的 A 系列產品，其他資料如下：

（1）該系列在產品帳面記錄到評估日止累計總成本為 250 萬元；

（2）根據技術鑒定，A 系列中有一種在產品 150 件報廢，帳面單位成本為 100 元/件，估計可收回的廢料價值為 1,500 元；

（3）A 系列在產品的材料成本占總成本的 60%，按其生產準備開始到評估日止有半年時間，根據市場價格看，同類材料在半年內上漲 10%；

（4）本期的在產品的單位產品費用偏高，主要系前期漏轉費用 6 萬元計入本期成本，其他費用半年內未發生變化。

試用價格變動系數調整原成本對該系列在產品進行評估。

A 系列在產品評估值為：

A 系列在產品的總成本	+250 萬元
減：廢品成本	−1.5 萬元
減：前期漏轉成本	−6 萬元
加：材料漲價增加的成本	+14.91 萬元

　　　　＝（250 萬元−1.5 萬元）×60%×10%

加：廢品殘值	+0.15 萬元
則：A 系列在產品評估值	257.56 萬元

2. 按社會平均工藝定額和現行市價計算評估值

它是指按重置同類的社會平均成本確定被估資產的價值。採用該方法對在產品評估需掌握以下一些資料：①被評估在產品的完工程度。②被評估在產品的有關工序的工藝定額。③被評估在產品耗用材料的近期市價。④被評估在產品在生產經營正常情況下的合理工時費用。其評估的基本公式為：

$$某在產品評估價值 = 在產品實有數量 \times \left(\frac{該工序單件}{材料工藝定額} \times 單位材料現行市價 + \frac{該工序累計}{單件工時定額} \times 正常小時工資費用 \right) \times \left(1 - 調整係數\right)$$

式中，工藝定額可按行業標準計算，若沒有行業統一標準，可按企業現行工藝定額計算；調整係數是為具有潛在變現風險的在產品而設置的，這種在產品市場前景難以捉摸，預計未來市場供求會變化，而該種在產品短期內又無法投入市場。該系數的大小依產品生命週期、供求關係等與變現風險有關的因素確定。

[例] 對某企業某種在產品進行評估，經清查核實有50件，每件鋼材消耗定額為150千克，該種鋼材的現行市場價格為2,000元/噸（2元/千克），在產品累計單位工時定額為100小時，每小時工資及附加費定額為0.50元，車間經費定額為0.60元，企業管理費定額為0.80元，燃料和動力定額為0.30元。

根據以上資料，則：

在產品評估值 = 50×[150×2+100×0.50+100×(0.60+0.80)+100×0.3]

　　　　　　 = 50×(300+50+140+30)

　　　　　　 = 26,000(元)

3. 按在產品的完工程度計算評估值

在產品的最終形式為產成品，所以，計算確定在產品評估值，可以在計算產成品重置成本基礎上，按在產品完工程度來計算確定。計算公式為：

在產品評估值 = 產成品重置成本 × 在產品約當量（或在產品完工率）

在產品約當量、完工率可根據其完成工序與全部工序比例、生產完成時間與生產週期比例確定。當然確定比例時，應分析完成工序與其成本耗費的關係。

採用約當產量法時，需注意在產品的原材料成本。如果企業的材料在生產過程的第一道工序一次投入，則材料成本按照在產品的實際數量而不是按照約當產量計算；如果在產品的原材料不是一次投入，而是隨生產過程陸續

投入，則應將原材料成本調整為約當產量進行計算。

(二) 現行市價法

該方法按同類在產品和自製半成品的市場價格，扣除銷售過程中預計發生的費用后計算評估價。這種方法適用於因產品下馬，在產品和自製半成品只能按評估時的狀態向市場出售的情況。一般而言，被評估流動資產通用性強，能夠用於產品配件更換或用於維修，其評估價就較高，而對那些不繼續生產、又無法從市場調劑出的專用配件，只能按廢料回收價格進行評估。評估的基本公式為：

$$某在產品評估價值 = 該種在產品實有數量 \times 可接受的不含稅的單位市場價 - 預計銷售中發生的費用 + 某報廢在產品評估價值$$

$$= 可回收廢料的重量 \times 單位重量現行的回收價$$

若在調劑過程中有一定的變現風險，則需設立一個風險調整系數，計算可變現的評估價。

三、產成品的評估

產成品是指已經完成全部生產過程並已驗收入庫和已完工並經過質量檢驗但尚未辦理入庫手續的產品。它包括企業正常生產的產品、試製成功可以對外銷售的新產品和準備銷售的自製半成品等。

產成品評估應根據產成品的質量、變現的可能性及市場情況採取相應的評估方法。其適用的評估方法有兩種：重置成本法和現行市價法。

(一) 重置成本法

此方法主要適用於產權不變情況下的產成品評估。它是一種按在社會平均生產力水平下生產耗用物料的現行市價重置相同產品所需的成本來確定評估值的一種方法。評估的目的主要是正確反應資產價值及變動。根據具體情況，可分如下情況進行：

(1) 當評估基準日與產成品完工時間較接近，成本升降變化不大時，可直接按產成品帳面成本確定其評估值。公式為：

$$產成品評估值 = 產成品數量 \times 單位產成品帳面成本$$

(2) 當評估基準日與產成品完工時間相距較遠，製造產成品的成本費用變化較大時，產成品評估值可按以下兩個公式計算：

$$某產成品評估值 = 產成品實有數量 \times (合理材料工藝定額 \times 材料單位現行價格 + 合理工時定額 \times 單位小時合理工時工資費用)$$

$$某產成品評估值 = 產成品實際成本 \times (材料成本比例 \times 材料綜合$$
$$調整系數 + 工資費用成本比例 \times 工資費用綜合調整系數)$$

評估時應注意第二種情況下的兩個基本公式適用於工業企業，不適用於商業企業。

[例] 對某企業進行資產評估，經檢查，該企業產成品實有數量為10,000件，根據該企業的成本資料，合理材料工藝定額為600千克/件，合理工時定額為25小時。評估時，由於生產該產成品的材料價格上漲，由原來45元/千克漲到50元/千克，單位小時合理工時工資費用不變，為20元/小時。根據上述資料，確定該企業產成品的評估值。

產成品評估值 = 10,000×（600×50+25×20）= 305,000,000（元）

[例] 某企業產成品實有數量為50臺，每臺實際成本為60元，根據會計資料，生產該成品的材料費用與工資、其他費用的比例為55：45，材料綜合調整系數為1.08，工資、費用綜合調整系數為1.06。確定該產成品的評估值為：

產成品的評估值 = 50×60×（55%×1.08+45%×1.06）= 3,213（元）

(二) 現行市價法

現行市價法是指按不含價外稅的可接受市場價格，扣除相關費用後計算被評估產成品價格的一種方法。此方法主要適用於產權變動情況下的產成品評估。

運用現行市價法評估產成品，在選擇市場價格時應注意考慮以下幾個因素：

(1) 根據對產品本身的技術水平和內在質量的技術鑒定，確定產品是否具有使用價值及實際等級，以便選擇合理的市場價格。

(2) 分析市場供求關係和被評估產成品的市場前景。

(3) 所選擇的價格應是在公開市場上形成的近期交易價格，非正常交易價格不能作為評估的依據。

(4) 聽取意見，掌握信息，正確判斷。

(5) 產品技術水平先進，但產品外表存在不同程度的殘缺時，可根據損壞程度，通過調整系數予以調整。

採用現行市價法評估產成品時，現行市價中包括了產品成本、稅金和利潤。既然是產成品，那麼一定存放於企業的倉庫中未出售，其價值尚未被社會承認，只有經過銷售過程，其價值才會實現。因此，採用現行市價法評估產成品價格時，如何處理未實現的利潤和稅金，就成為一個不可忽視的問題。對這一問題應作具體分析，應視產成品評估的特定目的即將發生的何種經濟

行為而定。若以產成品出售為目的的評估，應直接以現行市價作為其評估值，無須考慮銷售費用和稅金。因為任何低於市價的評估值，對於賣方來說都是不能接受的。另外，繳納增值稅的產成品，其銷項稅額向購方收取，並不構成產成品價格；買方支付給賣方的銷項稅額即為自身的進項稅額，所支付稅款只是二者的差額，這就意味著稅款的扣除。若對以投資為目的的產成品進行評估，則必須從市價中扣除各種稅金和利潤後，才作為其評估值。這是由於產成品在新的企業中按市價銷售後，流轉稅金和所得稅就要流出企業，追加的銷售費用也應得到補償；而且，產成品評估值折價後作為投資者權益，才具有分配收益的權利。

在實際評估工作中，對於產成品評估比較合理可行的辦法是通過分析市場上產品的供求關係，確定被評估產成品的銷售前景。對於十分暢銷的產品，根據其出廠銷售價格減去銷售費用和全部稅金確定評估值；對於正常銷售的產品，根據其銷售價格減去銷售費用、全部稅金和適當數額的稅後淨利潤確定評估值；對於勉強能銷售出去的產品，根據其銷售價格減去銷售費用、全部稅金和稅後淨利潤確定評估值。簡而言之，這種方法是扣除銷售費用和稅金，保留產品成本和合理比例的利潤。

［例］暢銷產品類評估：某企業生產 A 產品，帳面價值為 850,000 元。評估中，根據企業的會計資料以及評估人員的清查可知，評估基準日該種產品的庫存數量為 280,000 件，帳面單價為 3 元/件，銷售價為 4 元/件（含增值稅）。該產品的銷售費用率為銷售收入的 2%，銷售稅金及附加銷售收入的比例為 1.2%，利潤率為 15%。根據以上資料計算評估值為：

評估值＝庫存數量（不含稅出廠單價－銷售稅金－銷售費用－所得稅）

A 產品評估值＝280,000×(4÷1.17)×(1−2%−1.2%−15%×25%)

　　　　　　＝280,000×3.418,8×0.930,5

　　　　　　＝890,734（元）

第四節　債權類流動資產的評估

債權類流動資產包括應收帳款、預付帳款、應收票據、預付費用等。

一、應收帳款及預付帳款的評估

應收帳款和預付帳款主要指企業在經營過程中由於賒銷原因而形成的尚未收回的款項以及根據合同規定預付給供貨單位的貨款，企業與銀行之間由

於商品交易而發生的結算票據如支票、期票、匯票等。對債權類流動資產的評估應以其可變現收回的貨幣作為評估計價的依據。由於這部分流動資產存在回收風險，在估算時，一般應從以下兩個方面進行：一是清查核實應收帳款數額；二是判斷估計可能的壞帳損失。應收帳款評估值基本計算公式為：

應收帳款評估值＝應收帳款帳面價值－已確定壞帳損失－預計壞帳損失

(一) 確定應收帳款帳面價值

評估時可根據債權資產的內容進行分類，即將外部債權、機構內部獨立核算單位之間往來及其他債權分成幾類，並根據其特點和內容，採取不同的方法進行核實：①對外部債權，除帳表核對外，在條件允許的情況下應盡可能對外逐件證實債權關係是否存在，金額是否與企業提供清單吻合。②對機構內部獨立核算單位之間往來進行雙向核對避免重計、漏計及其他不真實的債權關係。③對預付貨款，重點應對貨已到尚未結清貨款的項目進行核對，避免將已到的貨物按帳外資產處理，重複計算資產價值。

(二) 確認已確定的壞帳損失

已確定的壞帳損失是指評估時債務人已死亡或破產倒閉而確實無法收回的帳款。對已確定的壞帳損失，應嚴格按照有關經濟合同法的有關條款進行處理。

(三) 確定預計壞帳損失

這實際上是對應收帳款變現可能性的判斷，一旦不能變現，應收帳款就可能列作壞帳損失。對應收帳款變現可能性的判斷方法有以下三種：

(1) 分類判斷法。該方法是根據企業與債務人往來的歷史和債務人信用狀況，分析應收款項支付或拒付的可能性，將應收款項分為可收回的、部分收回的及呆帳等幾類。如：①業務往來較多、對方結算信用好的，應收項目能夠百分之百收回，壞帳損失為零。②業務往來少、結算信用一般的，應收帳款收回的可能性很大，但回收時間不確定。③一次性業務往來，對方信用情況不太清楚的，應收帳款可能只能收回一部分。④長期拖欠或對方單位已撤銷，應收帳款可能無法收回的，百分之百為壞帳。

以上分類對應收帳款壞帳損失的可能性作了判斷，同時也為應收帳款壞帳損失定量分析作了準備。

(2) 壞帳估計法。壞帳估計法又稱銷貨或賒銷淨額百分比法。即按壞帳的比例，判斷不可收回的壞帳損失的數額。這種方法並不考慮有哪些應收帳款將會變成壞帳，壞帳比例的確定是根據以往經驗數據，即根據被評估企業前若干年的實際壞帳損失額與其應收帳款發生額的比例確定，然后用本期實

際應收帳款余額乘以此比例，就可計算出可能發生的壞帳損失。計算公式為：

$$估計壞帳比例 = \frac{評估前若干年發生的壞帳數額}{評估前若干年應收帳款余額} \times 100\%$$

評估時壞帳損失 = 評估時實際應收帳款余額 × 估計壞帳比例

當然，如果一個企業的應收項目多年不做清理，帳面找不到處理壞帳的數額，也就無法推算壞帳損失率，一般不能用這種方法計算。

［例］某被評估企業截至評估基準日止，核實后的應收帳款余額為156萬元，前五年的資料見表7-1。

表7-1　　　某企業前五年的應收帳款發生及壞帳處理情況

單位：萬元

年　份	應收帳款余額	處理壞帳額	備　註
第一年	120	18	
第二年	148	5	
第三年	140	10	
第四年	160	8	
第五年	152	20	
合計	720	61	

前五年壞帳占應收帳款的百分比 =（61÷720）×100% = 8.47%

評估時壞帳損失：156×8.47% = 13.2（萬元）

確定壞帳比率時，還應分析其特殊原因造成的壞帳損失，這部分壞帳損失產生的壞帳比率有其特殊性，不能直接作為未來預計損失計算的依據。

（3）帳齡分析法。帳齡分析法即按應收帳款拖欠時間的長短，分析判斷可收回的金額和壞帳。統計分析表明，應收帳款帳齡越大，發生壞帳損失的可能性越大。因此，可將應收帳款按帳齡的長短分成幾組，按組估計壞帳損失的可能性，進而計算壞帳損失的金額。帳齡分析法是按時間分類評估的方法，運用得比較普遍。

［例］某企業在評估時核實應收帳款879,000元，具體發生情況以及由此確定的壞帳損失情況見表7-2。

應收帳款評估值 = 879,000 − 139,120 = 739,880（元）

表 7-2　　　　　　　　　　帳齡分析壞帳損失表

拖欠時間	應收帳款余額（元）	預計壞帳率（%）	壞帳損失金額（元）
未到期	430,000	1	4,300
半年	154,000	8	12,320
1 年	132,000	20	26,400
2 年	98,000	45	44,100
3 年以上	65,000	80	52,000
合計	879,000		139,120

一般來說，應收帳款評估以后，帳面上的「壞帳準備」科目按零值計算，評估結果中沒有此項目。因「壞帳準備」科目是應收帳款的備抵帳戶，是按會計制度規定估計其可收回金額，然后將所估計的可收回金額與其帳面價值相比較，以確定是否需要計提減值準備。對應收帳款評估時，是按實際可收回的可能性進行分析的。因此，應收帳款評估值就不必考慮壞帳準備數額了。

二、應收票據的評估

票據是由出票人簽名，無條件地承諾以一定金額於指定日期付給收款人，或見票即付收款人的書面憑證。它包括期票和匯票兩種。

期票是債務人向債權人簽發的，承諾在約定期限支付一定款項給債權人的支付承諾書。期票分無息期票和有息期票兩種。有息期票到期除支付票面金額外，還應加付欠款期間的利息；無息期票一般是近期票據，只支付票面金額。

匯票是債權人向債務人簽發的，命令后者在約定期限支付一定款項給第三者或持票人的支付命令書。匯票包括商業匯票和銀行匯票兩種。根據承兌人的不同，商業匯票又分商業承兌匯票和銀行承兌匯票。中國的商業匯票不支付利息，可向銀行貼現，但不準背書轉讓；銀行匯票是由銀行簽發的一種匯款憑證，多由付款人寄給或自行帶給異地收款人，憑此收取貨款。

應收票據指企業持有的、尚未兌現的商業票據。它主要包括：顧客交來的自己簽發的本票；顧客交來的他人簽發的本票和匯票；企業本身簽發的，經付款人承兌的匯票。

由於票據有帶息和不帶息之分，所以對不帶息票據，其評估值即是其票面金額。對於帶息票據，應收票據的評估值應由本金和利息兩部分組成。

在實際評估工作中，應根據應收票據是否帶息與是否到期對下列幾種情況分別進行評估：

(1) 到期無息應收票據的評估。由於無息應收票據到期後，只按票面金額收回款項，所以其評估值等於票面金額。

(2) 到期有息應收票據的評估。到期有息應收票據的評估值，應在票面金額的基礎上加上利息。計算公式為：

　　應收票據評估值＝票據票面金額＋利息＝票據票面金額×（1＋利率）

[例] 某企業收到3個月期、年利率為6%、票面金額為10,000元的票據一張，試評估票據到期實際的價值。

　　應收票據評估值＝10,000×（1＋6%×3/12）＝10,150（元）

(3) 未到期無息應收票據的評估。未到期無息應收票據應以貼現收入作為票據的評估價值。所謂票據貼現，就是在票據未到期之前，收款人為獲得現款而向其開戶銀行貼付一定利息所做的票據轉讓。其計算公式為：

　　應收票據評估值＝票據到期價值－貼現息
　　　　　　　　＝到期價值×（1－年貼現率×貼現天數/360）

貼現天數＝到期天數－持票天數

[例] 某企業持有的應收票據為3個月期的無息票據，金額為10,000元，在持票30天時對其進行評估，貼現率為8%，則這張票據的評估值為：

貼現天數：90－30＝60（天）

到期價值＝10,000（元）

則應收票據評估值＝10,000×（1－8%×60÷360）＝9,866.67（元）

(4) 未到期有息應收票據的評估。未到期有息應收票據與未到期無息應收票據的區別在於前者到期價值應在票面金額的基礎上加上利息。

[例] 某企業收到120天到期的票據一張，票面金額為10,000元，年利率為9%，持票天數為30天，評估時銀行貼現率為7.2%，則票據的評估值為：

貼現天數＝120－30＝90（天）

到期價值＝10,000×（1＋9%×120/360）＝10,300（元）

應收票據評估值＝10,300×（1－7.2%×90/360）＝10,114.6（元）

與應收帳款相類似，如果被評估的應收票據在規定的時間尚未收回，應按應收帳款的評估方法，在分析調查其原因的基礎上，作為壞帳處理。

三、預付費用的評估

預付費用是指按照習慣的結算制度或合同規定對尚未提供的商品或勞務所預先支付的款項。換句話說，預付費用就是本期資金的預先支出。它表示已經付出等價報酬的商品或勞務尚未得到，預付費用之所以作為資產，是因

為這類費用在評估日之前企業已經支出，但在評估日之后才能產生效益。因而，可將這類預付費用看作未來取得服務的權利。

預付費用的評估主要依據其未來可產生效益的時間。如果預付費用的效益已在評估日前全部體現，只因發生的數額過大而採用分期攤銷的辦法，這種預付費用不應在評估中作價。只有在評估日之后仍將發揮作用的預付費用，才是評估的真正對象。在實際工作中，應從總額中按照一定比例扣除已經受益部分，以其余額作為該項資產項目的評估值。

[例] 對某企業進行資產評估，評估基準日為2015年7月1日。其中有關資料如下：①預付一年的保險費80,400元，已攤銷21,300元，余額為59,100元。②預付的房租租金為30,000元，已攤銷18,000元，余12,000元。根據租賃合同，始租時間為2013年7月1日，合同終止期為2016年7月1日。③該企業2014年引進一條生產線，對職工進行技術培訓的培訓費為26,000元，已攤銷4,500元，余21,500元。④企業以前年度應結轉因成本高而未結轉的費用18,900元。⑤尚待攤銷的低值易耗品余額為324,500元，企業的低值易耗品已同其他資產一起進行了評估。

評估人員根據上述資料進行評估：

（1）預付保險金的評估，根據保險金全年支付數額計算每月應分攤數額。

$80,400 \div 12 = 6,700$（元）

評估值 = $6,700 \times 6 = 40,200$（元）

（2）租入固定資產的評估。按租賃合同規定的租期和3年總租金計算，每年的租金為10,000元，租賃的房屋尚有1年使用權。

年攤銷租金 = $30,000 \div 3 = 10,000$（元）

評估值 = $10,000 \times 1 = 10,000$（元）

（3）職工技術培訓費的評估。由於該項待攤費用的作用期限難以界定估值，故以帳面余額為評估值，評估值為21,500元。

（4）以前年度結轉的費用的評估。這部分費用是應轉未轉費用，故評估值為零。

（5）低值易耗品評估。這部分費用在其他類型資產中已計算過，故評估值為零。

（6）確定評估結果：

評估值 = $40,200 + 10,000 + 21,500 = 71,700$（元）

第五節　貨幣資產及交易性金融資產的評估

一、貨幣資產的評估

貨幣資產包括現金和各項存款。這部分流動資產按其用途和存放地點，可分為以下幾種：

(1) 庫存現金。庫存現金是指企業財會部門為了日常零星開支所掌握的現款。

(2) 備用金。備用金是指企業財會部門撥付所屬部門用於日常零星開支、銷貨找零及收購農副產品的現金。

(3) 銀行存款。銀行存款是指企業存放在銀行的貨幣資金。

(4) 外埠存款。外埠存款是指企業到外地臨時或零星採購時，匯往採購地銀行開立採購專戶的款項。

(5) 信用證存款。信用證存款是指付款單位作為保證金將款項預先交存銀行的貨幣資金。

對於現金及各項存款等貨幣資產而言，不會因時間的變化而發生差異，因此嚴格地講不存在評估問題，所謂的評估實際上是對現金和各項存款的審核。具體做法是，首先通過清查盤點及銀行對帳，核實現金和各項存款的實有數額，然后以核實后的實有數額作為評估值。對於外幣存款，可按當時的國家外匯牌價折算成人民幣值。在對現金和各項存款審核時應重點注意下列問題：

第一，是否有「白條子頂庫」現象。如果出現這種情況，應該要求企業將「白條子」按財會核算要求，要麼健全手續，填製合法的會計憑證入帳，要麼退回「白條子」，現金返庫。對於按上述方法處理不了的，但又屬於必須發生的「白條子」，可視不同情況分別處理：①對於一些業務正常、真實合理的，只要手續齊全，可以視同「現金」頂替庫存；②凡不符合上述情況的，均視為「短庫」而從庫存數中核減，按實際庫存額確定評估值。

第二，企業編製的「銀行存款調節表」是否準確以及「未達帳項」的未達時間。在對企業各項存款審核時，可能會出現企業「銀行存款」帳戶數額與銀行存款對帳單數額不一致的情況，要求企業編製「銀行存款調節表」，看調整后銀行存款余額與調整后企業銀行存款余額是否一致。特別是對「未達帳項」要重點審核，如有些「未達帳項」的未達時間竟長達三年以上，其性質已發生了根本性的變化，已由原來的「未達帳項」變成了「壞帳損失」，

應從「存款」中予以扣除。

二、交易性金融資產的評估

交易性金融資產，是指企業主要是為了近期內出售、回購或贖回等交易目的所持有的債券投資、股票投資、基金投資等金融資產，例如，企業以賺取差價為目的從二級市場購入的股票、債券和基金等。

按會計準則有關規定，交易性金融資產按其公允價值計價。交易性金融資產的評估，對於公開上市交易的有價證券，可按評估基準日的市場收盤價為基礎來確定評估值。基本公式如下：

交易性金融資產有價證券評估值＝持有的有價證券數量×評估基準日市場收盤價

［例］某企業購入以賺取差價為目的的有價證券 B 股票 5,000 股，購入實際成本為 24,000 元。評估日市場收盤價為每股 5 元，則評估值為：

B 股票的評估值＝5,000×5＝25,000（元）

對不能公開上市交易的有價證券，可按其本金加持有期利息計算評估值。

第八章　無形資產評估

第一節　無形資產評估概述

一、無形資產的概念及其分類

(一) 無形資產的概念及特徵

根據 2009 年 7 月 1 日實施的《資產評估準則——無形資產》中的定義，無形資產是指特定主體所控制的，不具有實物形態，對生產經營長期發揮作用而且能帶來經濟利益的資源。無形資產一般包括專利權、非專有技術、商標權、版權、商譽、土地使用權、租賃權、特許經營權、生產許可證等。

無形資產的特徵表現在以下幾方面：

1. 無實體性

無形資產沒有物質實體，但作為一種經濟資源發揮作用又必須通過一定的物質載體直接或間接地表現無形資產的客觀存在，如土地使用權等。無形資產依託一定的實體，但其本身不是人們通過感官可感觸的實體，是一定物質形式背后深層次的東西。無形資產只存在無形損耗，不存在有形損耗。

2. 排他性

無形資產歸特定主體依法擁有和支配，法律嚴格保護特定主體的這種專有權利，其他任何主體不得非法享有這種權利。但是與有形資產不同，無形資產可以被多個主體同時使用。

3. 效益性

無形資產單獨不能獲得收益，必須附著於有形資產。無形資產與有形資產結合在一起才能創造收益。所以一個具有戰略眼光的企業領導者應把重點放在無形資產的開發與應用上。無形資產反應著企業發展的活力和勢頭，代表企業的高質量服務和水準，也使企業具有較高的盈利水平。無形資產是企業長期和較大盈利的主要源泉。

4. 不確定性

無形資產的不確定性主要是指影響無形資產作用的因素較多，且變動很大，使無形資產的有效期及有效期內究竟能產生多大效益很難判斷，其未來經濟效益具有較強的不確定性。

(二) 無形資產的分類

無形資產是企業資產的重要組成部分，為了準確地對無形資產價值進行評估，無形資產可按不同標準進行分類。

1. 按企業取得無形資產的渠道不同，無形資產可以分為自創的無形資產和外購的無形資產

自創的無形資產是企業自己研製創造和開發而成的，如自創專利、非專有技術、商標權、商譽等。外購的無形資產是由企業以一定代價從其他單位購入的，如外購專利權、商標權、土地使用權等。

2. 按有無法律保護，無形資產可分為法定無形資產和收益性無形資產

法定無形資產如專利權、商標權等受到國家有關法律的保護。收益性無形資產如非專利技術是無法律保護的。

3. 按可否確指，無形資產可分為可確指的無形資產和不可確指的無形資產

確指的標準是能否個別、單獨地取得。凡是那些具有專門名稱，可單獨地取得、轉讓或出售的無形資產，稱為可確指的無形資產，如專利權、商標權等。那些不可特別辨認、不可單獨取得，離開企業就不復存在的無形資產，稱為不可確指的無形資產，如商譽。

國外對無形資產分類的方法，從評估角度，按其內容可分為權利型無形資產、關係型無形資產、結合型無形資產和知識產權。從廣義的角度來看，可將無形資產分為銷售型無形資產、製造型無形資產和金融型無形資產。

目前，中國對無形資產存在多方面的認識，作為評估對象上的無形資產，包括了專利權、非專利技術、生產許可證、特許經營權、租賃權、土地使用權、礦藏資源勘探權和開採權、商標權、版權、計算機軟件、地質礦藏勘探成果資料等。

二、無形資產評估的特點

無形資產評估是指由專門的機構和人員，根據無形資產評估的目的，依據相關資料，遵循國家有關政策、法規以及適用的原則，按照一定程序，採用科學的評估標準和方法，對無形資產進行的評定和估算。無形資產評估與有形資產評估相比，具有下列一些特點：

（1）獨立性。無形資產評估的對象是單一的、特定的，因為每項無形資產都是個別形成的，其價值主要取決於自身的獨特性。所以對無形資產的評估必須從實際情況出發，單獨一項一項地進行評估。

（2）複雜性。無形資產的種類繁多，彼此之間可比性較低，而每次評估都需要對具體無形資產的性能、特點、經濟技術參數等作專門分析研究；加之各項無形資產受環境制約因素的影響也不同，必須根據實際情況予以修正和補充，這樣就增加了無形資產評估工作的複雜性，也給評估工作帶來較大困難。

（3）模擬性。無形資產評估工作量較大，僅僅用成本法來評估其價值是不夠的，需要根據大量的動態客觀市場數據，進行科學的預測和比較，從多方面考察無形資產的未來收益，在此基礎上評估無形資產的價值。

（4）動態性。無形資產評估是從動態的角度考察評估無形資產的價值。例如，一項專門技術發明后，隨著科學技術的進步，社會經濟環境的變化，都將影響到無形資產的價值。因此應對變化后的無形資產價值進行調整，這樣才能正確評估無形資產。

三、影響無形資產評估的價值因素

無形資產不具有物質實體，但能持續帶來經濟效益，這就決定了對無形資產的評估具有複雜性和艱難性。因此，要進行無形資產的評估，必須明確影響無形資產評估價值的因素。

1. 成本因素

無形資產同有形資產一樣，也具有成本。不過，其成本不像一般有形資產那樣清晰和易於計量。一般來說，無形資產可確指的成本有設計費、研製費、鑒定費、註冊登記費等。至於外購無形資產，其成本一般情況下也是可以確指的。

2. 機會成本因素

它主要指該項無形資產轉讓、投資、出售后失去市場和損失收益的大小。

3. 效益因素

效益因素包括經濟效益和社會效益。無形資產的經濟效益是無形資產使用後所具有的獲利能力。獲利越大的無形資產其價格就越高；反之，具有較小獲利能力的無形資產其價格也就越低。收益性是無形資產價值評估中比較重要的問題，而收益情況可以在勞動生產率、產品質量、產品成本、產品價格、銷售量、市場佔有率及增長率等方面的變化中得到體現。對這些變化，在無形資產評估時都需要作出分析和預測，以確定無形資產使用能給企業帶來多大效益。

無形資產的社會效益是無形資產使用后所產生的非貨幣效益。非貨幣效益會通過國家政策、法規影響無形資產的價值。如一項無形資產雖然會給企業帶來較大的經濟利益，但也會給社會帶來不良影響，像污染、噪音等，此種無形資產沒有價值。

4. 使用期限因素

無形資產使用期限的長短，意味著企業享有無形資產收益的長短，影響著無形資產的價值。無形資產越先進，其領先水平越高，使用期限越長。同樣的，無形資產的無形損耗越低，其使用期限越長。無形資產的使用期限取決於法律、合同、技術和產品的替代性，市場競爭狀況、技術的發展趨勢等。因此，對無形資產的期限評估，除考慮法律保護期限外，更主要的是考慮其具有實際超額收益的期限。

5. 技術成熟程度

科技成果的成熟程度直接影響到評估值。如果無形資產開發程度越高，技術越成熟，運用該項技術成果的風險越小，其評估值就會越高。因此，對成熟程度不太高的無形資產，在評估時，要正確估計其風險，合理確定其評估值。

6. 轉讓內容

無形資產轉讓有所有權轉讓和使用權轉讓。從所有權轉讓和使用權轉讓來看，所有權轉讓的無形資產評估值高於使用權轉讓的無形資產評估值。此外，在轉讓過程中有關條款的規定，都會直接影響到無形資產的評估值。

7. 市場供需狀況

對於出售、轉讓的無形資產，其評估值是隨市場需求的變動而變動的。市場需求量大，評估值高；市場需求量小，其評估值就低。同樣，無形資產的適用範圍廣，適用程度高，需求量大，評估值就高；反之，則評估值就低。

8. 價格支付方式

無形資產的價格支付方式有一次性支付和多次性支付。支付方式使轉讓企業所承擔的風險程度不同，從而影響著無形資產的價值。

四、無形資產評估的原則

1. 科學性原則

對無形資產評估離不開科學性原則，它要求對無形資產的評估真實、可靠、公正和嚴肅。根據無形資產具體評估的目的和對象，應遵循一定的工作程序，選擇可行的方法，制訂科學的評估方案，進行深入細緻的調查研究，廣泛收集各種資料，核查各種資料和數據，把定性分析與定量分析結合起來，

把握好關鍵的、重要的因素。

2. 適用性原則

無形資產評估要結合企業的實際情況和市場條件、經濟條件、社會條件等，綜合地考慮無形資產的價值。

3. 收益性原則

無形資產價值的基礎是能夠為企業在未來帶來經濟收益。因此，無形資產評估必須建立在可靠的經濟效益基礎上，對評估對象加以分析，以判斷其經濟效益。

4. 系統性原則

在正常生產經營條件下，企業的全部資產構成了一個較複雜的系統，無形資產構成企業全部資產有機整體的一部分。因此，評估無形資產時，應從系統論的觀點出發，正確評價無形資產的價值。

五、無形資產評估的程序

1. 明確無形資產評估的目的

無形資產評估可根據其目的來進行，因為無形資產發生的經濟行為不同，其評估的價值類型和選擇的方法就不一樣。具體目的有：無形資產轉讓、無形資產投資、企業破產清算、法律訴訟等。

2. 鑒定無形資產

這主要是證明無形資產的存在，確定無形資產的種類以及確定無形資產的有效期限。

3. 收集與無形資產評估相關的資料

根據《資產評估準則——無形資產》的規定，無形資產評估時需要收集以下資料：無形資產權利的法律文件、權屬有效性或其他證明文件；無形資產是否能帶來顯著、持續的可辨認經濟利益；無形資產的性質和特點；無形資產的法定年限和剩餘年限；無形資產的轉讓和交易情況；無形資產的評估範圍和獲利情況等。

4. 確定無形資產的評估方法

根據無形資產評估的情況不同，具體選擇收益法、成本法和市場法進行評估。

5. 整理和報告，作出無形資產評估的結論

根據《資產評估準則——無形資產》中的要求，無形資產評估完成後，需要形成無形資產評估報告書。

第二節　無形資產評估中的成本法

一、無形資產評估的基本方法

對無形資產進行評估，採用成本法評估的基本公式為：

無形資產評估值＝無形資產重置成本×成新率

根據上述公式可以知道，對無形資產的評估，主要取決於無形資產重置成本和成新率兩個因素。正確估算這兩個因素是科學確定無形資產評估值的關鍵。無形資產的重置成本是指現時市場條件下重新創造或購置一項全新無形資產所耗費的全部貨幣總額。根據企業取得無形資產的來源情況，無形資產可劃分為自創無形資產和外購無形資產。不同類型的無形資產，其重置成本構成和評估方式也不同，需要分別進行估算。

二、自創無形資產重置成本的估算

自創無形資產的成本是由創造該種資產所消耗的物化勞動和活勞動的費用構成。一般情況下，自創無形資產若有帳面價值，並且在全部資產中所占的比重不大，可按定基物價指數進行調整后，得到該種無形資產的重置成本。但在實際操作中，自創無形資產是沒有帳面價值的，這就需要對自創無形資產進行評估。

（一）市價調整法

市價調整法是指自創的無形資產在市場上有類似參照物時，可按參照物的市場售價，經過調整后確定重置成本的一種方法。其公式為：

無形資產重置成本＝同類無形資產的市場銷售價×系數

$$系數 = \frac{各項自創無形資產成本之和}{相應市場銷售價之和}$$

自創無形資產在市場上有類似無形資產出售時，可按無形資產市場售價確定，或按市場售價的一般比率確定，由類似無形資產的市場售價換算成重置成本。市價調整法要求將無形資產售價中包含的研製利潤和稅金予以扣除，以兼顧國家與企業兩者的利益。

自創無形資產的成本和市場售價的一般比率，可以根據企業有代表性的幾種無形資產的自創成本和市價的加權平均比率來確定。如果沒有相應的數據，可用同類無形資產的銷售稅率的比例來代替。

[例] 某企業擁有一專有技術，需要估價攤銷，市場有類似技術轉讓，售價為 160 萬元。試評估此專有技術的重置成本。

調查分析：評估人員經調查瞭解到此企業無任何關於該項專有技術的成本記載，但發現該企業另有三項自創的無形資產，其開發成本為 105 萬元、110 萬元、125 萬元；相應地，市場售價分別為 140 萬元、150 萬元、180 萬元。評估人員決定以市價調整法確定被評估專有技術的重置成本。

已知同類技術的市場售價為 160 萬元，只要乘以成本市價系數，就可得到該項專有技術的重置成本。又知該企業專有技術的成本與市價的代表性數據，可按加權平均法求出成本市價系數。

$$系數 = \left(\frac{105+110+125}{140+150+180}\right) \times 100\% = \frac{340}{370} \times 100\% = 72.34\%$$

無形資產重置成本 = 160×72.34% = 116（萬元）

(二) 財務核算法

財務核算法是以該無形資產實際發生的材料、工時消耗量，按現行價格和費用標準估算重置成本的方法。

$$無形資產重置成本 = \sum(物質資料實際耗用量 \times 現行價格)$$
$$+ \sum(實際耗用工時 \times 現行費用標準)$$

評估無形資產重置成本不是按現行消耗量來計算，而是以實際消耗量來計算。因為無形資產是創造性的成果，不能原樣複製，所以不能模擬在現有生產條件下再生產的消耗量。另外，無形資產生產過程是創造性智力勞動過程，技術進步的因素較大，如果按模擬現有條件下的複製消耗量來評估重置成本，就會影響到無形資產價值形態的補償，也影響到知識資產的創制。從無形資產的評估來看，無形資產開發的各項支出都有原始會計記錄，這樣按照國家規定的範圍計算消耗量，按現行價格和費用標準計價就可以了。

三、外購無形資產重置成本的估算

外購無形資產的重置成本由購買價和購置費用構成。在實際工作中，評估人員可選擇市場上相類似的無形資產的現行市場價格作為參照物，結合相關因素的變化，作出合理的調整。具體評估方法可選擇市價類比法和物價指數法。

(一) 市價類比法

市價類比法是指在無形資產交易市場選擇類似的參照物，再根據功能和技術的先進性、適用性對評估價格作適當調整的一種方法。這種方法的關鍵是進行功能價格的迴歸分析，運用最小平方法求價格 P 與功能 x 的關係：

$$P=a+bx$$

為了求得 a 和 b 的值，用最小平方法表示的標準方程式為：

$$\begin{cases} \sum P = na + b\sum x \\ \sum xP = a\sum x + b\sum x^2 \end{cases}$$

式中：P——價格；

x——功能；

n——選定的數據個數。

解以上方程式即可求得 a、b 之值，再將 a、b 之值代入價格 P 與功能 x 的關係式中，求無形資產重置購價，重置購價加上支付的有關費用即為重置成本。

[例] 某企業向國外某公司購買一項生產專有技術，原購價為 130 萬元，功能系數為 50。現有三家企業購買過此項專有技術，其買價分別為 150 萬元、200 萬元、180 萬元，對應的功能系數分別為 80、120、100，該項無形資產實際購置費用相當於購價的 1%。試評估該企業購買這項生產專有技術的重置成本。

$$P = a + bx$$

已知，$P = (150, 200, 180)$

$x = (80, 120, 100)$

根據最小平方法，求 a、b 的值

$\sum P = 150 + 200 + 180 = 530$（萬元）

$\sum x = 80 + 120 + 100 = 300$（萬元）

$\sum xP = 80 \times 150 + 120 \times 200 + 100 \times 180 = 54,000$（萬元）

$\sum x^2 = 80^2 + 120^2 + 100^2 = 30,800$（萬元）

$n = 3$

將以上數據代入下列方程式得：

$$\begin{cases} 530 = 3a + 300b \\ 54,000 = 300a + 30,800b \end{cases}$$

解方程式得：

$$\begin{cases} a = 51.67 \\ b = 1.25 \end{cases}$$

$P = 51.67 + 1.25x$

又已知被評估資產的功能系數為 50，按市價類比法，考慮到功能因素，得：

重置購價 $= 51.67 + 1.25 \times 50 = 114.17$（萬元）

無形資產重置成本 = 重置購價 + 購置費用

無形資產重置成本＝114.17+114.17×1%＝115.31（萬元）

(二) 物價指數法

物價指數法可針對有原始成本記錄的無形資產，採用物價指數對原始成本進行調整，從而得出無形資產的重置成本。對外購無形資產的評估，原始成本包括了購價和購置費用。其計算公式為：

$$無形資產重置成本＝原始成本×指數＝(購價+購置費用)×指數$$

$$指數＝\frac{評估時物價指數}{購置時物價指數}$$

［例］某企業2006年外購一項無形資產，其原始成本為90萬元，2007年進行評估，試按物價指數法估算其重置成本。

調查分析：經鑒定該項無形資產是運用現代先進的實驗儀器經反覆試驗研製而成，物化勞動耗費的比重較大，可適用物價指數法。根據資料，該項無形資產購置時物價指數和評估時物價指數分別為150%和180%，因此該項無形資產的重置成本為：

$$90\times\frac{180\%}{150\%}＝108（萬元）$$

四、無形資產成新率的估算

對無形資產重置淨值的評估，需要考慮成新率。成新率的理論公式為：

$$成新率＝\frac{剩餘使用年限}{全部使用年限}$$

無形資產剩餘使用年限和全部使用年限的確定有兩種方法：

(一) 法定年限法

$$成新率＝1-\frac{已使用年限}{法定年限}$$

此種方法的運用是根據國家對某項無形資產規定的法定年限來確定，如中國發明專利權的法定期為20年，實用新型和外觀設計專利權的期限為10年，這樣可根據法定使用年限扣除已使用年限，作為剩餘使用年限來計算。

［例］某企業外購一項無形資產，經評估完全重置成本為500萬元，已使用8年，假設該項無形資產國家規定法定年限為20年。試評估該項無形資產的成新率和重置淨值。

$$成新率＝\left(1-\frac{8}{20}\right)\times100\%＝60\%$$

重置淨值＝500×60%＝300（萬元）

(二) 專家鑒定法

專家鑒定法是在無形資產沒有法定年限的前提下，根據無形資產的技術、性能等綜合測算無形資產成新率的一種方法。

$$成新率＝\frac{尚可使用年限}{已使用年限＋尚可使用年限}×100\%$$

[例] 某企業 4 年前有一專利，其完全重置成本為 120 萬元，法定壽命為 10 年，經專家估算，尚可使用 3 年。試估算該項專利無形資產的評估價值。

該項專利無形資產的評估價值＝$120×\frac{3}{4+3}$＝51（萬元）

第三節　無形資產評估中的收益法

一般是在無形資產投資或轉讓時應用收益法。它是根據資金時間價值原理，通過對被評估資產的未來預期收益的估算並折算為現值，確定被評估資產的價格的一種評估方法。

一、應用收益現值法評估無形資產的條件

（1）被評估的無形資產作為獨立轉讓對象必須能夠帶來額外收益，並且這種額外收益可以用貨幣度量。

（2）被評估的無形資產在收益期內存在的風險可以測算，並能用貨幣衡量。

（3）計算收益期內的預期額外收益額和風險額的口徑必須一致。

二、收益現值法中各項參數的確定

(一) 無形資產預期超額收益的確定

在無形資產評估時，需要確定無形資產帶來的超額收益。具體方法有：

1. 直接估算法

直接估算法是通過無形資產使用的前后對比，確定無形資產帶來的超額收益。它可分為收入增長型和成本節約型兩種。

（1）收入增長型無形資產收益額的計算

生產的產品能夠以高出同類產品的價格銷售。其計算公式為：

$$R = (P_2 - P_1) \times Q \times (1-T)$$

式中：R——超額收益；

P_2——使用無形資產後單位產品價格；

P_1——使用無形資產前單位產品價格；

Q——產品銷售量；

T——所得稅稅率。

生產的產品採用與同類產品相同價格的情況下，銷售數量大幅度增加，市場佔有率擴大，從而獲得超額利益。其計算公式為：

$$R = (Q_2 - Q_1) \times (P - C) \times (1-T)$$

式中：R——超額收益；

Q_2——使用無形資產後單位產品銷售量；

Q_1——使用無形資產前單位產品銷售量；

P——產品價格；

C——產品單位成本；

T——所得稅稅率。

（2）成本節約型無形資產收益額的計算

無形資產的應用使得生產產品的成本費用降低，形成了超額收益。其計算公式為：

$$R = (C_1 - C_2) \times Q \times (1-T)$$

式中：R——超額利益；

C_2——使用無形資產後產品單位成本；

C_1——使用無形資產前產品單位成本；

Q——產品銷售量；

T——所得稅稅率。

實際上，無形資產應用後帶來的超額收益通常是價格提高、銷售量以及傳播率降低等因素共同作用的結果，評估時應根據不同情況加以運用測算，科學地估計無形資產的超額收益。

2. 分成率法

無形資產收益可通過分成率法計算得出，它是目前國內外技術交易中常用的一種方法。分成率法是運用無形資產的銷售收入或銷售利潤為基數，乘以無形資產的分成率來確定無形資產超額收益的方法。

計算公式為：

無形資產收益額＝銷售收入×銷售收入分成率

無形資產收益額＝銷售利潤×銷售利潤分成率

在預測使用無形資產后的銷售收入或銷售利潤時，必須建立在合理的基礎上，包括同行業競爭因素的影響、未來市場產品或服務需求數量、對受讓方的市場份額的預期、與無形資產相關產品或服務價格的預期、使用無形資產需要追加的投資及相關費用的預期等都應該建立在科學、合理、可靠的基礎之上。

銷售收入或銷售利潤作為分成對象，就要有兩個分成率，這是確定的重點。無形資產銷售收入分成率的測算，可按同行業約定的無形資產銷售收入分成率確定，如行業技術分成率、特許使用權分成率、商標成分率等。但從銷售收入分成率和銷售利潤分成率比較來看，銷售利潤分成率和銷售收入分成率更能反應出轉讓價格的合理性，因此，在無形資產評估中主要選用銷售利潤分成率。銷售利潤分成率一般以無形資產帶來的新增利潤在利潤總額中的比重為基礎確定。其換算關係如下：

$$銷售收入×銷售收入分成率＝銷售利潤×銷售利潤分成率$$

所以：

$$銷售收入分成率＝（銷售利潤÷銷售收入）×銷售利潤分成率$$
$$＝銷售利潤率×銷售利潤分成率$$
$$銷售利潤分成率＝（銷售收入÷銷售利潤）×銷售收入分成率$$
$$＝銷售收入分成率×銷售利潤率$$

在資產轉讓實務中，一般是確定銷售收入分成率，俗稱「抽頭」。計算公式為：

$$銷售利潤分成率＝銷售收入分成率÷銷售利潤率$$

(二) 無形資產預期收益期限的確定

無形資產的預期收益期限是影響無形資產評估的一個重要因素。無形資產能帶來未來收益持續的時間長短一般是通過其剩餘經濟壽命決定的，但在無形資產的轉讓或產權變動中，由於轉讓的期限或無形資產受法律保護的期限等因素都會影響到某一具體無形資產收益的期限，因此，在判斷無形資產收益期限時，要遵循一個原則，即無形資產的收益期限以其剩餘經濟壽命與法律保護年限中較短的一個為準。一般來說，無形資產的法定年限或合同年限都有較明確的規定，對於其剩餘經濟壽命可根據技術更新週期或產品更新週期以及當時的市場供求狀況來進行測算。

(三) 無形資產評估中折現率的確定

折現率是指與投資於該無形資產相適應的投資報酬率。折現率一般包括無風險利率、風險報酬率和通貨膨脹率。其公式表達式為：

無形資產折現率＝無風險報酬率＋風險報酬率

無風險報酬率，在西方發達國家，一般都選擇政府債券利率，因為政府債券利率一般都具有安全可靠的特點。從中國目前的實際情況來看，除了國庫券利率選擇外，還可以選擇國家銀行利率。

無形資產風險報酬率的確定，受到了無形資產本身情況和外部環境因素的影響，所以需要根據具體情況作決定。

三、收益現值法在無形資產評估中的應用

收益法在無形資產評估中，有以下兩種表示方法：

$$無形資產評估值 = \sum_{i=1}^{n} \frac{SR_i}{(1+r)^i}$$

$$無形資產評估值 = 最低收費額 + \sum_{i=1}^{n} \frac{SR_i}{(1+r)^i}$$

式中：S——無形資產分成率；

R_i——分成基數，即銷售收入或銷售利潤；

n——收益期限；

r——折現率。

（一）最低收費額的評估方法

最低收費額是指在無形資產轉讓中，轉讓方向受讓方所收取的補償成本的最低費用。無形資產轉讓的最低收費額由重置成本和機會成本兩個因素決定。當某項無形資產是購買方所必要的生產經營條件時，那麼轉讓方可根據最低收費價格來評估無形資產的價值。其計算公式為：

$$\frac{無形資產}{最低收費額} = \frac{重置成本}{淨\quad值} \times \frac{轉讓成本}{分攤率} + \frac{無形資產轉讓}{的機會成本}$$

式中：

$$\frac{轉讓成本}{分攤率} = \frac{購買方運用無形資產的設計能力}{運用無形資產的總設計能力} \times 100\%$$

$$\frac{無形資產轉出}{的機會成本} = \frac{無形資產轉出}{的淨減收益} + \frac{無形資產再}{開發淨增費用}$$

運用最低收費額評估無形資產價值時，當購買方獨家使用該項無形資產時，轉讓成本分攤率為1；當購買方與轉讓方共同使用該項無形資產時，重置成本淨值由雙方根據實際運用規模以及受益範圍等分攤。由於無形資產轉讓，機會成本使轉讓方為自己製造了競爭對手而減少利潤或增加開發支出，所以，此項機會成本應由購買者來補償。

第八章　無形資產評估

[例] 某企業擬轉讓 A 產品生產的全套技術。經初步測算已知：該企業與購買企業共同享用此生產技術，雙方設計能力分別為 800 萬件和 600 萬件。該項技術帳面原始成本為 300 萬元，已使用 2 年，尚可使用 8 年，2 年通貨膨脹率累計為 10%。由於該技術轉讓，本企業產品的市場佔有率將有所下降，在以後 8 年中減少銷售收入按折現值計算為 100 萬元，增加開發費用以提高質量、保住市場的追加成本按現值計算為 40 萬元。試評估該項無形資產轉讓的最低收費額。

(1) 計算該項無形資產重置淨值

$$300 \times (1+10\%) \times \frac{8}{2+8} = 264 \text{（萬元）}$$

(2) 計算重置成本淨值分攤率

$$\frac{600}{800+600} \times 100\% = 42.86\%$$

(3) 計算機會成本

$$100 + 40 = 140 \text{（萬元）}$$

(4) 計算該項無形資產轉讓的最低收費額

$$264 \times 42.86\% + 140 = 253 \text{（萬元）}$$

(二) 成本加成評估方法

成本加成法是指在無形資產重置成本淨值的基礎上，按照合理的成本利潤率加成，構成無形資產評估值的一種方法。其計算公式為：

無形資產評估值 = 無形資產重置淨值 × 分攤率 × (1+無形資產成本利潤率)

$$\text{無形資產成本利潤率} = \frac{\text{企業超額利潤}}{\text{無形資產全部開發成本}} \times \frac{\text{無形資產實際開發成本}}{\text{由開發費用列支的比例}}$$

[例] 某企業轉讓一項專有技術，重置成本淨值為 80 萬元，轉讓給其他企業獨家使用，該企業近幾年淨利潤與科技開發費用的比例為 100：20，而無形資產的實際開發成本僅有 35% 納入科研開發費用核算。根據資料，對該項新技術進行評估，測算其轉讓價格。

$$\text{無形資產成本利潤率} = \frac{100}{20} \times 35\% = 175\%$$

$$\text{轉讓價格} = 80 \times (1+175\%) = 220 \text{（萬元）}$$

(三) 邊際分析法與約當投資分析法進行無形資產評估

1. 邊際分析法

邊際分析法是根據對被評估資產的邊際貢獻因素的分析，估算無形資產

有效期內各年度產生的追加利潤之和,並與資產收益(利潤)總額比較,求出利潤分成率。此種方法的關鍵是確定追加利潤,所以要求委託評估者提供被評估資產的有關分析資料。

邊際分析法的具體分析步驟如下:

(1) 對無形資產能夠產生追加利潤的邊際貢獻因素進行分析,不同類型的無形資產,其邊際貢獻因素也不一樣,但大多表現為:產品質量提高、市場佔有率上升、產品成本下降、銷售收入增長等。

(2) 測算無形資產有效期內各年度的收益(利潤)和追加利潤。

(3) 計算利潤分成率。

$$利潤分成率 = \frac{\sum_{i=1}^{n}各年度追加利潤現值}{\sum_{i=1}^{n}各年度利潤現值}$$

2. 約當投資分成法

由於無形資產與有形資產是互為條件存在的,很多情況下購置無形資產的分成率難以確定,只能將購入的無形資產視為轉讓方的投資,將受讓方原有的資產視為受讓方的投資,用來計算無形資產分成率。其計算公式為:

$$\frac{無形資產}{利潤分成率} = \frac{無形資產約當投資額}{受讓方約當投資額+無形資產約當投資額}$$

無形資產約當投資額=無形資產重置成本淨值×(1+適用成本利潤率)

受讓方約當投資額=受讓方投入受讓資產的重置成本淨值
×(1+適用成本利潤率)

確定無形資產約當投資額時,適用成本利潤率應根據轉讓的無形資產的性質及轉讓方合理的成本利潤率確定。技術型的無形資產適用成本利潤率設定常高於100%。非技術型無形資產,適用成本利潤率根據實際情況按企業、行業或社會平均資金收益率取值。受讓方適用成本利潤率以受讓方的資金收益率為準。

[例] 某研究所以全自動洗衣機新技術向某企業投資,該技術重置成本淨值為300萬元,利潤率為100%,企業準備生產洗衣機成本為6,000萬元,採用新技術后預期年淨收益為5,000萬元,企業資金利潤率為10%。試計算全自動洗衣機技術的利潤分成率。

根據題目所給的條件,全自動洗衣機技術開發重置成本為300萬元,轉讓方成本利潤率為100%,受讓方資金利潤率為10%,企業投入重置成本淨值為6,000萬元。

洗衣機技術約當投資額=300×(1+100%)= 600 (萬元)

企業約當投資額＝6,000×(1+10%)＝6,600（萬元）

洗衣機技術利潤分成率＝$\frac{600}{6,600+600}$×100%＝8.3%

第四節　專利權和專有技術價值的評估

一、專利權評估

(一) 專利權的概念及特點

專利權是指一項發明創造向國家專利機構提出專利申請，並經審查批准後，國家專利機構依法授予申請人在規定的時期內實施其發明創造所享有的獨占權或專有權。

專利權屬於知識產權中的一種工業產權。它具有以下特點：

(1) 獨占性。它是指同一內容的發明創造只授予一次專利，專利的擁有者在具有專利權的法定期內能夠排他性地使用該專利權。任何單位和個人未經許可不得實施已合法取得專利權的專利。

(2) 時間性。它是指依法取得的專利權在法定期限內有效。期滿后，專利權就自行終止。《中華人民共和國專利法》（以下簡稱《專利法》）中規定：發明專利的保護期限為20年，實用新型和外觀設計的保護期限為10年。

(3) 可轉讓性。專利權可轉讓，由當事人雙方訂立合同，並經原專利登記機關或相應的機構登記和公告后生效。專利權轉讓后，原發明人享有的專利權就終止了。

(4) 地域性。任何一項專利只有在其授權的地域範圍內才受法律保護，超出相應的授權地域範圍就不再受法律保護。

(二) 專利權的評估

專利權的評估方法，目前通常採用收益法。由於專利權的個別性，一般不採用市場法。

收益法的基本公式為：

$$專利權評估值 = \sum_{i=1}^{n} \frac{SR_i}{(1+r)^i}$$

［例］某公司於2013年年底取得一項技術的專利權，在以後兩年的生產中取得較好的經濟效益，2015年12月底對該項專利技術進行評估。經評估人員調查分析，預測到該項技術在未來5年內收益額分別為500萬元、800萬

元、1,200 萬元、1,740 萬元和 2,100 萬元。國庫券利率為 10%，該公司所在行業的風險報酬率為 5%，那麼折現率為 15%，專利技術利潤分成率為 25%。試計算該專利技術的評估價值。

$$專利技術評估值 = \sum_{i=1}^{n} \frac{SR_i}{(1+r)^i}$$

$$= 25\% \times \left[\frac{500}{(1+15\%)} + \frac{800}{(1+15\%)^2} + \frac{1,200}{(1+15\%)^3} \right.$$

$$\left. + \frac{1,740}{(1+15\%)^4} + \frac{2,100}{(1+15\%)^5} \right]$$

$$= 967 \text{（萬元）}$$

二、專有技術評估

(一) 專有技術的概念及特點

專有技術又稱非專利技術，是指未經公開或未申請專利的知識和技巧，主要包括設計資料、工藝流程、原料配方、經營訣竅、特殊產品的保存方法、管理經驗、圖紙、數據等技術資料。專有技術能為其擁有者帶來超額經濟收益。

專有技術具有以下特點：

(1) 保密性。這是專有技術的一個顯著特點，由於專有技術不受法律的保護，一旦洩密或公開，該項專有技術就不存在了。

(2) 實用性。專有技術必須能夠在生產實踐中操作才有存在的價值，不能應用的技術不能稱為專有技術。

(3) 廣泛性。只要是企業特有的能為企業帶來超額收益的生產經營管理、技術管理等方面的知識、經驗、數據、方法都包括在專有技術內。

(二) 專利技術和專有技術的區別

(1) 公開程度不同。專利技術是受法律保護的，一般是在專利法規定的範圍內公開。而專有技術是不公開的，具有保密性。

(2) 內容範圍不同。專利技術一般只包括發明、外觀設計和實用新型三種。而專有技術的範圍較廣，包括設計資料、工藝流程、材料配方、技術操作、經營訣竅和圖紙、數據等內容。

(3) 法律保護期限不同。專利技術有《專利法》明確規定法律保護期限，而專有技術沒有法律保護期限。

(三) 專有技術評估方法

專有技術評估方法一般較多採用收益法來進行。

[例] 振興公司將一中成藥配方轉讓給 W 公司，該配方技術性強，生產后銷路較好，預計可持續 3 年。因此，W 公司預計今后 3 年新增利潤分別為 180 萬元、240 萬元和 280 萬元。雙方在訂立合同時，W 公司從使用該中成藥配方新增利潤中提取 40%，給振興公司，作為技術轉讓費，折現率按 15% 計算。試評估該項中成藥配方的價值。

$$該中成藥配方的評估價值 = 40\% \times \left[\frac{180}{(1+15\%)} + \frac{240}{(1+15\%)^2} + \frac{280}{(1+15\%)^3} \right]$$
$$= 209（萬元）$$

第五節　商標權和商譽價值的評估

一、商標權的評估

(一) 商標及其分類

1. 商標的概念

商標是商品生產者或經營者為了把自己的商品與他人的商品區別開來，在商品上使用的一種特定標記。商標一般以文字、圖案組成，或者由二者組合而成。商標的功能在於標明商品的生產經營企業或標志一定的商品勞務質量，商標代表著某種商品的特殊身價和特定企業的聲譽。總之，商標能為企業帶來超額收益。

2. 商標的分類

(1) 按商標使用對象的不同，商標分為商品商標和服務商標。

(2) 按商標是否受法律保護，商標可分為註冊商標和未註冊商標。

(3) 按商標構成的不同，商標可分為文字商標、圖形商標、符號商標、圖文組合商標等。

(4) 按商標的使用功能的不同，商標分為聯合商標、防禦商標、證明商標和集體商標。

(5) 按商品的信譽的不同，商標分為普通商標和馳名商標。

(二) 商標權及其特徵

商標權是指註冊商標的所有者依法享有的權益。商標權屬知識產權中工業產權的一種，一般包括排他專用權（獨占權）、轉讓權、許可使用權、繼承權。

商標權具有如下特徵：

（1）獨占性。商標權是商標註冊后受到國家法律保護由商標所有者享有的權利，任何第三者未經商標所有人同意，不得使用。

（2）時間性。它是指商標使用權受法律保護的年限。中國規定商標使用年限為 10 年，其他國家最長為 20 年，最短為 10 年。

（3）地域性。它是指商標使用權只能在國家法律認可的地域範圍內發生效力，超出其地域範圍則無效。

(三) 商標權與專利權的區別

商標權和專利權同屬知識產權中的工業產權，與專利權一樣需要經過申請、審批、核准、公告等法定程序才能獲得，但商標權的取得條件、法定保護期限等與專利權有所不同，兩者之間有一定的區別。

（1）專利法規定取得專利權的技術要求是具有新穎性、創造性和實用性；而商標權取得的條件是具有顯著性、不重複性和不違反禁用條款。

（2）專利權有法定的有效保護期限，一般不準續展；而商標權儘管在註冊時需要規定有效期，如《中華人民共和國商標法》規定為 10 年，但可以按照每期 10 年無限續展。

(四) 商標權評估的程序

為了適應商標權評估工作的實際操作需要，就要制定一套行之有效的商標權評估的程序。一般而言，完成商標權評估主要包括以下幾個步驟：

1. 明確商標權評估的目的

商標權評估目的就是商標權發生的經濟行為。從商標權轉讓方式來說，可以分為商標權轉讓和商標權許可使用。由於商標權轉讓方式不同，評估價值也不一樣，一般來說，商標所有權轉讓的評估值高於商標權許可使用的評估值。

2. 收集被評估單位的資料

為了瞭解被評估單位的基本情況，就要掌握被評估單位的資料。收集的資料，既要包括被評估單位的經營狀況、業績、商標概況，以及商標產品的歷史與展望，還要包括被評估單位的財務數據和相關產業政策對其的影響。

3. 對商標權進行檢查評估

這是商標權評估的主要步驟。在這個階段中，主要是對商標權進行全面清查、分析評價、發現問題、找出原因。工作的步驟包括：對企業概況的檢查，進行商標權資產的評估，以及對企業產品的供需情況、產品基本數據、財務狀況、經濟效益進行分析。

4. 進行商標權的總評估

利用前面幾個步驟的評估結果，進行綜合判斷，作出結論。對商標權進行總評估，就是要進行計算，並分析得出商標權評估的結論。

(五) 商標權的評估方法

商標權價值的評估是以商標權轉讓和商標使用許可為目的的價值評估。評估對象是商標權的獲利能力，因此，可以用收益現值法來進行商標權價值的評估。

商標權的評估主要採用收益現值法，包括超額收益法、收益提成法等。下面作具體介紹。

1. 商標權轉讓評估

[例] 甲公司決定將使用 20 年並已續展 10 年的 A 商標轉讓給廣宇公司。根據甲公司的歷史資料，該公司標有 A 商標的商品，要比其他企業同類商品的單價高 5 元/件，廣宇公司每年生產該產品 20 萬件，預計 A 商標能繼續獲利時間為 10 年，前 5 年將保持在目前的利潤水平上，后 5 年每件可獲超額利潤為 3 元/件，折現率為 10%。試評估該商標的價值。

前 5 年的每年超額收益額 = 20×5 = 100（萬元）

后 5 年的每年超額收益額 = 20×3 = 60（萬元）

$$商標的評估值 = 100 \times \frac{1-(1+10\%)^{-5}}{10\%}$$

$$+ 60 \times \frac{1-(1+10\%)^{-5}}{10\%} \times \frac{1}{(1+10\%)^5}$$

$$= 100 \times 3.790,8 + 60 \times 3.790,8 \times 0.620,9$$

$$= 520（萬元）$$

2. 商標使用權的評估

[例] 海昌公司將 A 註冊商標的使用權通過許可使用合同許可給佳理公司使用，合同規定使用期限為 5 年。經測算，佳理公司使用該商標后每件產品可新增利潤 6 元，第一年到第五年的銷售量分別為 120 萬件、140 萬件、180 萬件、230 萬件和 350 萬件。假定利潤分成率經評估確定為 25%，折現率為 10%，所得稅稅率為 25%。試評估該商標的使用權價值。

各年新增利潤現值為：

$6 \times 120 \times (1+10\%)^{-1} = 654.55$（萬元）

$6 \times 140 \times (1+10\%)^{-2} = 694.21$（萬元）

$6 \times 180 \times (1+10\%)^{-3} = 811.42$（萬元）

$6 \times 230 \times (1+10\%)^{-4} = 942.56$（萬元）

$6×350×(1+10\%)^{-5} = 1,303.93$（萬元）

新增利潤現值總和 $= 654.55+694.21+811.42+942.56+1,303.93$
$= 4,406.67$（萬元）

商標使用權評估值 $= 4,406.67×25\%×(1-25\%) = 826$（萬元）

二、商譽價值的評估

（一）商譽及其特徵

商譽是不可確指的無形資產，是企業在同等條件下，可以獲得高於正常投資報酬率所形成的價值。商譽本身所具有的特徵是：商譽不能離開企業獨立存在，不能單獨計價，也不能獨立產生效益，而是企業長期累積起來的一項價值。所以商譽的價值是企業整體資產與單項資產之和的差額。

（二）商譽價值的評估

在對商譽價值進行評估時，要瞭解被評估企業的整體資產、結構、生產經營情況、財務狀況以及市場佔有率、行業平均收益水平等內容，在此基礎上，選擇收益現值法對商譽價值進行評估。

收益現值法在商譽評估時的具體運用主要有超額收益法、割差法。

1. 超額收益法

超額收益法是以企業超額收益作為商譽評估對象的一種方法。超額收益法根據被評估企業的不同可分為超額收益本金化價格法和超額收益折現法兩種方法。

（1）超額收益本金化價格法

超額收益本金化價格法，是把被評估企業的超額收益，經本金化還原來確定該企業商譽價值的一種方法。其計算公式為：

$$商譽的價值 = \frac{預期年超額收益}{適用的本金化率}$$

式中：

預期年超額收益 = 企業預期年收益額 −（行業平均收益率 × 該企業各類單項資產評估值之和）

或 預期年超額收益 = 該企業單項資產評估值之和 ×（該企業預期收益率 − 行業平均收益率）

$$企業預期收益率 = \frac{企業預期年收益額}{企業單項資產評估值之和} × 100\%$$

［例］某公司準備出售，對其整體價值及各單項資產價值進行評估，在繼

續經營的前提下，評估人員估測到該公司的年收益額為570萬元。經評估，得出該公司各類單項資產評估值之和為1,200萬元。據調查，該行業平均資產收益率為23%，商譽的本金化率為25%。試對該商譽的價值進行評估。

商譽創造的超額收益＝570－1,200×23%＝294（萬元）

商譽的價值＝$\dfrac{294}{25\%}$＝1,176（萬元）

超額收益本金化價格法主要適用於經營狀況較好的、超額收益比較穩定的企業。如果在預測企業預期收益時，發現企業的超額收益只能維持有限期的若干年，那麼這類企業的商譽評估不應採用超額收益本金化價格法，而改用超額收益折現法來進行。

（2）超額收益折現法

超額收益折現法是將企業可預測得到的若干年預期超額收益進行折現，再把折現值確定為企業商譽價值的方法。其計算公式為：

$$PV=\sum_{i=1}^{n}\dfrac{R_i}{(1+r)^i}$$

式中：R_i——未來各年企業預期超額收益；

r——折現率；

n——收益年限。

［例］某企業預計將在今后8年內保持其有超額收益的經營狀況，估計預期年超額收益額保持在270萬元的水平上，該企業所在行業的平均收益率為20%。試對該企業的商譽價值進行評估。

商譽的價值＝270×$\sum_{i=1}^{8}\dfrac{1}{(1+20\%)^i}$＝270×3.837,2＝1,036（萬元）

2. 割差法

割差法是將企業整體資產評估值與各類單項資產評估值之和進行比較，如果企業整體資產評估值大於各類單項資產評估值時，用其差值來衡量企業的商譽價值。

商譽評估值＝整體資產評估值－各單項資產評估值之和

企業整體資產評估值是通過預測企業未來預期收益並進行折現或本金化取得的。採用割差法的理論依據是，企業價值與企業可確指的各單項資產價值之和是兩個不同的概念。如果有兩個企業，它們可確指的各單項資產價值之和大體相當，但由於它們的經營業績、預期收益都很懸殊，所以企業價值就相去甚遠。企業中的各項單項資產，既包括有形資產，又包括可確指的無形資產，但由於它們可以獨立存在和轉讓，評估價值在不同企業中趨於相同。

各單項資產由於不同的組合、不同的使用情況和管理，使之運行效果不同，導致其組合的企業價值不同，使各類資產組合后產生的超過各項單項資產價值之和的價值，即為商譽。

商譽的評估值可能是正值，也可能是負值。當商譽為正值時，說明該企業有商譽存在。當商譽為負值時，有兩種情況：一種是企業虧損，另一種是該企業的收益水平接近於行業或社會平均收益水平。

［例］某企業預計未來 5 年的預期收益額為 100 萬元、120 萬元、150 萬元、160 萬元和 200 萬元。根據企業的實際情況推斷，從第六年開始，企業的年預期收益額將維持在 200 萬元，折現率和本金化率為 10%，各單項資產評估值之和為 1,500 萬元。試評估該企業商譽的價值。

$$\text{企業整體評估值} = \sum_{i=1}^{t} \left[\frac{R_i}{(1+r)^i}\right] + \frac{A}{r} \cdot \frac{1}{(1+r)^t}$$

$$= \left[\frac{100}{(1+10\%)} + \frac{120}{(1+10\%)^2} + \frac{150}{(1+10\%)^3} + \frac{160}{(1+10\%)^4} + \frac{200}{(1+10\%)^5}\right] + \frac{200}{10\%} \times \frac{1}{(1+10\%)^5}$$

$$= 1,778 \text{（萬元）}$$

商譽的評估值 = 1,778 - 1,500 = 278 （萬元）

(三) 商譽評估中應該注意的問題

商譽本身的特性，決定了對企業商譽的評估比較困難。目前在理論界和實際操作中對商譽評估的爭議較大，沒有統一的定論。但在商譽評估中，我們需要明確以下幾個問題：

（1）商譽不是任何企業都存在的，而是存在於那些長期具有超額收益的少數企業中。如果一個企業在同類型企業中具有較高的超額收益，那麼該企業的商譽評估值就較大。因此，在商譽評估過程中，如果不能對被評估企業所屬行業收益水平作全面瞭解和掌握，也就無法對該企業商譽的價值進行評估。

（2）企業是否具有超額收益是判斷企業有無商譽和商譽大小的標誌，超額收益是指企業未來的預期超額收益，並不是企業過去或現在的超額收益，所以對商譽的評估要堅持預期的原則。在評估過程中，如果企業目前處於虧損狀況，必須經過分析預測，仍存在較大的超額收益潛力，那麼該企業就有商譽存在，所以評估時要予以綜合分析和預測。

（3）商譽價值的形成是建立在企業預期超額收益基礎上的，那麼，商譽評估值的高低與企業中為商譽投入的費用和勞務的多少沒有直接聯繫，也不

會因為企業為形成商譽投資越多，其評估值就越高。當然，企業所發生的投資費用和勞務會影響商譽評估值，但它是通過未來預期收益的增加得以體現的。所以，商譽評估不能採用投入費用累加的方法來進行。

（4）商譽是由許多因素共同作用的結果，但形成商譽的個別因素是不能單獨列出計量的，使得影響商譽各因素的定量差異難以調整，所以商譽的評估不能採用市場類比的方法。

（5）企業是否具有負債，以及負債規模大小都與企業商譽沒有直接關係。在市場經濟條件下，負債經營是企業籌資的策略。從財務學的原理分析，企業負債不影響資產收益率，而影響投資收益率，即資本金收益率。資本金收益率與資產收益率的關係為：資本金收益率＝資產收益率÷（1－資產負債率）。在資產收益率一定的情況下，增大負債比率，就可增加資本金收益率，且不影響資產收益率。而資產收益率的值受到了投資方向、規模以及投資過程中組織管理的影響，在商譽評估過程中，它的取值主要取決於預期資產收益率，而不是資本金收益率。當資產負債率保持一定限度時，負債比例增大，就會增加企業的風險，導致對資產收益率的影響，因此，在商譽評估時應該予以考慮，但不能得出負債企業沒有商譽的結論。

（6）商譽與商標具有不同的價值內涵，兩者是有區別的。就算企業擁有某項評估值很高的知名商標，也不意味著該企業一定有商譽。為了科學地確定商譽的評估值，應該對商譽與商標加以區別：

①商標是產品的標示，而商譽是企業整體聲譽的體現。

②商譽作為不可確指的無形資產，與企業以及其超額獲得能力結合在一起，不能脫離企業單獨存在。而商標是可確指的無形資產，可以在原有企業存在，也可以同時轉讓給另一企業。

③商標可以轉讓其所有權，也可以轉讓其使用權。而商譽沒有所有權與使用權的區分，只能隨企業行為發生而實現其轉移或轉讓。

商標與商譽有很多相互區別的地方，但兩者的關係是密切的，它們也存在著相互包含的因素。

第九章 長期投資及在建工程的評估

第一節 長期投資評估的分類及特點

一、長期投資的概念及分類

企業的投資活動是企業投入財物以期獲得一定回報的經濟行為。長期投資是指企業以獲取投資權益和收入為目的，向那些並非直接為本企業使用的項目投入資產的一種行為。

在資產評估中長期投資是指不準備隨時變現、持有時間在一年以上的有價證券以及超過一年的其他投資。長期投資是企業對外投資的一種重要形式。

企業進行長期投資的目的，除了有效利用投資資金獲取一定投資收益外，還可以通過對外投資擴大對其他企業的影響力或控制權，為企業帶來某些利益或權利。

長期投資按其投資的形式可分為債券投資、股票投資和其他投資。債券投資是企業以購買債券的形式對外投資，債券可分為國家債券、企業債券和金融債券三類。股票投資是企業以購買股票的形式對外投資。其他投資是債券投資和股票投資以外的投資。

二、長期投資評估的特點

長期投資評估主要是對長期投資所代表的權益進行評估，具有以下特點：

（1）長期投資評估是對資本的評估。長期投資評估是將長期投資作為投資方的資產來評估。從出資形式看，用於長期投資的資產可以是貨幣資金、實物資產，也可以是無形資產，但是投放到被投資企業后，就會與被投資企業的其他資產融為一體，成為企業資產的一部分；而對投資來說，它們被看作投資資本，發揮資本的功能。因此，長期投資評估實質上是對資本的評估。

（2）長期投資評估是對償債能力和獲利能力的評估。長期投資的根本目的是獲取投資收益，所以其價值主要體現在它的獲利能力上。一項長期投資，其價值取決於該項投資所能獲得的收益，而一項長期投資能否獲得相應的投

資收益，並不取決於投資方，而在很大程度上取決於接受投資的一方是否有足夠的償還能力和較強的獲利能力。因此，從某種意義上說，長期投資評估就是對接受投資企業的償債能力和獲利能力的評估。

三、長期投資評估的步驟

（1）對長期投資項目的有關資料進行審查，諸如審查投資種類、原始投資額、評估基準日余額、投資收益、相關的會計核算方法等資料。

（2）對長期投資投入資金和回收金額計算的合理性和正確性進行判斷，對被評估企業的財務報表的準確性進行判斷。

（3）根據長期投資本身的特點選擇合適的評估方法。上市交易的債券和股票一般採用現行市價法進行評估，按照評估基準日的收盤價格確定評估價格；非上市交易的債券和股票一般採用收益現值法，評估其價格。

（4）對長期投資進行評定測算，得出最后的結論。

第二節　債券投資的評估

一、債券的概念及特點

（一）債券的概念

債券是政府、公司、金融機構等債務人為了籌集資金，按照法定程序發行的並向債權人承諾到指定日期還本付息的有價證券。

（二）債券的特點

債券是一種籌資手段，對債券購買者來說，債券是一種投資工具。作為投資工具，債券具有以下特點：

（1）債券的流動性。一般債券都具有轉換成貨幣資金的能力。

（2）債券的安全性。一般作為債券的發行主體都具有良好的信譽，債券購買者可以安全收回本金並獲得利息。

（3）債券的收益性。債券利率一般是固定的，債券投資人可根據債券的固定利息取得較穩定的高於銀行同期存款利率的利息收入，當然也可以通過在證券市場上交易獲得收益。

（4）債券投資的風險小。債券的發行者不論是政府、銀行還是企業都必須嚴格執行國家有關債券發行的規定。政府發行的債券要以國家財力作擔保；銀行發行的債券要以銀行信譽及資產作后盾；企業發行的債券要具有發展前

途，並以企業資產作擔保。因此，債券投資具有風險小的特點。

(三) 債券的分類

(1) 債券按發行主體不同，分為政府債券、金融債券和公司企業債券。
(2) 債券按是否記名，分為記名債券和不記名債券。
(3) 債券按利率是否固定，分為固定利率債券和浮動利率債券。
(4) 債券按期限長短，分為短期債券、中期債券和長期債券。
(5) 債券按是否上市流通，分為上市債券和非上市債券。

二、債券投資評估

債券作為一種有價證券，從理論上講，債券的市場價格應反應其收益現值。當債券可以在市場上自由買賣、貼現時，債券的價格就是其現行市價的表現。如果有些債券不能在市場上進行交易，那麼債券的價格可根據其他方法來評估。

(一) 現行市價法

對已上市流通的債券評估一般可以採用現行市價法，按評估基準日的收盤價為準確定債券的評估值。但評估人員需要在評估報告中說明評估的依據、評估標準及評估結果的時效性。

［例］被評估企業持有 2015 年發行的 3 年期國庫券 5,000 張，每張面值 100 元，年利率為 9.8%。評估時，該國庫券的市場交易價為 120 元，評估人員認定在評估基準日該企業持有的 2015 年的國庫券評估值為：

國庫券評估值 = 5,000×120 = 600,000（元）

(二) 收益現值法

當債券不能進入市場流通，無法通過市場判斷其價值時，不能採用現行市價法來評估，而要用收益現值法才能對不能進入市場的債券進行價值的評估。

收益現值法是在考慮債券風險的前提下，按適當的折現率將預期收益折算為現值的方法。折現率一般包括無風險報酬率和風險報酬率，它是評估人員根據實際情況分析確定的。無風險報酬率是以銀行儲蓄利率、國庫券利率或國家公債利率為準；而風險報酬率的值主要取決於債券發行主體。國家債券、金融債券都有較好的擔保條件，其風險報酬率較低，企業債券就要看發行企業經營業績的好壞。如果企業業績好，有還本付息的能力，風險報酬率就低；如果企業業績不好，就應該以較高的風險報酬率來調整。

按債券還本付息方式的不同，將債券分為每年(期)支付利息、到期還本

與到期後一次性還本付息兩大類，其計算方法也不一樣。

（1）對每年(期)支付利息、到期還本債券的評估，可採用有限期的收益現值法來進行估計。其計算公式為：

$$PV = \sum_{i=1}^{t} [R_i (1+r)^{-i}] + P_0 (1+r)^{-n}$$

式中：PV——債券的評估值；

R_i——債券在第 i 年的預期收益（利息）；

r——折現率；

P_0——債券面值或本金；

n——評估基準日距到期還本日期限；

t——評估基準日距收取利息日期限。

或者

$$PV = \sum_{i=1}^{t} \left[\frac{R_i}{m} (1+\frac{r}{m})^{-i \cdot m} \right] + P_0 (1+r)^{-n}$$

式中，m 為每年利息支付次數，其他符號同上。

[例] 某企業擁有另一企業發行的債券10,000元，5年期，每年利息率為17%，評估時購入債券已滿2年，每年支付利息一次，評估時的國庫券利率為8%。經評估人員分析調查，發行企業經營業績較好，有還本付息的能力，採取2%的風險報酬率，以國庫券利率作為無風險報酬率，折現率為10%。求該債券的評估值。

$PV = \sum_{i=1}^{t} [R_i (1+r)^{-i}] + P_0 (1+r)^{-n}$

　　$= 10,000 \times 17\% [(1+10\%)^{-1} + (1+10\%)^{-2} + (1+10\%)^{-3}] + 10,000 \times (1+10\%)^{-3}$

　　$= 1,700 (0.909,1 + 0.826,4 + 0.751,3) + 10,000 \times 0.751,3$

　　$= 11,741$（元）

（2）到期後一次性還本付息債券的評估。到期後一次性還本付息債券的計算公式為：

$$PV = F (1+r)^{-n}$$

式中：PV——債券的評估值；

F——債券到期時本利和；

n——從評估時點算起到債券期滿止的期限；

r——折現率。

其中，本利和的計算可採用單利或是複利來確定。

①採用單利計算終值的公式為：

$$F = P_0 (1+n \cdot r)$$

式中：P_0——債券面值或計息本金值；
  n——債券的期限或計息期限；
  r ——債券利息率。

②採用複利計算終值的公式為：
$$F=P_0(1+r)^n$$
式中符號同上。

[例] 被評估企業擁有某公司發行的4年期一次還本付息債券30,000元，年利率為15%，不計複利。評估時債券的購入時間已滿3年，當時的國庫券利率為10%。評估人員通過對債券發行公司的調查分析，認為該債券風險不大，按2%作為風險報酬率，以國庫券利率作為無風險報酬率，折現率為12%。該公司債券評估值為：

$PV = F(1+r)^{-n}$
$F = 30,000×(1+15\%×4) = 48,000（元）$
$PV = 48,000×(1+12\%)^{-1} = 42,857（元）$

第三節　股票投資的評估

一、股票投資的特點

股票是股份公司發行的，用來證明投資者股東身分及權益並以此獲得股息和紅利的有價證券。股票在資本市場上是主要的投資工具。

股票投資是通過持有股票發行企業的股票所進行的投資，具有高風險、高收益的特點，是一種風險投資。

二、股票投資的評估

股票投資的評估是對權益的評估。從股票固有的特性來看，股票投資評估主要適用內在價值、收益本金化和實際變現等計價原則。內在價值是指股票投資評估中要充分考慮股票發行主體的經營業績和預期收益。收益本金化是指以股票預期收益的本金化價格作為其重估價格。實際變現是對於可上市流通的股票評估，可以將其變現值作為評估值。

在股票投資評估中，股票的種類較多，可以按不同標準分類。主要的類型有：按票面是否記名分為記名股票和不記名股票；按有無票面金額分為有票面金額股票和無票面金額股票；按股東享有權利和承擔風險的大小分為普通股、優先股和后配股；按股票是否能上市分為上市股票和非上市股票。

股票不僅種類繁多，而且價格有多種，如票面價格、發行價格、帳面價格、內在價格、市場價格和清算價格等，與股票評估有密切聯繫的主要有內在價格、清算價格和市場價格。股票的內在價格，其實質是股票的內在價值。股票的清算價格是公司的淨資產與公司股票總數的比值。股票的市場價格是證券市場上買賣股票的價格。在證券市場發育比較成熟的條件下，股票的市場價格，就是市場對公司股票的一種客觀評價，可以直接作為股票評估的價值。

由於股票有上市和非上市之分，股票評估也按上市股票和非上市股票兩類來進行。

（一）上市股票的評估

上市股票是股份公司公開發行的，可以在股票市場上自由交易的股票。作為一種可交易的特殊商品，上市股票在正常情況下隨時都有其市場價格。因此，對上市股票的評估一般採用市場法來進行，按照評估基準日的收盤價為準，確定其評估值。在股市正常發育的情況下，股票自由交易，這時，股票的市場價格就可以作為評估時點的股票價值；否則，股票交易不正常，市場價格就不能作為評估的依據，而應該與非上市股票的評估方法基本相同。

上市股票的評估值＝股票股數×評估基準日該股票市場收盤價

[例] 對某企業進行評估，其擁有一上市公司股票 80,000 股。評估時，該股票在證券交易所的當日收盤價為每股 12 元，那麼上市股票的評估值為：

股票評估值＝80,000×12＝960,000（元）

（二）非上市股票的評估

非上市股票的評估可以不考慮股票的市場因素，一般採用收益現值法評估。非上市股票分別按普通股和優先股採用不同的計算方法。普通股是沒有固定股利的股票，在股東權利上沒有任何限制，主要是由企業的經營狀況和盈利水平所決定的；優先股的股利是固定的，股利分配和剩餘財產分配都優先於普通股的股票，優先股在一般情況下，都要按事先確定的股利率支付股利，並且是在上繳所得稅后支付股利。

1. 普通股的評估

非上市普通股，不同於債券，也不同於優先股。非上市普通股的股票，其收益不固定，持股者在股東權利上沒有限制，分配要在優先股之后進行。由於股票發行之后，其實際價值不僅與其面值相背離，而且不等同於其發行價格，因此它沒有現行市價。因而，通常要以普通股的預期收益為基礎，採用適當的收益現值方法確定其評估值。在評估時，應充分瞭解和分析股票發

行企業的經營情況、財務狀況、發展前景以及相關的信息資料，然后歸類進行評估。

根據普通股收益的幾種趨勢情況，把普通股的評估分為三種類型，即固定紅利模型、紅利增長模型和分段式模型。

(1) 固定紅利模型。固定紅利模型主要針對經營比較穩定，財務狀況良好，能保持股息紅利分配水平，波動較小的企業，並以假設方式認為企業未來分配紅利將保持固定水平。其數學表達式為：

$$PV = \frac{A}{r}$$

式中：PV——股票的評估值；

A——被評估股票下一期的紅利額；

r——折現率。

［例］被評估企業擁有非上市普通股 20,000 股，每股面值 1 元，在持股期間，每年紅利較穩定，收益率保持在 20% 左右。經評估人員分析，股票發行企業經營狀況良好穩定，管理人員素質較高，經分析預測，確定能保持 17% 的紅利收益，評估時，選擇國庫券利率 8% 為無風險利率，風險利率為 4%，折現率為 12%。根據以上資料計算股票的評估值。

股票評估值 $PV = \frac{A}{r} = (17\% \times 20,000) \div 12\% = 28,333$（元）

(2) 紅利增長模型。紅利增長模型適用於成長型企業的股票評估。該模型是指企業將部分企業盈餘用於追加投資，使企業盈利與股票收益得以相應增長的股票評估模型。因此，運用這種模型進行評估時，股票的紅利呈增長趨勢。其數學表達式為：

$$PV = \frac{A_1}{r-g} \quad (r>g)$$

式中：PV——股票評估值；

A_1——評估下一年該股票的股利額；

r——折現率；

g——股利增長比率。

正確應用這個模型的關鍵是合理地確定 g 的值。測定的方法有兩種：其一是歷史數據分析法，是在分析企業紅利分配的歷史資料的基礎上，利用統計方法計算出股票紅利歷年的平均增長速度，作為股利增長率 g；其二是發展趨勢分析法，是根據股票發行企業股利分配政策，以企業盈餘中用於再投資的比率與企業淨資產利潤率的乘積作為紅利增長率 g。

[例] 對某企業進行評估，企業擁有非上市普通股股票 40 萬元，持有股票期間，每年股票收益率大體為 13%。據有關資料表明，股票發行企業每年以淨利潤的 60% 發放股利，其餘 40% 用於追加投資，擴大生產。評估人員對股票發行企業進行經營狀況調查分析后，認為該企業能保持 3% 的經濟發展速度，淨資產利潤率能保持 17% 的水平，國庫券利率 8% 作為無風險報酬率，風險報酬率為 4%。那麼該股票的評估值為：

股票評估值 $PV = \dfrac{A_1}{r-g}$

$\qquad = (40 \times 13\%) \div [(8\% + 4\%) - 40\% \times 17\%]$

$\qquad = 100$（萬元）

（3）分段式模型。分段式模型是一種混合模型，主要是針對前兩種模型的，因前兩種模型，一種是股利固定，另一種是增長率固定，都存在一定的缺陷，難以適應所有股票的評估。根據實際情況，我們可採取分段式模型來進行評估，這種方法是將近期可預測各年收益分別折現加總，再將后期按固定紅利模型或紅利增長模型求值，最后將兩段計算值相加得到評估值。

[例] 對某企業進行評估，它擁有某股份公司非上市普通股股票 12,000 股，每股面值 1 元。在持有期間，每年股利收益率保持在 16% 左右。評估人員對該股份公司進行調查，認為前 3 年有可能保持 16% 的收益率，第 4 年有一條大型生產線交付使用，可使收益率提高 4 個百分點，並保持下去。評估時確定國庫券利率 8% 作為無風險報酬率，風險報酬率為 4%，折現率為 12%。那麼股票評估值為：

PV = 前 3 年折現值 + 第 4 年后折現值

$\qquad = 12,000 \times 16\% \times (P/A, 12\%, 3) + (12,000 \times 20\% \div 12\%) \times (1+12\%)^{-3}$

$\qquad = 18,847$（元）

2. 優先股的評估

在正常情況下，優先股在發行時就已確定股息率。對優先股的評估主要是看股票發行主體是否有足夠的淨利潤用於優先股的股息分配，這就需要對股票發行企業的生產經營活動進行分析，包括企業的資產負債率、利潤額、股本中優先股所占的比重、股息率的高低等情況。如果股票發行企業的資本構成合理、利潤豐厚，並有較強的支付能力，那麼優先股就可以按照事先已經確定的股息率計算出優先股的年收益額，然后再折現或進行資本化處理，就可得出優先股的評估值。其數學表達式為：

$$PV = \sum_{i=1}^{n} [R_i (1+r)^{-i}] = \dfrac{A}{r}$$

式中：PV——優先股的評估值；

R_i——第i年的優先股收益；

r——折現率；

A——優先股的年等額股息收益。

[例] 某企業擁有某公司 2,000 股累積性、非分享性優先股，每股面值 100 元，股息率為 16%。評估時，國庫券利率為 10%。評估人員對該公司進行調查，得知其負債率高，資本構成不合理，這樣可能對優先股股息分配產生一定影響。因此，評估人員確定該優先股股票的風險報酬率為 5%，無風險報酬率為 10%，折現率為 15%。試根據以上資料對該優先股作出評估。

$$P = \frac{A}{r} = 2,000 \times 100 \times 16\% \div (10\% + 5\%) = 213,333 \text{ （元）}$$

如果非上市優先股的股票有可能上市，那麼持有人有轉售的願望，對這類優先股的評估參照下列公式來進行：

$$PV = \sum_{i=1}^{n} [R_i (1+r)^{-i}] + F(1+r)^{-n}$$

式中：F——優先股的預期變現價格；

n——優先股的持有年限。

其他符號同前所示。

第四節　在建工程的評估

一、在建工程的概念及評估特點

在建工程是指資產評估時正在施工而尚未完工和雖已完工但尚未交付使用的建築工程和安裝工程以及施工前期準備。

在建工程資產作為一類評估對象，其特點如下：

（1）種類繁多，情況複雜。在建工程資產涉及的種類較多，如建築工程中的在建工程資產就包括了建築物和構築物，以及設備安裝等內容，所以在建工程資產的評估涉及範圍較廣、情況複雜，並具有較強的專業技術性。

（2）工程進度以及資產功能差別較大。在建工程包括了從剛剛開始建設的投資項目到已完成建設但尚未交付使用的投資項目。這些在建工程的完工程度差異較大，那麼體現在資產功能方面的差異也很大，這樣就造成了在建工程之間可比性較差，評估時難以找到合適的參照物。

（3）建設週期長短差別較大。不同規模或不同性質的在建工程，建設週期長短差別很大。一個工程從開始施工到竣工，所需時間不一樣，有的工程建設期長，有的工程建設期短。建設週期長短的差別直接與建造期間的材料、工費、價格變化、設計變化等相聯繫，對評估產生了直接影響。

（4）在建工程實際工作量與在建工程資產的會計核算投資數很難一致。由於在建工程的投資方式和會計核算的要求，在建工程帳面價值往往包括預付材料款等。在建工程中的投資額和投資時間，與實際工程進度或完工程度之間，總是存在著一定的時差和量差。

二、在建工程的評估程序

在建工程資產的評估分為已完工程評估和未完工程評估，對已完成建設的工作只是尚未投入使用或轉作固定資產的在建工程，可以參照房屋建築物及有關固定資產的評估進行。未完工在建工程的評估程序如下：

（1）要有待估在建工程的詳細資料。

（2）要查閱有關企業在建工程批准文件、工程圖紙、工程預算書、施工合同以及有關的會計帳簿和原始記錄等。

（3）評估人員要到實際現場查實工程進度和工程形象進度。

（4）認真仔細檢查工程質量。

（5）評估人員要收集與評估在建工程有關數據資料。

（6）評估人員根據收集得到的有關數據資料對在建工程進行評估。

三、在建工程的評估

由於在建工程自身的特點，在建工程評估難以用統一的公式或模式一概而論，應根據具體問題做具體分析。比如，當建設期較短、工程投資與工程形象進度大體相當，在這種情況下，其帳面價值基本上能反應評估時點的重置成本，評估時可以按在建工程的帳面價值作為評估值。當整個建設工程已經完成或接近完成，只是尚未交付使用，在這種情況下，評估時可以按房屋建築物或其他固定資產評估的思路進行。當在建工程屬於停建的，需要查明停建原因，確因工程的產、供、銷及工程技術等原因而停建的，應考慮在建工程的功能性貶值及經濟性貶值。在正常情況下，在建工程應按重置成本評估，但如果確定可以證明在建工程的預期收益率明顯地高於或低於社會平均水平，在以重置成本評估時，要考慮在建工程的超額收益或減額收益對在建工程評估值的影響。

在建工程的種類多，情況複雜，下面介紹常見的幾種在建工程的評估方法。

(一) 工程進度法

工程進度法是指以工程預算為依據，按勘查時確定的完工程度評估在建工程重估價值的一種方法。此方法適用於工期短且價格變化小的在建工程。

1. 在建的建築工程

$$建築工程評估值 = 建築工程預算造價 \times 建築工程完工程度$$

式中：

$$建築工程完工程度 = \Sigma \left[各部位完成進度(\%) \times 各部位占建築工程預算的比例(\%) \right]$$

2. 設備安裝工程

$$設備安裝工程評估值 = 設備價值 + 安裝工程價 \times 工程完工程度(\%)$$

[例] 某建設項目需建築混合結構倉庫 1,500 平方米，建築工程總預算造價為 28 萬元，設備安裝工程預算為 10 萬元。評估時該倉庫正在建設中，其中建築工程中的基礎工程已完工，結構工程完成 30%，設備安裝工程尚未進行。評估人員根據一般土建工程各部位占單位預算的比重，對該項在建工程進行評估（工程造價構成見表 9-1）。

表 9-1　　工程造價構成表

部位名稱	建築結構類型 (%)			
	混合結構	現搗框架結構	預制裝配構架結構	預制吊裝結構
基礎工程	13	15	25	15
結構工程	60	60	55	60
裝飾工程	27	25	20	25

(1) 在建建築工程完工程度 = 13% + 60% × 30% = 31%

(2) 在建建築工程重估價值 = 28 × 31% = 8.68（萬元）

(二) 變動因素調整法

對於建設工期較長、設計變更以及價格變化對在建工程影響較大的項目，一般不採用工程進度法評估，而需要對設計變更的價格變化作相應的調整。變動因素調整法就是採用對在建工程實際完成部分因設計變更和價格變化的影響，分別計算各調整數額，歸集加總后與在建工程實際支出相加減后確定在建工程的評估值。

在建工程評估值＝在建工程實際支出±∑（已完工部分材料、人工等因價格變化造成的增減額）±∑（已完工部分各項間接費、銀行貸款利率變化造成的增加額）±∑（已完工部分設計變更影響造價的金額）

(三) 重編工程預算進度法

對於建設工期長、設計變更大、價格變化大、實際成本與工程預算差距較大的在建工程，可採用重新編製工程預算，然后再按工程進度法測算在建工程的評估值。

第十章　整體資產評估

第一節　整體資產評估概述

在前面的章節中，我們主要從單項資產評估的角度介紹了各類資產評估的基本原理和方法，例如房地產、機器設備、流動資產以及無形資產等的評估原理和方法。在現實經濟生活中，企業間的聯營、兼併、股份制改造、抵押、拍賣等形式的產權交易經常發生，需要對企業的整體資產、企業具有獨立生產能力和獲利能力的工廠或生產車間以及其他資產組合體的價值進行評估。這就需要把評估對象看作一個獲利的有機整體，根據其獲利能力的高低來評定估算價值，這就是整體資產評估的基本思想。

整體資產是相對於單項資產而言的，是指以企業多種或全部資產有機構成的具有整體獲利能力的資產綜合體。而整體資產評估是以資產綜合體為評估對象，並根據整體資產的綜合獲利能力來計算整體資產價格的資產評估方法。整體資產價值的高低取決於企業資產綜合體的整體獲利能力的大小。因此，在整體資產評估中，評估的對象是有機構成的資產綜合體，評估的依據是資產綜合體的整體獲利能力。

一、整體資產評估的特點

整體資產評估是以企業多種或全部資產構成的具有整體獲利能力的資產綜合體為評估對象，並據此評估資產整體價格。整體資產評估是對整體資產未來的獲利能力進行評估，也就是企業的內在價值、發展潛能。而不是簡單對整體資產所包含的單項資產進行簡單的評估加總，那只是企業在某個時點的價值，而非其內在價值。正因為整體資產評估是對整體資產的獲利能力的評估，所以相對於單項資產而言，整體資產評估具有以下三個特點：

（一）評估對象的整體性

整體資產評估是以資產綜合體為評估對象。這與單項資產的評估對象有明顯的區別。整體資產評估的具體對象必須是一個完整的、不可分割的資產

綜合體，即企業對單項資產所進行的合理組合，整體資產評估應根據該資產綜合體的整體獲利能力來估算整體資產的價值。因此，整體資產的價值並不僅僅是企業單項資產價值的簡單加總。

(二) 影響因素的動態性

影響整體資產評估的因素複雜多變，相互影響。因此，在確定影響整體資產評估價值的內因和外因時，應將各影響因素動態地聯繫起來，不要孤立、靜止地把握各影響因素。比如在預測企業整體資產的未來預期收益時，應綜合把握企業內部的生產線配置情況、原材料的供應情況、市場環境、國家政策環境等內外因素所起的作用。

(三) 評估結果的不確定性和可計量性

由於影響整體資產的因素的變化、運用的評估方法的不同、評估人員收集資料的廣泛性和分析方法的差異等，往往導致整體資產的評估結果具有不確定性。整體資產評估一般採用收益法，依據資產綜合體的整體獲利能力來預測未來收益，然后根據適當的折現率進行折現計算。但由於數據和預測方法的不確定性，所以評估結果具有不確定性，但可以用貨幣加以計量，否則就無法用收益法評估整體資產價格。

二、整體資產評估與單項資產評估的簡單加總的區別

整體資產評估與單項資產評估的簡單加總在評估對象、評估方法、影響因素及評估結果等方面都存在著差別。

(一) 評估對象不同

整體資產評估的對象是企業多種或全部資產構成的並具有整體獲利能力的資產綜合體；而單項資產評估的簡單加總，是將各單項資產分別作為獨立的評估對象，而后將各單項資產的評估值進行簡單加總。因此，前者的評估對象是整體資產，后者的評估對象則是各單項資產。

(二) 評估方法不同

整體資產評估一般採用收益法，對企業評估時，除收益法外還採用加和法以及市盈率乘數法；而單項資產評估的簡單加總一般採用成本法。根據各單項資產的特性及影響因素的變化，單項資產評估還採用其他各種方法，如收益法、市場法等，在房地產評估中更有一些獨特的評估方法。因此，前者的評估方法單一，而后者的評估方法呈現多樣化。在實際工作中，為確保資產評估值的準確、合理，不論是整體資產評估，還是單項資產評估的簡單加

總，往往採用兩種或兩種以上的評估方法進行評估，並將評估結果互相比較，以確定科學、公允的資產現時價格。

(三) 影響因素不同

整體資產評估是將企業全部資產或部分資產作為一個整體，圍繞影響該整體獲利能力的各種因素展開評估工作；而單項資產評估的簡單加總，則是圍繞影響各單項資產價值的各種因素分別展開評估工作。因此，前者的影響因素是綜合性的因素，而后者的影響因素則是個別性的因素。

(四) 評估結果不同

由於整體資產評估與單項資產評估的簡單加總在評估對象、評估方法及影響因素等方面存在差別，因而兩者的評估結果也有差異。如果整體資產是指企業的全部資產，則企業評估值與單項資產評估值的加總之間的差額就是企業的商譽。若企業整體資產評估值大於單項資產評估值加總，則企業具有商譽；反之，企業則不存在商譽。商譽是超過企業可確指的各單項資產價值總和的價值。

第二節　整體資產評估的基本方法——收益法

企業評估是以企業全部資產為評估對象，即把企業作為獨立的評估對象，對企業整體未來預期收益折現以評估企業價值。隨著企業整體出售、兼併、合資、聯營、股份經營等產權交易活動的開展，通常將企業作為具有整體獲利能力的資產綜合體以實現產權交易。因此，企業評估已成為整體資產評估中最主要的部分，有些書中甚至將二者等同起來。我們認為，整體資產評估主要指企業評估，但還應包括對以企業部分資產所構成的、具有整體獲利能力的資產綜合體的評估，如把企業全部無形資產作為一個整體的無形資產整體評估等。不過，通常整體資產評估中最具代表性的則是企業評估。企業評估的計算方法有收益法、加和法及市盈率乘數法，而整體資產評估的基本方法通常採用收益法。整體資產評估中的收益法是通過對一定時期內企業全部或部分資產所組成的資產綜合體的未來預期收益進行科學的預測，選用適當的折現率或本金化率，將整體資產未來預期收益加以折現，估算出整體資產的現值，即整體資產的評估值。在企業持續經營假設前提下，有關整體資產評估中收益法的基本公式及操作步驟分述如下。

一、整體資產評估中收益法的基本公式

(一) 年金法的基本公式

年金法可用公式表示為：

$$PV = \frac{A}{r}$$

式中：PV——整體資產評估值；

A——企業未來每年預期的年金收益；

r——本金化率。

若當未來預期收益每年變化時，可將收益年金化，求出年金後再進行本金化處理。用公式表示為：

$$PV = \sum_{i=1}^{n} \frac{R_i}{(1+r_1)^i} \cdot \left[\frac{r_1(1+r_1)^n}{(1+r_1)^n - 1}\right] \div r$$

$$= \sum_{i=1}^{n} \frac{R_i}{(1+r_1)^i} \cdot \left[\frac{1}{\sum_{i=1}^{n}(1+r_1)^{-i}}\right] \div r$$

或

$$PV = \sum_{i=1}^{n} \frac{R_i}{(1+r_1)^i} \div \sum_{i=1}^{n} \frac{1}{(1+r_1)^i} \div r$$

式中：R_i（R_1，R_2，$\cdots$，R_n）——各年不等的預期收益；

r_1——折現率；

r——本金化率；

n——觀測年數。

上述公式表示：首先將企業每年的收益進行年金化處理，然后再把已經年金化的企業預期收益資本化，計算整體資產的評估值。

年金法的基本公式中，折現率和本金化率都是將預期收益還原或換算為現值的比率，都屬於投資報酬率，並無本質上的區別。在實際處理中，往往將二者等同起來。因此，年金法的基本公式還可以表示為：

$$PV = \sum_{i=1}^{n} \frac{R_i}{(1+r)^i} \cdot \left[\frac{r(1+r)^n}{(1+r)^n - 1}\right] \div r$$

$$= \sum_{i=1}^{n} \frac{R_i}{(1+r)^i} \cdot \frac{1}{\sum_{i=1}^{n}(1+r)^{-i}} \div r$$

或

$$PV = \sum_{i=1}^{n} \frac{R_i}{(1+r)^i} \div \sum_{i=1}^{n} \frac{1}{(1+r)^i} \div r$$

(二) 分段法的基本公式

分段法是將獲取收益的年期劃分為兩段，其中前段各年預期收益是變化的，即各期收益不等，採用折現率將預期收益折算成現值；而後段預期收益則假設按同一規律變化，即預期收益固定不變，可採用本金化率將不變的預期收益折算成現值。企業前後兩段收益現值之和就構成了整體資產的評估值。用公式表示為：

$$PV = \sum_{i=1}^{t} \frac{R_i}{(1+r)^i} + \frac{R_t}{r} \cdot \frac{1}{(1+r)^t}$$

式中：R_t——前段最後一年的收益，並作為後段各年的年金收益；

t——年數，前段、後段的分界年份。

進一步分析時，若後段從 ($t+1$) 年起，企業整體資產預期年收益按某一固定比率遞增，則分段法可表示為：

$$PV = \sum_{i=1}^{t} \frac{R_i}{(1+r)^i} + \frac{R_{t+1}}{(r-g)} \cdot \frac{1}{(1+r)^t}$$

式中：R_{t+1}——第 $t+1$ 年預期年收益；

g——某一固定遞增比率。

二、整體資產評估中收益法的操作步驟

以企業評估為例，整體資產評估的操作步驟包括以下四方面內容，即：確定企業未來預期純收益額；選擇適當的折現率或本金化率；運用收益法基本公式評估企業整體價格；採用其他評估方法對收益法評估值進行補充和修正，並最終確定企業評估值。

(一) 確定企業未來預期純收益額

在企業評估中，企業純收益額是指企業在正常條件下所獲得的淨收入，通常有兩種口徑的表現形式，即企業淨利潤和企業淨現金流量。

1. 企業淨利潤

企業淨利潤又稱稅後利潤，是指企業利潤總額中減去所得稅後的利潤餘額，是從企業角度反應企業整體資產獲利能力的指標，反應企業純收益。

2. 企業淨現金流量

企業淨現金流量是指企業每年實際發生的現金流入量與現金流出量的差額。現金流入量、現金流出量及淨現金流量是三個現金流量指標。

(1) 現金流入量。它是指企業每年實際發生的現金收入，包括產品銷售收入、營業外收入和投資收益。用公式表示為：

$$\text{現金流入量} = \text{產品銷售收入} + \text{營業外收入} + \text{投資收益}$$

（2）現金流出量。它是指企業每年實際發生的現金支出，包括製造成本、期間費用、應付稅金、營業外支出和投資支出。用公式表示為：

$$\text{現金流出量} = \text{製造成本} + \text{期間費用} + \text{應付稅金} + \text{營業外支出} + \text{投資支出}$$

（3）淨現金流量。淨現金流量即現金流入量與現金流出量之差。

$$\text{淨現金流量} = \text{現金流入量} - \text{現金流出量}$$

淨現金流量是動態地反應特定的會計期間（通常為年）資產收益的指標。西方國家常採用該指標作為整體資產的純收益。

由於影響企業未來預期純收益的因素複雜，因此必須在充分瞭解影響預期收益的各種內因和外因的基礎上，收集和整理被評估企業過去和現在（通常為最近5年）的相關財務資料，並綜合考慮各種影響因素，採用科學的預測方法估算被評估企業整體資產未來若干年的預期收益。可以通過編製現金流量表或企業收益表加以預測，也可以運用統計方法如線性迴歸法、移動平均法、指數平滑法等加以預測，確保企業未來預期收益的合理性和準確性。

（二）選擇適當的折現率或本金化率

折現率是將企業在一定時期內（有期限）的未來預期收益折算成現值的比率。本金化率是將永續性的預期收益折算成現值的比率。二者本質上是相同的。一般情況下，折現率或本金化率在數量上也是一致的。折現率由正常投資報酬率和風險投資報酬率兩部分構成。

1. 正常投資報酬率

正常投資報酬率簡稱正常報酬率，又稱無風險報酬率。該投資報酬率不低於投資的機會成本，一般採用政府發行的長期國庫券利率或銀行利率。與外商合資時，無風險報酬率由國際上本行業平均資金收益率確定。

2. 風險投資報酬率

風險投資報酬率簡稱風險報酬率。該投資報酬的大小取決於投資風險的大小，二者呈正相關關係。通常，風險報酬率採用風險累加法和 β 係數法兩種方法測算。

（1）風險累加法。它是將多種風險因素加以量化並累加起來所得到的風險報酬率。用公式表示為：

$$\text{風險報酬率} = \text{行業風險報酬率} + \text{經營風險報酬率} + \text{財務風險報酬率} + \text{其他風險報酬率}$$

(2) β 係數法。它是採用社會平均風險報酬率（社會平均收益率與無風險報酬率之差）、風險係數 β（企業所在行業的平均風險與社會平均風險的比率）而求取的風險報酬率。用公式表示為：

$$風險報酬率 = (社會平均收益率 - 無風險報酬率) \beta$$

或

$$風險報酬率 = 社會平均風險報酬率 \cdot \beta$$

如果進一步考慮被評估企業的規模大小，並確定該企業在其行業中的地位係數，還可以採用以下公式計算風險報酬率。

$$\frac{風險}{報酬率} = \left(\frac{社會平均}{收益率} - \frac{無風險}{報酬率} \right) \beta \times \frac{企業在其行業}{中的地位係數}$$

或

$$\frac{風險}{報酬率} = \frac{社會平均}{風險報酬率} \cdot \beta \times \frac{企業在其行業}{中的地位係數}$$

3. 折現率

通常折現率等於正常投資報酬率與風險投資報酬率之和，用公式表示為：

$$折現率 = 正常投資報酬率 + 風險投資報酬率$$

或

$$折現率 = 無風險報酬率 + 風險報酬率$$

上述折現率適用於企業淨資產的折現。如果是企業總資產的折現，即企業所有者權益和長期負債構成的投資資本所要求的回報率，則必須計算加權平均折現率。用公式表示的加權平均折現率就是企業評估的折現率，即總資產折現率。

$$\frac{加權平均}{折現率} = \frac{長期負債}{總資產} \times \frac{長期負債}{利率} + \frac{所有者權益}{總資產} \times \frac{淨資產}{折現率}$$

上述公式還可以表示為：

$$\frac{企業評估}{的折現率} = \frac{長期負債占}{投資資本的比重} \times \frac{長期負債}{利率} + \frac{所有者權益占}{投資資本的比重} \times \frac{淨資產}{折現率}$$

式中：淨資產折現率 = 無風險報酬率 + 風險報酬率。

(三) 運用收益法基本公式評估企業整體價格

根據待評估企業的基本情況，運用已測算的企業未來預期收益、折現率以及企業整體資產的遞增比率等資料，選擇收益法的基本公式，如年金法、分段法等公式，評定估算企業的整體價格。

(四) 採用其他評估方法對收益法評估值進行補充和修正，並最終確定企業評估值

對整體資產評估除採用收益法之外，還可運用加和法和市盈率乘數法進行評估。其中加和法是通過將構成企業的各單項資產的評估加總（不是簡單

加總）而得到企業整體評估價值的評估方法；市盈率乘數法是在市場上收集與待評估企業相同或相類似的上市公司，將這些上市公司的市盈率作為倍數或乘數，通過對比分析並進行必要的修正以推算待估企業整體價格的評估方法。加和法和市盈率乘數法一般不單獨作為評估企業價格的評估方法，而是作為收益法評估企業價格的驗證方法。其原因在於加和法中的企業價值、獲利能力並不完全取決於構成企業整體資產的各單項資產的加總；而市盈率乘數法卻要求有一個健全的、發達的資本及證券交易市場，目前中國的證券市場規範化程度並不高，通過市盈率乘數法評估企業整體價格的準確度難以保證。因此，在運用收益法求得企業評估值的同時，往往是採用加和法或市盈率乘數法等其他評估方法加以驗證，通過對企業評估值的補充、修正或調整，來最終確定企業整體評估值。

三、整體資產評估實例

[例] 南方公司是化工行業的股份有限公司，擬向社會發行股票，需要對該公司進行整體資產評估。該公司業績一直很穩定，公司外部的行業競爭格局也較穩定。預計公司未來 4 年的預期收益額分別為 580 萬元、560 萬元、600 萬元和 620 萬元。若無風險報酬率為 12%，社會平均收益率為 17%，南方公司所在行業的平均風險相對於社會平均風險的風險系數為 1.2。試採用恰當的方法評估該公司的整體資產價格。

（1）該公司生產經營的內部環境和外部環境均較穩定，因此採用年金法評估該公司的整體資產價格。

（2）折現率或本金化率由無風險報酬率和風險報酬率組成。

$$\text{折現率} = \text{無風險報酬率} + (\text{社會平均收益率} - \text{無風險報酬率})\beta$$
$$= 12\% + (17\% - 12\%) \times 1.2$$
$$= 18\%$$

（3）計算該公司的整體資產評估值。

$$PV = \sum_{i=1}^{n} \frac{R_i}{(1+r)^i} \div \sum_{i=1}^{n} \frac{1}{(1+r)^i} \div r$$

$$= \left[\frac{580}{(1+18\%)} + \frac{560}{(1+18\%)^2} + \frac{600}{(1+18\%)^3} + \frac{620}{(1+18\%)^4}\right]$$

$$\div \left[\frac{1}{(1+18\%)} + \frac{1}{(1+18\%)^2} + \frac{1}{(1+18\%)^3} + \frac{1}{(1+18\%)^4}\right] \div 18\%$$

$$= 3,260 \text{（萬元）}$$

式中，複利現值系數和年金現值系數可通過查閱附錄中的複利現值系數表和年金現值系數表直接得到。

[例] 如仍採用上例，另知該公司整體資產預期收益從第五年起，預計將在第四年的收益水平上以1%的速度遞增，若其他條件不變，則該公司的整體資產評估值為：

$$PV = \sum_{i=1}^{t} \frac{R_i}{(1+r)^i} + \frac{R_{t+1}}{(r-g)} \cdot \frac{1}{(1+r)^t}$$

$$= \left[\frac{580}{(1+18\%)} + \frac{560}{(1+18\%)^2} + \frac{600}{(1+18\%)^3} + \frac{620}{(1+18\%)^4} \right]$$

$$+ \frac{620(1+1\%)}{(18\%-1\%)} \times \frac{1}{(1+18\%)^4}$$

$$= 1,578.68 + 1,899.92$$

$$= 3,479 \text{（萬元）}$$

[例] 康益公司是一家大型鋼鐵公司，由於公司產權變動，需要進行企業整體資產評估。通過市場和市場預測，近年來該公司的利潤總額呈穩步增長趨勢，公司生產經營活動將在未來5年內趨於穩定，預計該公司未來5年的利潤總額分別為2,300萬元、2,700萬元、3,200萬元、3,500萬元和4,000萬元。如確定近期折現率為12%，適用的本金化率為15%，企業所得稅稅率為25%。另知該公司在評估基準日的各單項資產評估值總和為13,979萬元，負債為1,850萬元。試計算該公司在評估基準日的淨資產評估值和商譽。

（1）計算該公司在未來5年的稅后利潤，即淨利潤（利潤總額中扣除所得稅后的余額）。

　　未來第一年的淨利潤 = 2,300×(1-25%) = 1,725（萬元）
　　未來第二年的淨利潤 = 2,700×(1-25%) = 2,025（萬元）
　　未來第三年的淨利潤 = 3,200×(1-25%) = 2,400（萬元）
　　未來第四年的淨利潤 = 3,500×(1-25%) = 2,625（萬元）
　　未來第五年的淨利潤 = 4,000×(1-25%) = 3,000（萬元）

（2）計算公司整體資產評估值，依據題意，可採用分段法。

$$PV = \sum_{i=1}^{t} \frac{R_i}{(1+r_1)^i} + \frac{R_t}{r} \cdot \frac{1}{(1+r_1)^t}$$

$$= \left[\frac{1,725}{(1+12\%)} + \frac{2,025}{(1+12\%)^2} + \frac{2,400}{(1+12\%)^3} + \frac{2,625}{(1+12\%)^4} \right.$$

$$\left. + \frac{3,000}{(1+12\%)^5} \right] + \frac{3,000}{15\%} \times \frac{1}{(1+12\%)^5}$$

＝8,233.28+11,348.54
　　＝19,582（萬元）
　（3）計算該公司淨資產評估值，即從整體資產評估值中扣除負債額后的余額。

　　淨資產評估值＝19,582-1,850＝17,732（萬元）
　（4）計算公司的商譽，即從整體資產評估值中扣除各單項資產評估值的總和后的余額。

　　公司的商譽＝19,582-13,979＝5,603（萬元）

第三節　整體資產評估的其他方法——加和法及市盈率乘數法

一、加和法

　　整體資產評估的加和法是指分別求出企業各單項資產的評估值並累加求和，再扣減負債評估值，最后得出企業整體評估價值的評估方法。其中，各項資產的評估值，要根據評估對象的具體情況，選用適宜的評估方法求出。加和法是按照企業重建的思路進行評估的方法，而不是簡單地對單項資產進行加總，重建是對企業生產能力和獲利能力的重建，評估的是企業的綜合獲利能力，所得出來的企業價值是企業有形資產和無形資產的總和再減去負債。在進行加和法評估之前，要對企業的盈利能力以及相匹配的單項資產進行認定，在認定的過程中如果發現部分資產存在生產能力閒置、資源浪費，或者某些局部資產的功能與整體資產的總體功能不一致，應按照企業的整體性、系統性、效率性原則，對企業的資產進行重組、優化配置，以明確評估的範圍。通常包括以下兩種方式：一是追加投資對企業的生產能力及綜合獲利能力進行填補。追加投資是針對企業生產能力及綜合獲利能力中的薄弱環節，進行追加投入，以達到平衡生產能力的目的，形成一個完整平衡的綜合的獲利能力的載體。二是對整體企業資產進行資產剝離。資產剝離是將那些閒置資產、無效資產、與整體資產功能不匹配的資產進行剝離剔除，不再納入整體資產的評估範圍。

　　評估人員在對各單項資產進行評估之前，必須弄清楚各單項資產評估假設前提，是持續經營假設前提還是非持續經營假設前提。在不同的假設前提下，評估得出的結果是有差別的。對於持續經營假設下的各單項資產的評估，應按其貢獻原則來評估價值；而對於非持續性假設前提下的各項資產的評估，

則應按變現原則來評估其價值。在持續經營的假設前提下，一般不宜單獨採用加和法對企業整體資產進行評估。加和法是通過分別測算企業的可確指的資產后加總而成的，此種方法無法把握企業的整體性，無法衡量企業各單項資產間的匹配程度和經過有機組合后產生的整合效應。因此，在一般情況下不宜單獨運用加和法評估一個在持續經營假設前提下的企業價值。在正常情況下，運用加和法評估一個持續經營的企業應同時採用收益現值法進行驗證。

在目前的情況下，一方面，市場經濟體制正在不斷地完善中，投資機制、市場體系、價格體系、企業資產重組和市場環境等方面都在發生變化，總體上來說，企業未來的收益額和資產額之間的關係尚不能確定，企業真實的獲利水平與其收益能力不匹配。另一方面，企業資產規模較大，非經營性資產佔有一定的比重，非正常費用較多，企業承擔了過多的社會性事務，即企業辦社會，使企業負擔較重，企業中的非經營性資產得不到及時處理，而這些資產又不會給企業帶來收益，違背了企業以盈利為目標的宗旨，所以，有時即使人們認為比較好的企業，採用收益現值法評估出來的結果甚至也會低於各單項資產評估加總的價值，不能客觀地反應企業的真實價值。因此，將加和法與收益現值法配合使用，可以起到互補的作用，既使評估人員能很好地把握企業盈利能力，又能使企業的收益預測建立在堅實的基礎上，使評估結果能真實客觀地反應企業的價值。

但是，採用加和法評估企業整體資產價值，同樣也存在很大的局限性。首先，加和法是從投資和構建資產的角度，而沒有考慮資產的實際效能和經營的效率，在這種情況下，無論企業效益好壞，同類型的企業，只要原始投資額相同，則其評估價值也將趨於一致，而且效益差的企業，還可能比效益好的企業的價值要高。因為效益不好的企業，其資產的利用率較低，損耗率也低，故成新率高，使得評估值高於效益好的企業。再者，採用加和法確定的整體企業價值，只包含了有形資產和可確指的無形資產，不包括不可確指的無形資產（如商譽），因此，若使用該方法時，要將商譽、經濟性貶值等作為評估值的調整項目處理。

企業整體資產評估採用加和法，並運用收益現值法加以驗證，是中國目前較為現實和理想的選擇。用收益現值法來驗證加和法的評估結果，既體現對企業整體資產價值評估的理論導向，又解決了目前的現實問題。

二、市盈率乘數法

市盈率（P/E）是上市公司的每股股票價格與其每股收益額的比率。市盈率乘數法是在市場上收集與待評估企業相同或相類似的上市公司，將這些

上市公司的市盈率作為乘數，通過對比分析並進行必要的修正以推算出被評估企業價值的評估方法。

市盈率乘數法的基本思路是：首先，從證券市場上收集與被評估企業相同或相似的企業的上市公司，可以按照所在行業、生產產品類型、所處地理位置及生產規模等方面的條件進行收集資料。其次，把上市公司的股票價格按公司不同口徑的收益額計算出不同口徑的市盈率，不同口徑的收益額包括息稅前利潤、淨利潤等，計算出的不同口徑的市盈率，作為被評估企業整體資產價值的乘數。接著，分別按不同口徑的市盈率計算出被評估企業的相對應口徑的收益額。再者，以上市公司各口徑的市盈率乘以被評估企業相對口徑的收益額，得到一組被評估企業的初步價值。最后，對該組按不同口徑市盈率計算出的企業價值分別給以權重，加權平均后計算出企業價值。權重的值取決於該口徑計算的收益額、市盈率與企業實際情況的相關度。

利用上市公司的市盈率作為乘數評估企業價值，還必須作適當調整，以剔除被評估企業與上市公司間的差異，比如企業的變現能力、盈利能力等，保證評估價值趨於合理。以市盈率乘數法評估企業，需要一個健全、發達的資本及證券交易市場，要有行業部門齊全且足夠數量的上市公司。但是中國的證券市場起步較晚，市場規範程度不高，由於中國的上市公司在股權結構、股權設置等方面存在許多特殊的因素，市場發育較遲緩，所以通過市盈率乘數法來評估企業整體價值的準確度難以保證。

第四節　整體資產評估的創新方法——實物期權定價法

近年來，隨著中國市場經濟的不斷快速發展，企業併購活動在中國愈演愈烈。面對中國活躍的併購市場，如何能夠合理、準確地進行併購定價，成為影響併購活動的關鍵問題。傳統的定價方法，未對目標企業和併購活動本身所具有的期權價值進行客觀、科學、準確的評估。而實物期權理論則肯定了資產和資源的適應性和靈活性具有戰略價值，從而為企業併購提供了一種價值評估的新思路。

在企業生產經營過程中，往往面臨著市場經營環境、國家宏觀調控政策、高新技術的發展的變化，企業的管理層需要針對這些變化而不斷調整企業的發展戰略，比如不斷地去探尋新的投資項目，或放棄沒有前景的業務，才能不斷地獲得競爭優勢，使企業立於不敗之地。企業的價值不僅僅取決於未來可預見的收益的大小，而且取決於企業擁有多少機會和把握機會的能力，適

應企業外界環境的變化而調整企業的發展計劃，把握住變化中的收益。其實就是一個企業的潛在價值，而運用以現金流量為基準的收益現值法沒有也無法對該潛在價值進行科學合理的反應，其結果就是用收益現值法評估的企業整體資產的價值往往小於其實際價值。因為企業戰略的靈活性與金融資產中的期權有相似之處，針對收益現值法的不足，我們引進了期權定價這一概念。它可以對有可能增加企業價值的機會進行分析評價並進行量化，只有對其進行量化后，才能更好地利用它。我們將收益現值法和期權定價法兩者有機地結合起來，可以看出企業的整體資產價值由兩部分組成，一是由收益現值法折現的評估值，二是實物期權價值。

實物期權（Real Option），廣義上講是以期權概念定義的實物資產的選擇權，是與金融期權（Financial Option）相對的概念，指公司進行長期投資決策時擁有的能根據在決策時尚不確定的因素改變行為的權利，如對企業投資決策的延期、放棄、追加、轉換等。自美國麻省理工學院的斯特沃特·梅耶斯（1977）將金融期權定價理論引入實物投資領域開始，實物期權的研究得到蓬勃發展。佩利波、佩斯克、施蘭克（1999）以評價研究與開發投資方案為例，認為當投資期間較長時，期權定價模式能根據經濟情況的改變而修正其投資決策，但傳統折現現金流模式則無法衡量其管理彈性。齊交甜、劉春杰等人（2001）針對傳統評價方法在企業併購投資決策評價中的不足，研究了實物期權定價方法在企業併購定價中的應用，建立起企業併購價值評估的總體框架，利用期權定價公式對具有增長期權的企業進行估價。趙秀雲（2002）認為，在組織、市場等方面具有顯著靈活性的公司，能夠從涉及多元化的戰略併購中獲得額外的利益，除了通過採取一些改善經營狀況的措施和整合業務以外，多元化還可能為公司開創戰略的靈活性，使公司的資源在未來得到有效利用。因此這些靈活性的價值也是在企業併購價值評估中應該考慮在內的。張維等（2003）學者指出，併購中的企業價值評估有其自身的特點，主要表現在目標企業的價值除了自身價值之外，還應該包括目標企業的附加價值。企業併購價值應該包括兩個方面：自身價值和附加價值。前者主要由傳統的企業價值評估方法計算得出，后者由實物期權理論方法計算得出。由此可見，將實物期權理論應用於企業併購定價中已經得到了中外理論界的廣泛認可。

以下是對企業併購中可能涉及的主要實物期權類型的簡要介紹：

（1）延遲期權（Option To Defer）：當市場情況發生變化，不利於併購企業時，可以延緩併購，等待有利時機的到來。這是一種擇購權，即當條件成熟時再進行併購活動。

（2）放棄期權（Option To Abandon）：在實施併購以後，由於行業或市場

環境的變化，存在目標企業經營效益變差、發展前景不好的風險，在這種情況下，併購企業可以將目標企業整體或部分出售，規避併購的風險。併購企業實際上相當於買進了一份擇售權。

（3）追加投資期權（Option To Latter Investment）：企業擁有根據經營狀況的好壞，調整經營規模的權利，企業的這種權利使企業具有更高的價值。當目標企業的產出和市場銷售比預期的好時，併購企業可以追加對目標企業的投資，充分發揮被併購企業價值增值貢獻的能力。

（4）轉換期權（Option To Switch）：從資產的專用性角度看，如果投資項目的資產專用性不高，具有動態的可轉換的功能，當未來市場需求或產品價格改變時，企業可利用相同的生產要素，選擇生產對企業最有利的產品，也可以投入不同的要素來維持生產特定的產品。管理者可根據未來市場需求變化，來決定最有利的投入與產出，也就是管理者擁有轉換期權。

利用實物期權方法對企業併購進行價值評估逐步成為併購評估中的重要方法，已被廣泛接受。作為對傳統方法的改進，實物期權方法能夠將決策者根據市場情況進行調整的決策柔性納入模型進行評估，改變了傳統評價方法的標準，豐富了企業併購評價理論，改變了決策者對風險的態度，使評估結果更能客觀、科學、全面地反應目標企業的真實價值。與傳統的定價理論相比，實物期權定價法就是在用傳統方法確定的價值基礎之上增加一項實物期權價值的併購定價方法。其應用方法為：

$$V = V' + V_{option}$$

式中：V——目標企業的價值；

V'——為利用傳統方法確定的價值；

V_{option}——為利用布萊克—舒爾斯公式確定的期權價值。

此種實物期權定價方法的缺點：現行的實物期權定價理論忽略了一個事實，即並不是所有的企業都具有突出的期權特性。並且期權貫穿在併購的整個過程中，未加以分析而直接把各種期權簡單加總顯得過於籠統，使用這種方法容易將目標企業的價值高估。這對於併購方來說是很危險的，會使併購方對併購過於樂觀而支付過高的併購價格，但併購后整合產生的收益卻無法彌補併購所支付的價格，這往往會導致企業併購戰略失敗。

實物期權法為評估企業整體資產提供了一種嶄新的思路和方法，讓評估人員能夠認識到企業隱含的價值和增長的潛力，以革新評估人員的評估思想。但是一種評估方法的提出，要有堅實的理論依據做支撐，嚴密的邏輯論證做基礎，並具有一定的實用性。而期權定價方法的應用，於資產評估學中還沒有相應的理論依據和與之相對應的價格標準，方法的實用性還有待進一步論

證。短期內，將實物期權法作為一種單獨的評估方法使用，尚不是最佳時機。但如果將實物期權法與收益現值兩者配合起來使用，將有助於對一些複雜資產進行評估。隨著實物期權理論的發展，先進估價技術的引進，及其自身所擁有的使用簡單、方便的優點，實物期權法將會成為企業價值評估中的一種重要的方法。

第十一章　資產評估報告

第一節　資產評估報告的內容

一、資產評估報告的含義與作用

(一) 資產評估報告的含義

　　資產評估報告是指資產評估師遵照相關法律法規和資產評估準則，在實施了必要的評估程序對特定評估對象價值進行估算後，編製並由其所在評估機構向委託方提交的反應其專業意見的書面文件。它是按照一定格式和內容來反應評估目的、假設、程序、標準、依據、方法、結果及適用條件等基本情況的報告書。

　　資產評估報告有廣義和狹義之分。狹義的資產評估報告即資產評估結果報告書，既是資產評估機構與評估人員完成對資產作價後，就被評估資產在特定條件下的價值所發表的專家意見，也是評估機構履行評估合同情況的總結，還是評估機構與評估人員為資產評估項目承擔相應法律責任的證明文件。廣義的資產評估報告還是一種工作制度，規定評估機構在完成評估工作之後必須按照一定程序的要求，用書面形式向委託方及相關主管部門報告評估過程和結果。

(二) 資產評估報告的作用

　　(1) 資產評估報告為被委託評估的資產提供價值意見。由於資產評估報告作價意見不代表任何一方當事人的利益，是一種獨立的專家估價意見，具有較強的公正性與客觀性，所以成為被委託評估資產作價的重要參考依據。

　　(2) 資產評估報告是反應和體現資產評估工作情況，明確委託方、受託方及有關方面責任的依據。由於資產評估報告用文字的形式，對受託資產評估業務的目的、背景、範圍、依據、程序、方法等過程和評定的結果進行說明和總結，體現了評估機構的工作成果。另外，資產評估報告反應了受託的資產評估機構的權利與義務，明確了委託方、受託方等有關方面的法律責任。

（3）對資產評估報告進行審核，是管理部門監督評估業務開展情況、完善資產評估管理的重要手段。資產評估報告是反應評估機構和評估人員職業道德、執業能力水平以及評估質量高低和機構內部管理機制完善程度的重要依據。資產評估相關管理部門通過審核資產評估報告能夠對評估機構的業務開展情況進行監督和管理，並對評估工作中出現的問題予以指導，不斷完善資產評估工作。

（4）資產評估報告是建立評估檔案、歸集評估檔案資料的重要信息來源。評估機構和評估人員在完成資產評估任務之後，都必須按照檔案管理的規定，將評估過程資料、工作記錄、工作底稿進行歸檔，以便進行評估檔案的管理和使用。另外，撰寫資產評估報告過程採用到的各種數據、依據、工作底稿和資產評估報告制度中形成的有關文字記錄等都是資產評估檔案的重要信息來源。

二、資產評估報告的種類

國際上對資產評估報告有不同的分類，如美國《專業評估執業統一準則》將資產評估報告分為完整型評估報告、簡明型評估報告、限制型評估報告。三種評估報告類型的顯著區別在於報告所提供的內容和數據的繁簡程度不同。隨著中國資產評估業務的不斷增加，中國的資產評估報告種類也在不斷地豐富和完善。目前關於資產評估報告種類的劃分主要有以下幾種：

（1）按資產評估的範圍不同，劃分為整體資產評估報告和單項資產評估報告。整體資產評估報告是指對整體資產進行評估所出具的資產評估報告；單項資產評估報告是僅對某一部分、某一項資產進行評估所出具的資產評估報告。一般情況下，整體資產評估報告的報告內容不僅包括資產，也包括負債和所有者權益；而單項資產評估報告除在建工程外，一般不考慮負債和以整體資產為依託的無形資產等。

（2）按評估對象不同，劃分為資產評估報告、房地產評估報告和土地估價報告。資產評估報告是以資產為評估對象所出具的評估報告。這裡的資產可能包括負債和所有者權益，也可能包括房屋建築物和土地。房地產評估報告則只是以房地產為評估對象所出具的估價報告書。土地估價報告是以土地為評估對象所出具的估價報告。

（3）按評估報告所提供信息資料的內容詳細程度不同，劃分為完整型評估報告、簡明型評估報告。

①完整型評估報告應當重點說明的是：委託方、資產佔有方和其他評估報告使用者的名稱或類型，以及其相互關係；評估目的及與評估業務相關的

經濟行為；價值類型及其定義；評估基準日；評估假設與限制條件，披露影響評估分析、判斷和結論的評估假設與限制條件，以及其對評估結論的影響；執行資產評估業務過程中遵循的法律法規和取價標準等評估依據、評估結論，可以文字或列表方式進行表述；評估報告日等。另外，評估師應詳細地說明評估範圍和評估對象的基本情況，評估程序實施過程和情況，重點說明評估業務承接過程和情況，進行資產勘查、收集評估資料的過程和情況，分析整理評估資料的過程和情況，選擇評估方法的過程和依據，評估方法的基本原理，相關參數的選取和運用評估方法進行計算、分析、判斷的過程，對初步評估結論進行綜合分析，形成最終評估結論的過程。

②簡明型評估報告應該注意簡要說明評估範圍和評估對象的基本情況，簡要說明評估程序實施過程和情況，評估目的表述應當清晰、具體，不得引起誤導。

（4）按評估基準日的選擇不同，劃分為現實型評估報告、預測型評估報告與追溯型評估報告。一般情況下，評估報告的使用，要求評估基準通常與經濟行為實現日相距不超過一年。

（5）按是否具有法律約束力，劃分為法定資產評估報告和諮詢資產評估報告。法定資產評估報告是指具有法定效力、受法律制約的評估報告。諮詢資產評估報告是指出具的評估報告沒有法定效力，其評估結果只作為委託方資產管理的一種參考。

三、資產評估報告的基本要素

2007年發布的《資產評估準則——評估報告》是根據要素與內容對評估報告進行規範的重要評估準則。根據該準則的要求，資產評估報告正文應當包括以下基本要素：

（1）委託方、產權持有者和委託方以外的其他評估報告使用者；
（2）評估目的；
（3）評估對象和評估範圍；
（4）價值類型及其定義；
（5）評估基準日；
（6）評估依據；
（7）評估方法；
（8）評估程序實施過程和情況；
（9）評估假設；
（10）評估結論；

(11) 特別事項說明；

(12) 評估報告使用限制說明；

(13) 評估報告日；

(14) 資產評估師簽字蓋章、評估機構蓋章和法定代表人或者合夥人的簽字。

四、資產評估報告的基本內容與格式

根據中國財政部頒發的《資產評估報告基本內容與格式的暫行規定》，資產評估報告包括的基本內容為：資產評估報告正文、資產評估說明、資產評估明細表及相關附件。

(一) 資產評估報告正文的基本內容與格式

1. 資產評估報告封面

資產評估報告封面必須載明資產評估項目名稱、資產評估機構出具評估報告的編號、資產評估機構的全稱和評估報告提交日期等。若有服務商標的，評估機構可以在報告封面載明其圖形標志。

2. 資產評估報告目錄

資產評估報告目錄列於資產評估報告的封面之後。

3. 資產評估報告摘要

為了讓評估報告的使用者瞭解該報告的主要信息，資產評估報告正文之前有表達該報告關鍵內容的摘要，資產評估報告摘要與資產評估報告正文一樣具有同等法律效力，並要求資產評估師、評估機構法定代表人及評估機構等簽字、蓋章，寫明評估報告提交日期。資產評估報告摘要必須與資產評估報告正文的結論一致，不得有誤導性內容，並提醒使用者閱讀評估報告全文。

4. 資產評估報告正文

資產評估報告正文既要求有文字說明，又要求有各類表格。其格式和主要內容包括：

(1) 首部。資產評估報告正文的首部應包括標題和報告序號，標題應含有「××項目資產評估報告」字樣，資產評估報告序號應符合公文的要求。

(2) 序言。資產評估報告正文的序言應寫明評估委託方的全稱、受託評估事項及評估工作的整體情況，並按規定的格式要求進行表達。

(3) 委託方與資產佔有方簡介。資產評估報告正文的委託方與資產佔有方簡介應較為詳細地分別介紹委託方、資產佔有方的情況。當委託方和資產佔有方相同時，可作為資產佔有方介紹，要寫明委託方和資產佔有方之間的隸屬關係或經濟關係，無隸屬關係或經濟關係的，應寫明發生評估的原因。

當資產佔有方為多家企業時，需要逐一介紹。

（4）評估目的。評估目的應寫明本次資產評估是為滿足委託方的何種需要及其所對應的經濟行為類型，並簡要準確說明該經濟行為是否經過批准。若已獲批准，應將批准文件的名稱、批准單位、批准日期及文號寫出。

（5）評估範圍和對象。評估範圍和對象應寫明納入評估範圍的資產及其類型（流動資產、長期投資、固定資產和無形資產等），並列出評估前的帳面金額。評估資產為多方佔有時，應說明各自的份額及其所對應的資產類型。

（6）評估基準日。評估基準日應寫明評估基準日的具體日期和確定評估基準日的理由或成立條件，也應揭示確定評估基準日對評估結論的影響程度。如果採用非評估基準日的價格，還應對採用非評估基準日的價格標準進行說明。

（7）評估原則。評估原則應寫明評估工作過程中遵循的各類原則和本次評估遵循國家及行業規定的公認原則，對所遵循的特殊原則也應做適當闡述。

（8）評估依據。評估依據包括行為依據、法規依據、產權依據和取價依據等，對評估中採用的特殊依據要做相應的披露。

（9）評估方法。評估方法應說明評估中所選擇和採用的評估方法以及選擇和採用這些評估方法的依據或原因。對某項資產採用一種以上評估方法的，應說明原因並說明該項資產價值的最後確定方法；對採用特殊評估方法的，應適當介紹其原理與適用範圍。

（10）評估過程。評估過程應反應評估機構自接受評估項目委託起至提交評估報告的全過程，包括：接受委託過程中的情況瞭解、確定評估目的、範圍與對象、評估基準日和擬訂評估方案的過程；資產清查中指導資產佔有方清查資產、收集與準備資料、檢查與驗證過程；評定估算的現場核實、評估方法的選擇、市場調查與瞭解的過程；評估匯總、評估結論分析、撰寫評估說明與報告、內部復核過程以及提交資產評估報告的過程等。

（11）評估結論。這部分是資產評估報告正文的重要部分，應使用表述性文字完整地敘述評估機構對評估結果發表的結論，對資產、負債、所有者權益的帳面價值、調整后的帳面價值、評估價值及其增減幅度進行表述；對於不納入評估匯總表的評估事項及其結果還要單獨列示。評估結論是資產評估報告的最終要求，評估結論應清晰、明確地列示，必要時應有說明。在實際工作中一般要提供資產評估結果匯總表。

（12）特別事項說明。特別事項說明應說明評估人員在評估過程中已發現可能影響評估結論，但非評估人員執業水平和能力所能評定估算的有關事項，也要提示評估報告的使用者應注意特別事項對評估結論的影響，還應揭示評

估人員認為需要說明的其他事項。

（13）評估基準日期后重大事項。該部分應揭示評估基準日後至資產評估報告提出期間發生的重要事項，以及評估基準日後事項對評估結論的影響，還應說明發生在評估基準日後不能直接使用評估結論的事項。

（14）資產評估報告的法律效力、使用範圍和有效日期。該部分應具體寫明資產評估報告成立的前提條件和假設條件，並寫明資產評估報告的作用、依照法律法規的有關規定發生法律效力和評估結論的有效使用期限。該部分還應寫明評估結論僅供委託方為評估目的使用，並申明資產評估報告的使用權歸委託方所有，未經許可，不得隨意向他人提供或公開。

（15）評估報告提出日期。該部分應寫明評估報告提交委託方的具體日期。評估報告原則上應在確定的評估基準日後三個月內提出。

（16）尾部。該部分應寫明出具資產評估報告的機構名稱並加蓋公章，還需有評估機構法定代表人和至少兩名資產評估師簽字、蓋章。

(二) 資產評估說明的基本內容與格式

凡按現行資產評估管理有關規定必須進行資產評估的各類資產評估項目，應當按基本內容與格式的要求撰寫評估說明，其目的在於通過資產評估師和評估機構描述其評估程序、方法、依據、參數選取與計算過程，通過委託方、資產佔有方充分揭示對評估行為和結果構成重大影響的事項等，說明評估操作符合相關法律、行政法規和行業規範的要求，在一定程度上證實評估結果的公允性，保護評估行為相關各方的合法利益。評估機構、資產評估師及委託方、資產佔有方應保證其撰寫或提供的構成評估說明各組成部分的內容真實完整，未作虛假陳述，也未遺漏重大事項。

資產評估說明是資產評估師根據有關規定要求撰寫的，對評估項目的評估程序、方法、依據、參數選取和計算過程進行說明的書面報告。資產評估說明是資產評估報告的組成部分，在一定程度上決定評估結論的公允性，從而保護評估行為相關各方的合法利益。它也是財產主管機關審查評估報告的重要文件。

1. 評估說明的封面及目錄

評估說明的封面應載明評估項目的名稱、評估報告編號、評估機構名稱、評估報告提出日期。若需分冊裝訂的評估說明，應在封面上註明共幾冊及該冊的序號。

2. 關於評估說明使用範圍的聲明

應聲明評估報告僅供資產管理部門、企業主管部門、資產評估行業協會在審查資產評估報告和檢查評估機構工作之用，除法律、行政法規規定外，

材料的全部或部分內容不得提供給其他任何單位和個人，不得見諸公開媒體。

3. 關於進行資產評估有關事項的說明

它應包括委託方與資產佔有方概況、關於評估目的的說明、關於評估範圍的說明、關於評估基準日的說明、可能影響評估工作的重大事項說明、資產及負債清查情況的說明，列示資產委託方、資產佔有方提供的資產評估資料清單。

4. 資產清查核實情況的說明

它應說明評估人員對委託評估的企業在評估範圍內的資產與負債進行清查核實的有關情況等。它主要包括資產清查核實的內容，實物資產的分佈情況及特點，影響資產清查的事項，資產清查核實的過程與方法，資產清查結論，資產清查調整事項。

5. 評估依據的說明

它應說明評估工作中所遵循的各種依據，包括行為依據、法規依據、產權依據和取價依據等，如主要法律法規、經濟行為文件、重大合同協議及產權證明文件、採用的取價標準、參考資料及其他。

6. 各項資產和負債的評估技術說明

本部分是對各項資產及負債進行評定估算和估價過程的詳細說明，具體反應：評估中選定的評估方法和採用的技術思路及實施的評估工作，如委託評估資產及負債的帳面情況（帳面金額、發生日期）、委託評估資產及負債的主要業務內容，對清查中發現的帳外資產應分別單獨列示；評估實施的工作，即評估過程中做了哪些工作；評估價值確定的方法、依據、計算過程；涉及的計算公式；涉及的評估價值構成等式；評估值與調整后帳面值的差異及其原因；評估舉例，舉例應選擇典型的、價值量大的資產，應有詳細的評估過程，推導評估結論的每一參數都應說明來源或依據；外幣資金折算為人民幣時，所選取的匯率；對於選用特殊方法進行評估，應詳細介紹選用該方法的原因及其科學性、合理性。它主要包括流動資產評估說明，長期投資評估說明，房屋建築物評估說明，機器設備評估說明，在建工程評估說明，土地使用權評估說明，無形資產及其他資產評估說明，負債評估說明。

7. 整體資產評估收益法評估驗證說明

本部分主要說明運用收益法對企業整體資產進行評估來驗證資產評估結果的有關情況。對於不同的經營實體應分別說明如下基本內容：收益現值法的應用簡介，企業的生產經營業績，企業的經營優勢，企業的經營計劃，企業的各項財務指標，評估依據，企業營業收入、成本費用及長期投資收益預測，折現率的選取和評估值的計算過程，評估結論。

8. 評估結論及其分析

本部分主要概括說明評估結論，應包括：評估結論，評估結果與調整後帳面值比較變動情況及原因，評估結論成立的條件，評估結論的瑕疵事項，評估基準日的期後事項說明及對評估結論的影響，評估結論的效力、使用範圍與有效期。

(三) 資產評估明細表的基本內容

資產評估明細表是反應被評估資產評估前后的資產負債明細情況的表格。它是資產評估報告的組成部分，也是資產評估結果得到認可、評估目的的經濟行為實現後作為調整帳目的主要依據之一。它具體應包括以下內容：資產及其負債的名稱、發生日期、帳面價值、評估價值等；反應資產及其負債特徵的項目；反應評估增減值情況的欄目和備註欄目；反應被評估資產會計科目名稱、資產佔有單位、評估基準日、表號、金額單位、頁碼內容的資產評估明細表表頭；寫明清查人員、評估人員的表尾；評估明細表設立逐級匯總。資產評估明細表一般應按會計科目順序排列裝訂。資產評估明細表包括以下幾個層次：資產評估結果匯總表、資產評估結果分類匯總表、各項資產清查評估匯總表及各項資產清查評估明細表。

(四) 附件

附件是對評估報告正文重要部分的具體說明和必要補充，集中於對評估結論的具體闡述、對評估方法和依據的具體說明、對評估對象的產權和狀況的評價等。主要附件有：

(1) 關於《資產評估報告附件》使用範圍的說明；
(2) 反應評估對象狀況和產權的材料；
(3) 資產負債表及各項資產負債的評估結果清單；
(4) 反應評估依據、方法和重要參數的附件；
(5) 資產評估機構資格證書複印件；
(6) 能夠表明經濟情形涉及資產範圍對象和生產經營單位的文件資料；
(7) 房屋建築物、土地使用權及其他重要資產的產權證明文件；
(8) 其他必要的文件。

第二節　資產評估報告的編製

由於資產評估報告不是一般的應用文書，而是一份對被評估資產價值有諮詢性和鑒證性的文書，同時也是一份用來明確資產評估機構和評估人員工作責任的文字依據，所以要清楚、準確、全面地敘述整個評估的具體過程。

一、資產評估報告的編製要求

(一) 資產評估報告的客觀性

資產評估報告必須建立在真實、客觀的基礎上，不能脫離實際情況，更不能無中生有。這就要求評估人員在編寫資產評估報告時，實事求是，真實地反應評估工作情況，同時要求報告的所有附件，例如取證的材料，有關市場價格的信息資料、財務資料等，真實、公正地反應被評估資產情況，絕不允許評估機構和評估人員運用虛假資料，有意偏向資產業務的某一方，對被評估資產做出不公正的判斷。另外，報告擬定人應是參與該項目並較全面瞭解該項目情況的主要評估人員。

(二) 資產評估報告的一致性

編製資產評估報告應堅持一致性做法，切忌出現表裡不一。報告書文字、內容前后要一致，摘要、正文、評估說明、評估明細表內容與數據要一致。

(三) 資產評估報告的全面性與準確性

資產評估報告應全面、準確、簡練地敘述評估的依據、過程和結果。措辭要嚴謹，不能含糊不清，模棱兩可；同時，要求文字表達的含義要準確肯定，以免引起異議或誤解；還要求使用統一的貨幣計量單位和同一幣種。

(四) 資產評估報告的及時性與保密性

在正式完成資產評估工作后，應按業務約定書的約定時間及時將報告書送交委託方。送交報告書時，報告書及有關文件要送交齊全。涉及外商投資項目的對中方資產評估的評估報告，必須嚴格按照有關規定辦理。此外，要做好客戶保密工作，尤其是對評估涉及的商業秘密和技術秘密，更要加強保密工作。

二、資產評估報告的編製步驟

資產評估報告的編製是資產評估過程中的最后一道工序，是資產評估編

製過程中的重要組成部分。資產評估報告的編製步驟具體分為以下五步:

(一) 分類整理工作底稿和歸集有關資料

編製資產評估報告的基礎是擁有大量、真實的與被評估資產有關的背景資料、技術鑒定情況資料及其他可供參考的數據記錄等評估工作記錄。然后工作人員對全部工作記錄進行分類整理,包括評估作業分析表的審核、評估依據的說明等,最后由評估小組每個評估人員按各自的分工形成分類評估的文字材料。

(二) 評估明細表的數字匯總

評估資料的匯總是編製資料評估報告的前期工作,目的在於消除分項評估的重複或遺漏項目,調整和修飾不同評估方法的差異,從而得出綜合性有效評估結論。在完成現場工作底稿和有關資料的歸集任務后,資產評估師應著手評估明細表的數字匯總。明細表的數字匯總應根據明細表的不同級次,先進行明細表匯總,然后進行分類匯總,再進行資產負債表的匯總。在數字匯總過程中應反覆核對各有關表格的數字的關聯性和各表格欄目之間數字的鈎稽關係,以防出錯。

(三) 評估初步數據的分析和討論

在整理分類形成分類評估的文字材料后,應及時召開評估小組全體評估工作人員會議,對評估情況和初步結論進行分析討論,如果發現其中提法不妥、計算錯誤、作價不合理等方面的問題,要及時進行調整。尤其是採用兩種不同評估方法得出了兩個結果的,需要在充分討論的基礎上,最終得出一個比較正確的結果。

(四) 編寫評估報告

一般來說編寫評估報告分為兩個步驟:第一,在完成資產評估初步數據的分析和討論,對有關部分的數據進行調整后,由具體參加評估的各組負責人員草擬出各自負責評估部分資產的評估說明后,全面負責、熟悉本項目評估具體情況的人員便可草擬出資產評估報告;第二,將評估基本情況和評估報告初稿的初步結論與委託方交換意見,聽取委託方的反饋意見后,在堅持獨立、客觀、公正的前提下,認真分析委託方提出的問題和建議,考慮是否應該修改評估報告,並對評估報告中存在的疏忽、遺漏和錯誤之處進行修正,待修改完畢即可撰寫出資產評估正式報告。

(五) 簽發與送交資產評估報告

評估機構撰寫出資產評估正式報告后,首先由組織該項資產評估的項目

經理（或項目負責人）審核。如果評估報告的內容正確無誤，項目負責人就應代表該項資產評估項目小組，將評估報告交給評估機構的稽核人員，由評估機構專人稽核後，再由評估機構法定代表人審核、簽字、蓋章，以此表明評估機構對評估報告的內容及結論承擔法律責任。提交評估報告後，如果委託方沒有表示異議，就表明整個評估工作已經結束，評估機構可根據事先簽訂的委託合同或業務約定書，向委託方收取約定的資產評估費用。

三、資產評估報告的製作技能

(一) 文字表達方面的技能

資產評估報告既是一份對被評估資產價值有諮詢性和鑒證性作用的文書，又是一份用來明確資產評估機構和評估人員工作責任的文字依據，所以它的文字表達技能要求既要清楚、準確，又要提供充分的依據說明，還要全面地敘述整個評估的具體過程。其文字的表達必須準確，不得使用模棱兩可的措辭。資產評估師應在評估報告中提供必要信息，使評估報告使用者能夠合理理解評估結論。

(二) 格式和內容方面的技能

對資產評估報告格式和內容方面的技能要求應遵循財政部頒發的《資產評估報告基本內容與格式的暫行規定》，並遵循相關評估準則進行編製。

(三) 評估報告書的復核及反饋方面的技能

資產評估報告的復核、評判與反饋是資產評估報告製作的具體技能要求。通過對工作底稿、評估說明、評估明細表和報告書正文的文字、格式及內容的復核和反饋，可以使有關錯誤、遺漏在出具正式報告書之前得到修正。對評估人員來說，資產評估工作是一項必須由多個評估人員同時作業的仲介業務，每個評估人員都有可能因能力、水平、經驗、閱歷及理論方法的限制而產生工作盲點和工作疏忽，所以，有必要對資產評估報告初稿進行審核。就對評估資產的情況熟悉程度來說，大多數資產委託方和佔有方對委託評估資產的分佈、結構、成新等具體情況總是會比評估機構和評估人員更熟悉。因此，在出具正式報告之前徵求委託方意見，搜集反饋意見也很有必要。

對資產評估報告必須建立起多級復核和交叉復核的制度，明確復核人的職責，防止流於形式的復核。搜集反饋意見主要是通過委託方或佔有方熟悉資產具體情況的人員。對委託方或佔有方意見的反饋信息應謹慎對待，應本著獨立、客觀、公正的態度去接受其反饋意見。

附錄 1 複利終值係數表

r \ n	1	2	3	4	5	6	7	8	9	10
1%	1.010,00	1.020,10	1.030,30	1.040,60	1.051,01	1.061,52	1.072,14	1.082,86	1.093,69	1.104,62
2%	1.020,00	1.040,40	1.061,21	1.082,43	1.104,08	1.126,16	1.148,69	1.171,66	1.195,09	1.218,99
3%	1.030,00	1.060,90	1.092,73	1.125,51	1.159,27	1.194,05	1.229,87	1.266,77	1.304,77	1.343,92
4%	1.040,00	1.081,60	1.124,86	1.169,86	1.216,65	1.265,32	1.315,93	1.368,57	1.423,31	1.480,24
5%	1.050,00	1.102,50	1.157,63	1.215,51	1.276,28	1.340,10	1.407,10	1.477,46	1.551,33	1.628,89
6%	1.060,00	1.123,60	1.191,02	1.262,48	1.338,23	1.418,52	1.503,63	1.593,85	1.689,48	1.790,85
7%	1.070,00	1.144,90	1.225,04	1.310,80	1.402,55	1.500,73	1.605,78	1.718,19	1.838,46	1.967,15
8%	1.080,00	1.166,40	1.259,71	1.360,49	1.469,33	1.586,87	1.713,82	1.850,93	1.999,00	2.158,92
9%	1.090,00	1.188,10	1.295,03	1.411,58	1.538,62	1.677,10	1.828,04	1.992,56	2.171,89	2.367,36
10%	1.100,00	1.210,00	1.331,00	1.464,10	1.610,51	1.771,56	1.948,72	2.143,59	2.357,95	2.593,74
12%	1.120,00	1.254,40	1.404,93	1.573,52	1.762,34	1.973,82	2.210,68	2.475,96	2.773,08	3.105,85
14%	1.140,00	1.299,60	1.481,54	1.688,96	1.925,41	2.194,97	2.502,27	2.852,59	3.251,95	3.707,22
16%	1.160,00	1.345,60	1.560,90	1.810,64	2.100,34	2.436,40	2.826,22	3.278,41	3.802,96	4.411,44
18%	1.180,00	1.392,40	1.643,03	1.938,78	2.287,76	2.699,55	3.185,47	3.758,86	4.435,45	5.233,84
20%	1.200,00	1.440,00	1.728,00	2.073,60	2.488,32	2.985,98	3.583,18	4.299,82	5.159,78	6.191,74
24%	1.240,00	1.537,60	1.906,62	2.364,21	2.931,63	3.635,22	4.507,67	5.589,51	6.930,99	8.594,43
28%	1.280,00	1.638,40	2.097,15	2.684,35	3.435,97	4.398,05	5.629,50	7.205,76	9.223,37	11.805,9
32%	1.320,00	1.742,40	2.299,97	3.035,96	4.007,46	5.289,85	6.982,61	9.217,04	12.166,5	16.059,8
36%	1.360,00	1.849,60	2.515,46	3.421,02	4.652,95	6.327,52	8.605,43	11.703,4	15.916,6	21.646,6
40%	1.400,00	1.960,00	2.744,00	3.841,60	5.378,24	7.529,54	10.541,4	14.757,9	20.661,0	28.925,5
50%	1.500,00	2.250,00	3.375,00	5.062,50	7.593,75	11.390,6	17.085,9	25.628,9	38.443,4	57.665,0

附錄 1（續 1）

n\r	11	12	13	14	15	16	17	18	19	20
1%	1.115,67	1.126,83	1.138,09	1.149,47	1.160,97	1.172,58	1.184,30	1.196,15	1.208,11	1.220,19
2%	1.243,37	1.268,24	1.293,61	1.319,48	1.345,87	1.372,79	1.400,24	1.428,25	1.456,81	1.485,95
3%	1.384,23	1.425,76	1.468,53	1.512,59	1.557,97	1.604,71	1.652,85	1.702,43	1.753,51	1.806,11
4%	1.539,45	1.601,03	1.665,07	1.731,68	1.800,94	1.872,98	1.947,90	2.025,82	2.106,85	2.191,12
5%	1.710,34	1.795,86	1.885,65	1.979,93	2.078,93	2.182,87	2.292,02	2.406,62	2.526,95	2.653,30
6%	1.898,30	2.012,20	2.132,93	2.260,90	2.396,56	2.540,35	2.692,77	2.854,34	3.025,60	3.207,14
7%	2.104,85	2.252,19	2.409,85	2.578,53	2.759,03	2.952,16	3.158,82	3.379,93	3.616,53	3.869,68
8%	2.331,64	2.518,17	2.719,62	2.937,19	3.172,17	3.425,94	3.700,02	3.996,02	4.315,70	4.660,96
9%	2.580,43	2.812,66	3.065,80	3.341,73	3.642,48	3.970,31	4.327,63	4.717,12	5.141,66	5.604,41
10%	2.853,12	3.138,43	3.452,27	3.797,50	4.177,25	4.594,97	5.054,47	5.559,92	6.115,91	6.727,50
12%	3.478,55	3.895,98	4.363,49	4.887,11	5.473,57	6.130,39	6.866,04	7.689,97	8.612,76	9.646,29
14%	4.226,23	4.817,90	5.492,41	6.261,35	7.137,94	8.137,25	9.276,46	10.575,2	12.055,7	13.743,5
16%	5.117,26	5.936,03	6.885,79	7.987,52	9.265,52	10.748,0	12.467,7	14.462,5	16.776,5	19.460,8
18%	6.175,93	7.287,59	8.599,36	10.147,2	11.973,7	14.129,0	16.672,2	19.673,2	23.214,4	27.393,0
20%	7.430,08	8.916,10	10.699,3	12.839,2	15.407,0	18.488,4	22.186,1	26.623,3	31.948,0	38.337,6
24%	10.657,1	13.214,8	16.386,3	20.319,1	25.195,6	31.242,6	38.740,8	48.038,6	59.567,9	73.864,1
28%	15.111,6	19.342,8	24.758,8	31.691,3	40.564,8	51.923,0	66.461,4	85.070,6	108.890	139.380
32%	21.198,9	27.982,5	36.937,0	48.756,8	64.359,0	84.953,8	112.139	148.024	195.391	257.916
36%	29.439,3	40.037,5	54.451,0	74.053,4	100.713	136.969	186.278	253.338	344.540	468.574
40%	40.495,7	56.693,9	79.371,5	111.120	155.568	217.795	304.913	426.879	597.630	836.683
50%	86.497,6	129.746	194.620	291.929	437.894	656.841	985.261	1.477,89	2.216,84	3.325,26

附錄 1（續 2）

r \ n	21	22	23	24	25	26	27	28	29	30
1%	1,232.39	1,244.72	1,257.16	1,269.73	1,282.43	1,295.26	1,308.21	1,321.29	1,334.50	1,347.85
2%	1,515.67	1,545.98	1,576.90	1,608.44	1,640.61	1,673.42	1,706.89	1,741.02	1,775.84	1,811.36
3%	1,860.29	1,916.10	1,973.59	2,032.79	2,093.78	2,156.59	2,221.29	2,287.93	2,356.57	2,427.26
4%	2,278.77	2,369.92	2,464.72	2,563.30	2,665.84	2,772.47	2,883.37	2,998.70	3,118.65	3,243.40
5%	2,785.96	2,925.26	3,071.52	3,225.10	3,386.35	3,555.67	3,733.46	3,920.13	4,116.14	4,321.94
6%	3,399.56	3,603.54	3,819.75	4,408.93	4,291.87	4,549.38	4,822.35	5,111.69	5,418.39	5,743.49
7%	4,140.56	4,430.40	4,740.53	5,072.37	5,427.43	5,807.35	6,213.87	6,648.84	7,114.26	7,612.26
8%	5,033.83	5,436.54	5,871.46	6,341.18	6,848.48	7,396.35	7,988.06	8,627.11	9,317.27	10,062.7
9%	6,108.81	6,658.60	7,257.87	7,911.08	8,623.08	9,399.16	10,245.1	11,167.1	12,172.2	13,267.7
10%	7,400.25	8,140.27	8,954.30	9,849.73	10,834.7	11,918.2	13,110.0	14,421.0	15,863.1	17,449.4
12%	10,803.9	12,100.3	13,552.3	15,178.6	17,000.1	19,040.1	21,324.9	23,883.9	26,749.9	29,959.9
14%	15,667.6	17,861.0	20,361.6	23,212.2	26,461.9	30,166.6	34,389.7	39,204.5	44,693.1	50,950.2
16%	22,574.5	26,186.4	30,376.2	35,236.4	40,874.2	47,414.1	55,000.4	63,800.4	74,008.5	85,849.9
18%	32,323.8	38,142.1	45,007.6	53,109.0	62,668.6	73,949.0	87,259.8	102.967	121.501	143.371
20%	46,005.1	55,206.1	66,247.4	79,496.8	95,396.2	114.475	137.371	164.845	197.814	237.376
24%	91,591.5	113.574	140.831	174.631	216.542	268.512	332.955	412.864	511.952	634.820
28%	178.406	228.360	292.300	374.144	478.905	612.998	784.638	1,004.34	1,285.55	1,645.50
32%	340.449	449.394	593.199	783.023	1,033.59	1,364.34	1,800.93	2,377.22	3,137.94	4,142.07
36%	637.261	866.674	1,178.68	1,603.00	2,180.08	2,964.91	4,032.28	5,483.90	7,458.10	10,143.0
40%	1,171.36	1,639.90	2,295.86	3,214.20	4,499.88	6,299.83	8,819.76	12,347.7	17,286.7	24,201.4
50%	4,987.89	7,481.83	11,222.7	16,834.1	25,251.2	37,876.8	56,815.1	85,222.7	127,834	191,751

複利現值系數表

r \ n	1	2	3	4	5	6	7	8	9	10
1%	0.990,10	0.980,30	0.970,59	0.960,98	0.951,47	0.942,05	0.932,72	0.923,48	0.914,34	0.905,29
2%	0.980,39	0.961,17	0.942,32	0.923,85	0.905,73	0.887,97	0.870,56	0.853,49	0.836,76	0.820,35
3%	0.970,87	0.942,60	0.915,14	0.888,49	0.862,61	0.837,48	0.813,09	0.789,41	0.766,42	0.744,09
4%	0.961,54	0.924,56	0.889,00	0.854,80	0.821,93	0.790,31	0.759,92	0.730,69	0.702,59	0.675,56
5%	0.952,38	0.907,03	0.863,84	0.822,70	0.783,53	0.746,22	0.710,68	0.676,84	0.644,61	0.613,91
6%	0.943,40	0.890,00	0.839,62	0.792,09	0.747,26	0.704,96	0.665,06	0.627,41	0.591,90	0.558,39
7%	0.934,58	0.873,44	0.816,30	0.762,90	0.712,99	0.666,34	0.622,75	0.582,01	0.543,93	0.508,35
8%	0.925,93	0.857,34	0.793,83	0.735,03	0.680,58	0.630,17	0.583,49	0.540,27	0.500,25	0.463,19
9%	0.917,43	0.841,68	0.772,18	0.708,43	0.649,93	0.596,27	0.547,03	0.501,87	0.460,43	0.422,41
10%	0.909,09	0.826,45	0.751,31	0.683,01	0.620,92	0.564,47	0.513,16	0.466,51	0.424,10	0.385,54
12%	0.892,86	0.797,19	0.711,78	0.635,52	0.567,43	0.506,63	0.452,35	0.403,88	0.360,61	0.321,97
14%	0.877,19	0.769,47	0.674,97	0.592,08	0.519,37	0.455,59	0.399,64	0.350,56	0.307,51	0.269,74
16%	0.862,07	0.743,16	0.640,66	0.552,29	0.476,11	0.410,44	0.353,83	0.305,03	0.262,95	0.226,68
18%	0.847,46	0.718,18	0.608,63	0.515,79	0.437,11	0.370,43	0.313,93	0.266,04	0.225,46	0.191,06
20%	0.833,33	0.694,44	0.578,70	0.482,25	0.401,88	0.334,90	0.279,08	0.232,57	0.193,81	0.161,51
22%	0.819,67	0.671,86	0.550,71	0.451,40	0.370,00	0.303,28	0.248,59	0.203,76	0.167,02	0.136,90
24%	0.806,45	0.650,36	0.524,49	0.422,97	0.341,11	0.275,09	0.221,84	0.178,91	0.144,28	0.116,35
26%	0.793,65	0.629,88	0.499,91	0.396,75	0.314,88	0.249,91	0.198,34	0.157,41	0.124,93	0.099,15
28%	0.781,25	0.610,35	0.476,84	0.372,53	0.291,04	0.227,37	0.177,64	0.138,78	0.108,42	0.084,70
30%	0.769,23	0.591,72	0.455,17	0.350,13	0.269,33	0.207,18	0.159,37	0.122,59	0.094,30	0.072,54
35%	0.740,74	0.548,70	0.406,44	0.301,07	0.223,01	0.165,20	0.122,37	0.090,64	0.067,14	0.049,74
40%	0.714,29	0.510,20	0.364,43	0.260,31	0.185,93	0.132,81	0.094,86	0.067,76	0.048,40	0.034,57
50%	0.666,67	0.444,44	0.296,30	0.197,53	0.131,69	0.087,79	0.058,53	0.039,02	0.026,01	0.017,34

附錄 2

資產評估

附錄 2（續 1）

r \ n	11	12	13	14	15	16	17	18	19	20
1%	0.896,32	0.887,45	0.878,66	0.869,96	0.861,35	0.852,82	0.844,38	0.836,02	0.827,74	0.819,54
2%	0.804,26	0.788,49	0.773,03	0.757,88	0.743,01	0.728,45	0.714,16	0.700,16	0.686,43	0.672,97
3%	0.722,42	0.701,38	0.680,95	0.661,12	0.641,86	0.623,17	0.605,02	0.587,39	0.570,29	0.553,68
4%	0.649,58	0.624,60	0.600,57	0.577,48	0.555,26	0.533,91	0.513,37	0.493,63	0.474,64	0.456,39
5%	0.584,68	0.556,84	0.530,32	0.505,07	0.481,02	0.458,11	0.436,30	0.415,52	0.395,73	0.376,89
6%	0.526,79	0.496,97	0.468,84	0.442,30	0.417,27	0.393,65	0.371,36	0.350,34	0.330,51	0.311,80
7%	0.475,09	0.444,01	0.414,96	0.387,82	0.362,45	0.338,73	0.316,57	0.295,86	0.276,51	0.258,42
8%	0.428,88	0.397,11	0.367,70	0.340,46	0.315,24	0.291,89	0.270,27	0.250,25	0.231,71	0.214,55
9%	0.387,53	0.355,53	0.326,18	0.299,25	0.274,54	0.251,87	0.231,07	0.211,99	0.194,49	0.178,43
10%	0.350,49	0.318,63	0.289,66	0.263,33	0.239,39	0.217,63	0.197,84	0.179,86	0.163,51	0.148,64
12%	0.287,48	0.256,68	0.229,17	0.204,62	0.182,70	0.163,12	0.145,64	0.130,04	0.116,11	0.103,67
14%	0.236,62	0.207,56	0.182,07	0.159,71	0.140,10	0.122,89	0.107,80	0.094,56	0.082,95	0.072,76
16%	0.195,42	0.168,46	0.145,23	0.125,20	0.107,93	0.093,04	0.080,21	0.069,14	0.059,61	0.051,39
18%	0.161,92	0.137,22	0.116,29	0.098,55	0.083,52	0.070,78	0.059,98	0.050,83	0.043,08	0.036,51
20%	0.134,59	0.112,16	0.093,46	0.077,89	0.064,91	0.054,09	0.045,07	0.037,56	0.031,30	0.026,08
22%	0.112,21	0.091,98	0.075,39	0.061,80	0.050,65	0.041,52	0.034,03	0.027,89	0.022,86	0.018,74
24%	0.093,83	0.075,67	0.061,03	0.049,21	0.039,69	0.032,01	0.025,81	0.020,82	0.016,79	0.013,54
26%	0.078,69	0.062,45	0.049,57	0.039,34	0.031,22	0.024,78	0.019,67	0.015,61	0.012,39	0.009,83
28%	0.066,17	0.051,70	0.040,39	0.031,55	0.024,65	0.019,26	0.015,05	0.011,75	0.009,18	0.007,17
30%	0.055,80	0.042,92	0.033,02	0.025,40	0.019,54	0.015,03	0.011,56	0.008,89	0.006,84	0.005,26
35%	0.036,84	0.027,29	0.020,21	0.014,97	0.011,09	0.008,22	0.006,09	0.004,51	0.003,34	0.002,47
40%	0.024,69	0.017,64	0.012,60	0.009,00	0.006,43	0.004,59	0.003,28	0.002,34	0.001,67	0.001,20
50%	0.011,56	0.007,71	0.005,14	0.003,43	0.002,28	0.001,52	0.001,01	0.000,68	0.000,45	0.000,30

附錄 2（續 2）

n\r	21	22	23	24	25	26	27	28	29	30
1%	0.811,43	0.803,40	0.795,44	0.787,57	0.779,77	0.772,05	0.764,40	0.756,84	0.749,34	0.741,92
2%	0.659,78	0.646,84	0.634,16	0.621,72	0.609,53	0.597,58	0.585,86	0.574,37	0.563,11	0.552,07
3%	0.537,55	0.521,89	0.506,69	0.491,93	0.477,61	0.463,69	0.450,19	0.437,08	0.424,35	0.411,99
4%	0.438,83	0.421,96	0.405,73	0.390,12	0.375,12	0.360,69	0.346,82	0.333,48	0.320,65	0.308,32
5%	0.358,94	0.341,85	0.325,57	0.310,07	0.295,30	0.281,24	0.267,85	0.255,09	0.242,95	0.231,38
6%	0.294,16	0.277,51	0.261,80	0.246,98	0.233,00	0.219,81	0.207,37	0.195,63	0.184,56	0.174,11
7%	0.241,51	0.225,71	0.210,95	0.197,15	0.184,25	0.172,20	0.160,93	0.150,40	0.140,56	0.131,37
8%	0.198,66	0.183,94	0.170,32	0.157,70	0.146,02	0.135,20	0.125,19	0.115,91	0.107,33	0.099,38
9%	0.163,70	0.150,18	0.137,78	0.126,40	0.115,97	0.106,39	0.097,61	0.089,55	0.082,15	0.075,37
10%	0.135,13	0.122,85	0.111,68	0.101,53	0.092,30	0.083,91	0.076,28	0.069,34	0.063,04	0.057,31
12%	0.092,56	0.082,64	0.073,79	0.065,88	0.058,22	0.052,52	0.046,89	0.041,87	0.037,38	0.033,38
14%	0.063,83	0.055,99	0.049,11	0.043,08	0.037,79	0.033,15	0.020,98	0.025,51	0.022,37	0.019,63
16%	0.044,30	0.038,19	0.032,92	0.028,38	0.024,47	0.021,09	0.018,18	0.015,67	0.013,51	0.011,65
18%	0.030,94	0.026,22	0.022,22	0.018,83	0.015,96	0.013,52	0.011,46	0.009,71	0.008,23	0.006,97
20%	0.021,74	0.018,11	0.015,09	0.012,58	0.010,48	0.008,74	0.007,28	0.006,07	0.005,06	0.004,21
22%	0.015,36	0.012,59	0.010,32	0.008,46	0.006,93	0.005,68	0.004,66	0.003,82	0.003,13	0.002,57
24%	0.010,92	0.008,80	0.007,10	0.005,73	0.004,62	0.003,72	0.003,00	0.002,42	0.001,95	0.001,58
26%	0.007,80	0.006,19	0.004,91	0.003,90	0.003,10	0.002,46	0.001,95	0.001,55	0.001,23	0.000,97
28%	0.005,61	0.004,38	0.003,42	0.002,67	0.002,09	0.001,63	0.001,27	0.001,00	0.000,78	0.000,61
30%	0.004,05	0.003,11	0.002,39	0.001,84	0.001,42	0.001,09	0.000,84	0.000,65	0.000,50	0.000,38
35%	0.001,83	0.001,36	0.001,01	0.000,74	0.000,55	0.000,41	0.000,30	0.000,22	0.000,17	0.000,12
40%	0.000,85	0.000,61	0.000,44	0.000,31	0.000,22	0.000,16	0.000,11	0.000,08	0.000,06	0.000,04
50%	0.000,20	0.000,13	0.000,09	0.000,06	0.000,04	0.000,03	0.000,02	0.000,01	0.000,01	0.000,01

附錄 3 年金終值系數表

r \ n	1	2	3	4	5	6	7	8	9	10
1%	1,000.00	2,010.00	3,030.10	4,060.40	5,101.01	6,152.02	7,213.54	8,285.67	9,368.53	10,462.2
2%	1,000.00	2,020.00	3,060.40	4,121.61	5,204.04	6,308.12	7,434.28	8,582.97	9,754.63	10,949.7
3%	1,000.00	2,030.00	3,090.90	4,183.63	5,309.14	6,468.41	7,662.46	8,892.34	10,159.1	11,463.9
4%	1,000.00	2,040.00	3,121.60	4,246.46	5,416.32	6,632.98	7,898.29	9,214.23	10,582.8	12,006.1
5%	1,000.00	2,050.00	3,152.50	4,310.12	5,525.63	6,801.91	8,142.01	9,549.11	11,026.6	12,577.9
6%	1,000.00	2,060.00	3,183.60	4,374.62	5,637.09	6,975.32	8,393.84	9,897.47	11,491.3	13,180.8
7%	1,000.00	2,070.00	3,214.90	4,439.94	5,750.74	7,153.29	8,654.02	10,259.8	11,978.0	13,816.4
8%	1,000.00	2,080.00	3,246.40	4,506.11	5,866.60	7,335.93	8,922.80	10,636.6	12,487.6	14,486.6
9%	1,000.00	2,090.00	3,278.10	4,573.13	5,984.71	7,523.33	9,200.43	11,028.5	13,021.0	15,192.9
10%	1,000.00	2,100.00	3,310.00	4,641.00	6,105.10	7,715.61	9,487.17	11,435.9	13,579.5	15,937.4
12%	1,000.00	2,120.00	3,374.40	4,779.33	6,352.85	8,115.19	10,089.0	12,299.7	14,775.7	17,548.7
14%	1,000.00	2,140.00	3,439.60	4,921.14	6,610.10	8,535.52	10,730.5	13,232.8	16,085.3	19,337.3
16%	1,000.00	2,160.00	3,505.60	5,066.50	6,877.14	8,977.48	11,413.9	14,240.1	17,518.5	21,321.5
18%	1,000.00	2,180.00	3,572.40	5,215.43	7,154.21	9,441.97	12,141.5	15,327.0	19,085.9	23,521.3
20%	1,000.00	2,200.00	3,640.00	5,368.00	7,441.60	9,929.92	12,915.9	16,499.1	20,798.9	25,957.8
22%	1,000.00	2,220.00	3,708.40	5,524.25	7,739.58	10,442.3	13,739.6	17,762.3	22,670.0	28,657.4
24%	1,000.00	2,240.00	3,777.60	5,684.22	8,048.44	10,980.1	14,615.3	19,122.9	24,712.5	31,643.4
26%	1,000.00	2,260.00	3,847.60	5,847.98	8,368.45	11,544.2	15,545.8	20,587.6	26,940.4	34,944.9
28%	1,000.00	2,280.00	3,918.40	6,015.55	8,699.91	12,135.9	16,533.9	22,163.4	29,369.2	38,592.6
30%	1,000.00	2,300.00	3,990.00	6,187.00	9,043.10	12,756.0	17,582.8	23,857.7	32,015.0	42,619.5
35%	1,000.00	2,350.00	4,172.50	6,632.88	9,954.38	14,438.4	20,491.9	28,664.0	39,696.4	54,590.2
40%	1,000.00	2,400.00	4,360.00	7,104.00	10,945.6	16,323.8	23,853.4	34,394.7	49,152.6	69,813.7
50%	1,000.00	2,500.00	4,750.00	8,125.00	13,187.5	20,781.3	32,171.9	49,257.8	74,886.7	113.330

附錄 3（續 1）

r \ n	11	12	13	14	15	16	17	18	19	20
1%	11,566.8	12,682.5	13,809.3	14,947.4	16,096.9	17,257.9	18,430.4	19,614.7	20,810.9	22,019.0
2%	12,168.7	13,412.1	14,680.3	15,973.9	17,293.4	18,639.3	20,012.1	21,412.3	22,840.6	24,297.4
3%	12,807.8	14,192.0	15,617.8	17,086.3	18,598.9	20,156.9	21,761.6	23,414.4	25,116.9	26,870.4
4%	13,486.4	15,025.8	16,626.8	18,291.9	20,023.6	21,824.5	23,697.5	25,645.4	27,671.2	29,778.1
5%	14,206.8	15,917.1	17,713.0	19,598.6	21,578.6	23,657.5	25,840.4	28,132.4	30,539.0	33,066.0
6%	14,971.6	16,869.9	18,882.1	21,015.1	23,276.0	25,672.5	28,212.9	30,905.6	33,760.0	36,785.6
7%	15,783.6	17,888.5	20,140.6	22,550.5	25,129.0	27,888.1	30,840.2	33,999.0	37,379.0	40,995.5
8%	16,645.5	18,977.1	21,495.3	24,214.9	27,152.1	30,324.3	33,750.2	37,450.2	41,446.3	45,762.0
9%	17,560.3	20,140.7	22,953.4	26,019.2	29,360.9	33,003.4	36,973.7	41,301.3	46,018.5	51,160.1
10%	18,531.2	21,384.3	24,522.7	27,975.0	31,772.5	35,949.7	40,544.7	45,599.2	51,159.1	57,275.0
12%	20,654.6	24,133.1	28,029.1	32,392.6	37,279.7	42,753.3	48,883.7	55,749.7	63,439.7	72,052.4
14%	23,044.5	27,270.7	32,088.7	37,581.1	43,842.4	50,980.4	59,117.6	68,394.1	78,969.2	91,024.9
16%	25,732.9	30,850.2	36,786.2	43,676.2	51,659.5	60,925.0	71,673.0	84,140.7	98,603.2	115.380
18%	28,755.1	34,931.1	42,218.7	50,818.0	60,965.3	72,939.0	87,068.0	103.740	123.414	146.628
20%	32,150.4	39,580.5	48,496.6	59,195.9	72,035.1	87,442.1	105.931	128.117	154.740	186.688
22%	35,962.0	44,873.7	55,745.9	69,010.0	85,192.2	104.935	129.020	158.405	194.254	237.989
24%	40,237.9	50,895.0	64,109.7	80,496.1	100.815	126.011	157.253	195.994	244.033	303.601
26%	45,030.6	57,738.6	73,750.6	93,925.8	119.347	151.377	191.735	242.585	306.658	387.389
28%	50,398.5	65,510.0	84,852.9	109.612	141.303	181.868	233.791	300.252	385.323	494.213
30%	56,405.3	74,327.0	97,625.0	127.913	167.286	218.472	285.014	371.518	483.973	630.165
35%	74,696.7	101.841	138.485	187.954	254.738	344.897	466.611	630.925	852.748	1,152.21
40%	98,739.1	139.235	195.929	275.300	386.420	541.988	759.784	1,064.70	1,491.53	2,089.21
50%	170.995	257.493	387.239	581.859	873.788	1,311.68	1,968.52	2,953.78	4,431.68	6,648.51

資產評估

附錄 3（續 2）

r \ n	21	22	23	24	25	26	27	28	29	30
1%	23,239.2	24,471.6	25,716.3	26,973.5	28,243.2	29,525.6	30,820.9	32,129.1	33,450.4	34,784.9
2%	25,783.3	27,299.0	28,845.0	30,421.9	32,030.3	33,670.9	35,344.3	37,051.2	38,792.2	40,568.1
3%	28,676.5	30,536.8	32,452.9	34,426.5	36,459.3	38,553.0	40,709.6	42,930.9	45,218.9	47,575.4
4%	31,969.2	34,248.0	36,617.9	39,082.6	41,645.9	44,311.7	47,084.2	49,967.6	52,966.3	56,084.9
5%	35,719.3	38,505.2	41,430.5	44,502.0	47,727.1	51,113.5	54,669.1	58,402.6	62,322.7	66,438.8
6%	39,992.7	43,392.3	46,995.8	50,815.6	54,864.5	59,156.4	63,705.8	68,528.1	73,639.8	79,058.2
7%	44,865.2	49,005.7	53,436.1	58,176.7	63,249.0	68,676.5	74,483.8	80,697.7	87,346.5	94,460.8
8%	50,422.9	55,456.8	60,893.3	66,764.8	73,105.9	79,954.4	87,350.8	95,338.8	103,966	113,283
9%	56,764.5	62,873.3	69,531.9	76,789.8	84,700.9	93,324.0	102,723	112,968	124,135	136,308
10%	64,002.5	71,402.7	79,543.0	88,497.3	98,347.1	109,182	121,100	134,210	148,631	164,494
12%	81,698.7	92,502.6	104,603	118,155	133,334	150,334	169,374	190,699	214,583	241,333
14%	104,768	120,436	138,297	158,659	181,871	208,333	238,499	272,889	312,094	356,787
16%	134,841	157,415	183,601	213,978	249,214	290,088	337,502	392,503	456,303	530,312
18%	174,021	206,345	244,487	289,494	342,603	405,272	479,221	566,481	669,447	790,948
20%	225,026	271,031	326,237	392,484	471,981	567,377	681,853	819,223	984,068	1,181.88
22%	291,347	356,443	435,861	532,750	650,955	795,165	971,102	1,185.74	1,447.61	1,767.08
24%	377,465	469,056	582,630	723,461	898,092	1,114.63	1,383.15	1,716.10	2,128.96	2,640.92
26%	489,110	617,278	778,771	982,251	1,238.64	1,561.68	1,968.72	2,481.59	3,127.80	3,942.03
28%	633,593	811,999	1,040.36	1,332.66	1,706.80	2,185.71	2,789.71	3,583.34	4,587.68	5,873.23
30%	820,215	1,067.28	1,388.46	1,806.00	2,348.80	3,054.44	3,971.78	5,164.31	6,714.60	8,729.99
35%	1,556.48	2,102.25	2,839.04	3,833.71	5,176.50	6,989.28	9,436.53	12,740.3	17,200.4	23,221.6
40%	2,925.89	4,097.24	5,737.14	8,033.00	11,247.2	15,747.1	22,046.9	30,866.7	43,214.3	60,501.1
50%	9,973.77	14,961.7	22,443.5	33,666.2	50,500.3	75,751.5	113,628	170,443	255,666	383,500

附錄 4

年金現值系數表

r \ n	1	2	3	4	5	6	7	8	9	10
1%	0.990, 10	1.970, 40	2.940, 99	3.901, 97	4.853, 43	5.795, 48	6.728, 19	7.651, 68	8.566, 02	9.471, 30
2%	0.980, 39	1.941, 56	2.883, 88	3.807, 73	4.713, 46	5.601, 43	6.471, 99	7.325, 48	8.162, 24	8.982, 59
3%	0.970, 87	1.913, 47	2.828, 61	3.717, 10	4.579, 71	5.417, 19	6.230, 28	7.019, 69	7.786, 11	8.530, 20
4%	0.961, 54	1.886, 09	2.775, 09	3.629, 90	4.451, 82	5.242, 14	6.002, 06	6.732, 74	7.435, 33	8.110, 90
5%	0.952, 38	1.859, 41	2.723, 25	3.545, 95	4.329, 48	5.075, 69	5.786, 37	6.463, 21	7.107, 82	7.721, 73
6%	0.943, 40	1.833, 39	2.673, 01	3.465, 11	4.212, 36	4.917, 32	5.582, 38	6.209, 79	6.801, 69	7.360, 09
7%	0.934, 58	1.808, 02	2.624, 32	3.387, 21	4.100, 20	4.766, 54	5.389, 29	5.971, 30	6.515, 23	7.023, 58
8%	0.925, 93	1.783, 26	2.577, 10	3.312, 13	3.992, 71	4.622, 88	5.206, 37	5.746, 64	6.246, 89	6.710, 08
9%	0.917, 43	1.759, 11	2.531, 29	3.239, 72	3.889, 65	4.485, 92	5.032, 95	5.534, 82	5.995, 25	6.417, 66
10%	0.909, 09	1.735, 54	2.486, 85	3.169, 87	3.790, 79	4.355, 26	4.868, 42	5.334, 93	5.759, 02	6.144, 57
12%	0.892, 86	1.690, 05	2.401, 83	3.037, 35	3.604, 78	4.111, 41	4.563, 76	4.967, 64	5.328, 25	5.650, 22
14%	0.877, 19	1.646, 66	2.321, 63	2.913, 71	3.433, 08	3.888, 67	4.288, 30	4.638, 86	4.946, 37	5.216, 12
16%	0.862, 07	1.605, 23	2.245, 89	2.798, 18	3.274, 29	3.684, 74	4.038, 57	4.343, 59	4.606, 54	4.833, 23
18%	0.847, 46	1.565, 64	2.174, 27	2.690, 06	3.127, 17	3.497, 60	3.811, 53	4.077, 57	4.303, 02	4.494, 09
20%	0.833, 33	1.527, 78	2.106, 48	2.588, 73	2.990, 61	3.325, 51	3.604, 59	3.837, 16	4.030, 97	4.192, 47
22%	0.819, 67	1.491, 53	2.042, 24	2.493, 64	2.863, 64	3.166, 92	3.415, 51	3.619, 27	3.786, 28	3.923, 18
24%	0.806, 45	1.456, 82	1.981, 30	2.404, 28	2.745, 38	3.020, 47	3.242, 32	3.421, 22	3.565, 50	3.681, 86
26%	0.793, 65	1.423, 53	1.923, 44	2.320, 19	2.635, 07	2.884, 97	3.083, 31	3.240, 73	3.365, 66	3.464, 81
28%	0.781, 25	1.391, 60	1.868, 44	2.240, 97	2.532, 01	2.759, 38	2.937, 02	3.075, 79	3.184, 21	3.268, 92
30%	0.769, 23	1.360, 95	1.816, 11	2.166, 24	2.435, 57	2.642, 75	2.802, 11	2.924, 70	3.019, 00	3.091, 54
35%	0.740, 74	1.289, 44	1.695, 88	1.996, 95	2.219, 96	2.385, 16	2.507, 52	2.598, 17	2.665, 31	2.715, 04
40%	0.714, 29	1.224, 49	1.588, 92	1.849, 23	2.035, 16	2.167, 97	2.262, 84	2.330, 60	2.379, 00	2.413, 57
50%	0.666, 67	1.111, 11	1.407, 41	1.604, 94	1.736, 63	1.824, 42	1.882, 94	1.921, 96	1.947, 98	1.965, 32

附錄 4（續 1）

r \ n	11	12	13	14	15	16	17	18	19	20
1%	10.367,6	11.255,1	12.133,7	13.003,7	13.865,1	14.717,9	15.562,3	16.398,3	17.226,0	18.045,6
2%	9.786,85	10.575,3	11.348,4	12.106,2	12.849,3	13.577,7	14.291,9	14.992,0	15.678,5	16.351,4
3%	9.252,62	9.954,00	10.635,0	11.296,1	11.937,9	12.561,1	13.166,1	13.753,5	14.323,8	14.877,5
4%	8.760,48	9.385,07	9.985,65	10.563,1	11.118,4	11.652,3	12.165,7	12.659,3	13.133,9	13.590,3
5%	8.306,41	8.863,25	9.393,57	9.898,64	10.379,7	10.837,8	11.274,1	11.689,6	12.085,3	12.462,2
6%	7.886,87	8.383,84	8.852,68	9.294,98	9.712,25	10.105,9	10.477,3	10.827,6	11.158,1	11.469,9
7%	7.498,67	7.942,69	8.357,65	8.745,47	9.107,91	9.446,65	9.763,22	10.059,1	10.335,6	10.594,0
8%	7.138,96	7.536,08	7.903,78	8.244,24	8.559,48	8.851,37	9.121,64	9.371,89	9.603,60	9.818,15
9%	6.805,19	7.160,73	7.486,90	7.786,15	8.060,69	8.312,56	8.543,63	8.755,63	8.950,11	9.128,55
10%	6.495,06	6.813,69	7.103,36	7.366,69	7.606,08	7.823,71	8.021,55	8.201,41	8.364,92	8.513,56
12%	5.937,70	6.194,37	6.423,55	6.628,17	6.810,86	6.973,99	7.119,63	7.249,67	7.365,78	7.469,44
14%	5.452,73	5.660,29	5.842,36	6.002,07	6.142,17	6.265,06	6.372,86	6.467,42	6.550,37	6.623,13
16%	5.028,64	5.197,11	5.342,33	5.467,53	5.575,46	5.668,50	5.748,70	5.817,85	5.877,46	5.928,84
18%	4.656,01	4.793,22	4.909,51	5.008,06	5.091,58	5.162,35	5.222,33	5.273,16	5.316,24	5.352,75
20%	4.327,06	4.439,22	4.532,68	4.610,57	4.675,47	4.729,56	4.774,63	4.812,19	4.843,50	4.869,58
22%	4.035,40	4.127,37	4.202,77	4.264,56	4.315,22	4.356,73	4.390,77	4.418,66	4.441,52	4.460,27
24%	3.775,69	3.851,36	3.912,39	3.961,60	4.001,29	4.033,30	4.059,11	4.079,93	4.096,72	4.110,26
26%	3.543,50	3.605,95	3.655,52	3.694,85	3.726,07	3.750,85	3.770,52	3.786,13	3.798,51	3.808,34
28%	3.335,09	3.386,79	3.427,18	3.458,73	3.483,39	3.502,65	3.517,69	3.529,45	3.538,63	3.545,80
30%	3.147,34	3.190,26	3.223,28	3.248,67	3.268,21	3.283,24	3.294,80	3.303,69	3.310,53	3.315,79
35%	2.751,88	2.779,17	2.799,39	2.814,36	2.825,45	2.833,67	2.839,75	2.844,26	2.847,60	2.850,08
40%	2.438,26	2.455,90	2.468,50	2.477,50	2.483,93	2.488,52	2.491,80	2.494,14	2.495,82	2.497,01
50%	1.976,88	1.984,59	1.989,72	1.993,15	1.995,43	1.996,96	1.997,97	1.998,65	1.999,10	1.999,40

附錄 4（續 2）

r \ n	21	22	23	24	25	26	27	28	29	30
1%	18 857,0	19 660,4	20 455,8	21 243,4	22 023,2	22 795,2	23 559,6	24 316,4	25 065,8	25 807,7
2%	17 011,2	17 658,0	18 292,2	18 913,9	19 523,5	20 121,0	20 706,9	21 281,3	21 844,4	22 396,5
3%	15 415,0	15 936,9	16 443,6	16 935,5	17 413,1	17 876,8	18 327,0	18 764,1	19 188,5	19 600,4
4%	14 029,2	14 451,1	14 856,8	15 247,0	15 622,1	15 982,8	16 329,6	16 663,1	16 983,7	17 292,0
5%	12 821,2	13 163,0	13 488,6	13 798,6	14 093,9	14 375,2	14 643,0	14 898,1	15 141,1	15 372,5
6%	11 764,1	12 041,6	12 303,4	12 550,4	12 783,4	13 003,2	13 310,5	13 406,2	13 590,7	13 764,8
7%	10 835,5	11 061,2	11 272,2	11 469,3	11 653,6	11 825,8	11 986,7	12 137,1	12 277,7	12 409,0
8%	10 016,8	10 200,7	10 371,1	10 528,8	10 674,8	10 810,0	10 935,2	11 051,1	11 158,4	11 257,8
9%	9 292,24	9 442,43	9 580,21	9 706,61	9 822,58	9 928,97	10 026,6	10 116,1	10 198,3	10 273,7
10%	8 648,69	8 771,54	8 883,22	8 984,74	9 077,04	9 160,95	9 237,22	9 306,57	9 369,61	9 426,91
12%	7 562,00	7 644,65	7 718,43	7 784,32	7 843,14	7 895,66	7 942,55	7 984,42	8 021,81	8 055,18
14%	6 686,96	6 742,94	6 792,06	6 835,14	6 872,93	6 906,08	6 935,15	6 960,66	6 983,04	7 002,66
16%	5 973,14	6 011,33	6 044,25	6 072,63	6 097,09	6 118,18	6 136,36	6 152,04	6 165,55	6 177,20
18%	5 383,68	5 409,90	5 432,12	5 450,95	5 466,91	5 480,43	5 491,89	5 501,60	5 509,83	5 516,81
20%	4 891,32	4 909,43	4 924,53	4 937,10	4 947,59	4 956,32	4 963,60	4 969,67	4 974,92	4 978,94
22%	4 475,63	4 488,22	4 498,54	4 507,00	4 513,93	4 519,62	4 524,28	4 528,10	4 531,23	4 533,79
24%	4 121,17	4 129,98	4 137,08	4 142,81	4 147,43	4 151,15	4 154,15	4 156,57	4 158,53	4 160,10
26%	3 816,15	3 822,34	3 827,25	3 831,15	3 834,25	3 836,70	3 838,65	3 840,20	3 841,43	3 842,40
28%	3 551,41	3 555,79	3 559,21	3 561,88	3 563,97	3 565,60	3 566,88	3 567,87	3 568,65	3 569,26
30%	3 319,84	3 322,96	3 325,35	3 327,19	3 328,61	3 329,70	3 330,54	3 331,18	3 331,68	3 332,06
35%	2 851,91	2 853,27	2 854,27	2 855,02	2 855,57	2 855,98	2 856,28	2 856,50	2 856,67	2 856,79
40%	2 497,87	2 498,48	2 498,91	2 499,22	2 499,44	2 499,60	2 499,72	2 499,80	2 499,86	2 499,90
50%	1 999,60	1 999,73	1 999,82	1 999,88	1 999,92	1 999,95	1 999,96	1 999,98	1 999,98	1 999,99

附錄 5　　　　　　　　《資產評估》相關詞條解釋

資產：是指經濟主體（包括國家、企事業單位或其他單位）擁有或控制的，能以貨幣計量的，能夠給經濟主體帶來經濟利益的經濟資源及權利。

有形資產：具有獨立形態的資產，如房地產、機器設備、流動資產等。

無形資產：不具有獨立形態、沒有具體實體但能為企業帶來經濟利益的特殊性資產，如專利權、專有技術（非專利技術）、商譽等。

固定資產：是指為生產商品、提供勞務、出租或經營管理而持有的，且使用壽命超過一個會計年度的有形資產，如房地產、機器設備等。

流動資產：是指企業在生產經營活動中，可在一年或一個經營週期內變現或耗用的資產，包括貨幣資金、應收及預付款項、交易性金融資產、存貨和其他流動資產等。

長期資產：企業以獲取投資收益和收入為目的，把某種資產長期（超過一年）投入其他企事業單位，形成其他企事業單位控制的資產，以此獲得相應的投資權益，包括不準備隨時變現、持有時間在一年以上的有價證券以及超過一年的其他投資。

單項資產：單件或某類別資產，如房地產、機器設備、流動資產、無形資產等。

整體資產：是相對於單項資產而言的，是以多種或全部資產有機構成的具有整體獲利能力的資產綜合體，如企業（由全部資產所構成的整體資產）等。

商譽：商譽是不可確指的無形資產，是企業在同等條件下，可以獲得高於正常投資報酬率所形成的價值。

可確指的資產：能獨立存在的資產，如房地產、機器設備、流動資產等。

不可確指的資產：不能脫離有形資產而單獨存在的資產，如商譽。

不動產：不能脫離原有的固定位置而存在的資產，如房地產。

動產：能脫離原有的固定位置而存在的資產，如各種流動資產、長期投資、固定資產等。

合法權利：受國家法律保護並能取得預期收益的特（殊）權，如各項無形資產。

資產評估：由合法的專門機構和人員，根據評估目的，以資產的現狀為基礎，依據相關資料，遵循適用的原則，按照一定的程序，採用科學的評估標準和方法，對資產的現實價值進行評定和估算。

資產評估主體：是指資產評估的機構和人員。

資產評估客體：是指資產評估工作的對象，即被評估對象，即資產。

資產評估目的：是指被評估資產即將發生的經濟行為。

資產評估程序：是指資產評估的工作步驟，包括申請立項、財產清查、評定估算和驗證確認等四個步驟。

資產評估標準：是指資產價值的質的規定性，即價值內涵，包括現行市價標準、重置成本標準、收益現值標準和清算價格標準等。

資產評估方法：是指資產評估價值的量化過程。資產評估的基本方法包括市場法、成

本法和收益法。

現行市價標準：以類似資產在公開市場的交易價格為基礎，根據待評估資產的個性進行修正，從而評定資產現行市價的一種計價標準。

重置成本標準：在現時條件下，通過按功能重置待評估資產來確定資產現時價值的一種計價標準。

收益現值標準：根據資產未來將產生的預期收益，按適當的折現率將未來收益折算成現值，以評定資產現時價值的一種計價標準。

清算價格標準：以資產拍賣（非公開市場）得到的變現價值為依據來確定資產現時價值的一種計價標準。它一般低於現行市價。

市場法：又稱市場價格比較法、銷售對比法，是比照與被評估對象相同或相似的資產的市場價值，經過必要的因素調整，來確定被評估資產價值的一種評估方法。

成本法：按待評估資產的現實價值重置成本扣除各種因素引起的貶值來確定資產評估價值的一種評估方法。

收益法：運用適當的折現率，將被評估資產未來的預期收益折算成現值，來估算資產價值的一種評估方法。

財務管理：是指理財人員在特定環境下，依據各種信息，對籌資、投資、資本收益分配以及特殊財務問題進行財務計劃、財務控制和財務分析，以達到特定管理目標的活動。即對財務活動所進行的管理，也就是對資本所進行的運作。

債務資本：是企業從債權人那裡取得的資本，反應企業與債權人之間的債權債務關係。

權益資本：是企業從所有者那裡取得的資本，反應企業與企業所有者之間的投資與受資關係。

籌資：是指企業為了滿足投資和用資的需要，籌措和集中所需資金的過程。

投資：是指企業將籌集的資金投入使用的過程，包括企業內部使用資金的過程和對外使用資金的過程。

收益分配：是對資本運用成果的分配，是指對投資收入，如銷售收入和利潤進行分割和分派的過程。

資金的時間價值：又稱貨幣的時間價值，即一定量的貨幣資金在不同時點上具有不同的價值。

現值：指以后年份收到或付出資金的現在價值，可用倒求本金的方法計算。

終值：指若干時期（通常是年）后包括本金和利息在內的未來價值，又稱本利和。

單利：是一種計息形式，即在一定時期內只對本金計算利息。

複利：是另一種計息形式，是指不僅本金要計算利息，而且需將本金所生的利息在下期轉為本金，再計算利息，即通常所說的「利滾利」。

年金：是指一定時期每次等額收付的系列款項。

普通年金：是指一定時期內每期期末等額收付的系列款項，又稱后付年金。

預付年金：是指一定時期內每期期初等額收付的系列款項，又稱先付年金、預付年金。

遞延年金：是指第一次收付發生在第二期或以后各期的年金。

永續年金：是指無期限支付的年金。

財務預測：是指利用企業過去的財務活動資料，結合市場變動情況，對企業未來財務活動的發展趨勢做出科學的預計和測量，以便把握未來，明確方向。

財務決策：是指財務人員根據財務目標的總要求，運用專門的方法，從各種備選方案中選擇最佳方案的過程。

財務計劃：是組織企業財務活動的綱領。包括籌資計劃、固定資產增減和折舊計劃、流動資產及其週轉計劃、成本費用計劃、利潤及利潤分配計劃、對外投資計劃等。

財務控制：依據財務計劃目標，按照一定的程序和方式，發現實際偏差與糾正偏差，確保企業及其內部機構和人員全面實現財務計劃目標的過程。

財務分析：是以企業會計報表資料為主要依據，運用專門的分析方法，對企業財務狀況和經營成果進行解釋和評價，以便於投資者、債權人、管理者以及其他信息使用者做出正確的經濟決策。

企業財務通則：是設立在中國境內的各類企業進行財務活動所必須遵循的基本原則和規範，是財務規範體系中的基本法規，在財務法規、制度體系中起著主導作用。

行業財務制度：是根據財務通則的規定和要求，結合行業的實際情況，充分體現行業的特點和管理要求而制定的財務制度，是各行業企業進行財務工作遵循的具體規定。

企業內部財務制度：是由企業管理當局制定的用來規範企業內部財務行為、處理企業內部財務關係的具體規則，在財務法規制度體系中起著補充作用。

金融市場：是實現貨幣借貸和資本融通，辦理各種票據和有價證券交易活動的總稱。

資本市場：以貨幣和資本為交易對象的金融市場。

短期資本市場：又稱貨幣市場，是指融資期限在一年以內的資本市場，包括同業拆借市場、票據市場、大額定期存單市場和短期債券市場。

長期資本市場：是指融資期限在一年以上的資本市場，包括股票市場和債券市場。

發行市場：又稱一級市場，主要處理信用工具的發行與最初購買者之間的交易。

流通市場：又稱二級市場，主要處理現有信用工具所有權轉移和變現的交易。

外匯市場：以各種外匯信用工具為交易對象的金融市場。

黃金市場：集中進行黃金買賣和金幣兌換的交易市場。

拆借市場：指銀行（包括非銀行金融機構）同業之間短期性資本的借貸活動。

名義利率：是指每年複利次數超過一次時的給定年利率。

實際利率：是指每年只複利一次的利率。

籌資風險：是指企業在資本籌集過程中所具有的不確定性。

投資風險：是指企業將籌集的資本確定其投向過程中所具有的不確定性。

收益分配風險：是企業在收益的形成和分配上所具有的不確定性。

風險價值：又稱風險報酬，是指企業冒險從事財務活動所獲得的超過貨幣時間價值的額外收益。

歷史價值：又稱帳面價值，通常是指資產過去的購價。

現時價值：是指資產現在的市場價值。

附錄5 《資產評估》相關詞條解釋

續營價值：又稱持續經營價值，是指資產作為按現行用途或轉換為相關用途繼續使用的有用物品，在其出售時所能獲得的現金流量。

清算價值：是指一項或一組資產從營業狀態中分離出來，被迫強制在非正常市場上以拍賣或協商形式出售所能獲得的現金流量。

市場價值：是資產在市場上交易時的交換價格，即交換價值。

企業價值：主要是指企業整體資產的價值。

重置成本：在現時條件下，通過按功能重置資產來確定的資產現時價值。

收益現值：根據資產未來將產生的預期收益，按適當的折現率將未來收益折算成的現時價值。

復原重置成本：是指以現時市場價格，採用原有的材料、工藝和技術重新建造或購置與待估資產完全相同的新資產的完全價值。

更新重置成本：是指以現時市場價格，採用新型的材料、工藝和技術重新建造或購置與待估資產具有同等效用（功能相同或相似）的新資產的完全價值。

實體性貶值：是指使用帶來的磨損或自然損耗引起的貶值，即有形損耗。

功能性貶值：是指技術相對落後、性能明顯降低而引起的貶值。

經濟性貶值：是指待估資產以外的社會、經濟、環境等因素影響而引起的貶值。

折現率：是用來將有期限的未來預期收益還原或轉換為現值的比率，屬於投資報酬率。

本金化率：是用來將無期限的未來預期收益還原或轉換為現值的比率，屬於投資報酬率。

資本金：是指企業在工商行政管理部門登記的註冊資金。

吸收直接投資：是企業以協議等形式吸收國家、其他企業、個人和外商等直接投入資本，形成企業資本金的一種籌資方式。

股票：用來證明投資者股東身分及權益，並以此獲得股利和紅利的有價證券。作為一種所有權憑證，代表著對發行公司淨資產的所有權。

普通股：是股份制企業發行的代表著股東享有平等的權利、義務，不加特別限制，股利不固定的股票。

優先股：是股份制企業發行的代表著股東享有平等的權利、義務，不加特別限制，股利不固定的股票。

債券：政府、企業、銀行等債務人為了籌集資金，按照法定程序發行的並向債權人承諾於指定日期還本付息的有價證券。

國家債券：是指政府發行的債券。

企業債券：是指非公司制企業發行的債券。

公司債券：是指股份有限公司和有限責任公司發行的債券。

金融債券：是指金融機構發行的債券。

有擔保債券：是指企業發行的有指定的財產作為擔保的債券。

無擔保債券：是指沒有具體財產擔保而僅憑發行企業的信譽發行的債券。

固定利率債券：是指發行時在券面載有確定利率的債券。

浮動利率債券：是指發行時不確定債券利率的債券。

可轉換債券：是指債券持有者可以根據規定的價格轉換為發行企業股票的債券。

不可轉換債券：是指不能轉換為發行企業股票的債券。

認股權證：是由股份公司發行的，能夠按特定的價格，在特定的時間內購買一定數量該公司股票的選擇權憑證。

股票分割：又稱拆股，是指股份公司將流通在外的股份按一定比例拆細的行為。

長期借款：是指企業向銀行或非金融機構借入的期限超過一年的貸款。

短期借款：是指企業向銀行或非金融機構借入的期限不超過一年的貸款。

抵押貸款：是指以特定的抵押品（如房屋、建築物、機器設備、有價證券、存貨等）為擔保而取得的貸款。

信用貸款：是指企業不需要提供抵押品，僅憑藉自身信用或擔保人的信譽就能取得的貸款。

期權：是一項選擇權，其購買者在支付一定數額的期權費後，即擁有在某一特定期間內以某一既定的價格買賣某種特定商品（如金融證券）契約的權利，但又無實施這種權利（即必須買進或賣出）的義務。

看漲期權：又稱買入期權。它是指期權購買者可以在規定的時間內，有權按某一特定價格向期權出售者買進一定數量的商品或證券。

看跌期權：又稱賣出期權。它是指期權購買者可以在規定的時間內，有權按某一特定價格向期權出售者賣出一定數量的商品或證券。

租賃：是指通過簽訂合同的方式，出讓財產的一方（出租方）收取貨幣補償（租金），使用財產的一方（承租方）支付使用費（租金）而融通資產所有權的一種交易行為。

融資租賃：又稱財務租賃或金融租賃。它是指出租方用資金購買承租方選定的設備，並按照簽訂的租賃協議或合同將設備租給承租方長期使用的一種融通資金的方式。

資本成本：是指企業為取得和長期佔有資本而付出的代價，包括資本的取得成本和佔用成本。

個別資本成本：個別資本成本是指某一類資本的提供者（投資者）所要求的投資回報率。

綜合資本成本：又稱加權平均資本成本或整體資本成本，是以各項個別資本成本進行加權平均而得的資本成本。

邊際資本成本：是指每新增加一單位資本而發生的成本。加權平均資本成本率隨籌資額增加而提高。邊際資本成本本身也是加權平均資本成本。

資本結構：是指企業各種資本的價值構成及其比例關係，通常指企業負債總額與企業總資產的比例，或企業總負債與股東權益的比例。

最優資本結構：在適度財務風險的條件下，使其預期的綜合資本成本率最低，同時使企業價值最大的資本結構。

項目投資：是對企業內部生產經營所需要的各種資產的投資。

現金流量：投資項目在未來一定時期內，與投資決策有關的現金流入和現金流出的

數量。

投資回收期：收回初始投資所需的時間。

平均報酬率：平均每年的現金淨流入量或淨利潤與原始投資額的比率。

淨現值：投資方案中未來現金淨流入量的現值與投資額的現值之間的差額。

金融投資：是對以經濟合約為基本存在形式的權利性資產（即金融資產）的投資。

證券投資：是在證券交易市場上購買有價證券的經濟行為。

基金投資：是以投資基金為運作對象的投資方式。

期權投資：是以投資期權為運作對象的投資方式。

證券的系統性風險：是由於外部經濟環境因素變化引起整個證券市場不確定性加強，從而對市場上所有證券都產生影響的共同性風險。

證券的非系統性風險：是由於特定經營環境或特定事件變化引起的不確定性，從而對個別證券產生影響的特有性風險。

規模經濟效益指數（α）：又稱生產能力指數。α 是經驗數據，取值在 $0.4 \sim 1$。不同的行業 α 不同，一般行業 α 為 $0.6 \sim 0.7$。

成新率：待估資產的現值與全新狀態下的重置價值的比率。

地產價格：不包括建築物在內的純土地部分的價格，又稱土地價格或地價。

房產價格：不包括土地在內的純建築物部分的價格，又稱房屋價格或房價。由於建築物與土地結合在一起，不能單獨存在，實際中的房產價格往往包含建築物占用的土地價格。

房地價格：房產和地產作為一個整體的價格，即建築物及占用的土地的價格，又稱房地混合價。

生地價：從未作為建築用地開發過的土地價格，包括未徵用補償的土地價格，也包括已徵用補償但未作「三通一平」的土地價格。

熟地價：已作為建築用地進行過開發的土地價格，包括已完成「三通一平」「七通一平」或拆遷安置等開發內容的土地價格。

基準地價：一定時期政府土地管理部門根據不同的土地級別、地段分別測算出來的包括住宅、工業、商業等各類用地的土地使用權的平均價格。

標定地價：在基準地價的基礎上，根據地塊（宗地）的土地使用年限等條件修正評估確定的地價。

房屋重置價格：在當前的建築技術等條件下，重新構造與原有房屋功能等各方面基本相同的房屋的標準價格。

樓面地價：單位建築面積地價，即分攤到每單位建築面積上的土地價格。

容積率：建築總面積與土地總面積之比。在實際工作中，容積率往往大於1。

協議價：買賣雙方採用協商方式交易資產的成交價格。

招標價：買方向賣方投標取得資產的成交價格。

拍賣價：買方以競價形式取得資產的成交價格。

底價：政府、企事業單位或個人出讓資產時所確定的最低價格，又稱起價。

期望價：政府、企事業單位或個人出讓資產時所期望實現的滿意價格。

中標價：在資產出讓的公開競標中，最終實際成交的價格。

補地價：用地單位改變原出讓土地的用途，或增加容積率，或轉讓、出租土地使用權時，按規定需向政府交納的增補土地的價格。

專利權：是指一項發明創造向國家專利機構提出專利申請，並經審查批准後，國家專利機構依法授予申請人在規定的時期內實施其發明創造所享有的獨占權或專有權。

專有技術：又稱非專利技術。是指未經公開或未申請專利的知識和技巧，主要包括設計資料、工藝流程、原料配方、經營訣竅、特殊產品的保存方法、管理經驗、圖紙、數據等技術資料。

商標權：是指註冊商標的所有者依法享有的權益，屬知識產權中的一種工業產權。

兼併：通常是指一家企業以現金、證券等形式購買其他企業的產權，使其他企業喪失法人資格或改變法人實體，並取得對這些企業決策控制權的經濟行為。

收購：是指企業用現金、債券或股票購買另一家企業的（部分或全部）資產或股權，以獲得該企業的控制權的一種經濟行為。

目標企業：是指被併購企業。

吸收合併：是指一家或多家企業被另一家企業吸收，併購企業繼續保留其合法地位，目標企業則不再作為一個獨立的經營實體而存在。

新設合併：是指兩個或兩個以上的企業組成一個新的實體，原來的企業都不再以獨立的經營實體而存在。

併購：狹義的併購指兼併，等同於中國《公司法》中的吸收合併。廣義的併購包括兼併、合併和收購等。

管理層收購：是指目標公司管理層（主並方）自身利用高負債所融資本購買目標公司（被收購方）的部分或全部股份，以實現對本公司或其中一個業務部門、本公司的子公司或分公司的收購，從而改變公司的所有權結構。

現金支付：併購企業支付給公司一定數額的現金，以取得目標公司的所有權的出資方式。

股票支付：併購企業通過增加發行本公司的股票，以新發行的股票替換目標公司的股票，達到收購目的的出資方式。

混合證券支付：併購企業對目標公司提出收購要約時，其出價有現金、股票、債券等多種形式證券的組合，又稱綜合證券支付。

業務重組：是指將企業的業務劃分為盈利性業務和非盈利性業務以及剝離非盈利性業務的活動。業務重組是企業重組的基礎，是資產重組和其他重組的前提。

資產重組：是指對一定重組企業範圍內的資產進行分拆、整合或優化組合的活動，是企業重組的核心。資產重組主要側重於固定資產重組、長期投資重組和無形資產重組。

股權重組：是指對企業股權的調整。股權重組是企業重組的內在表現。

內部重組：是指企業內部的資產重組或者企業所屬集團內部的資產重組。

外部重組：是指企業以外的其他企業參與的資產重組。

政府主導型重組：是指運用政府和市場管理者的力量來引導重組行為的資產重組。

市場主導型重組：是指運用市場的力量來引導重組行為的資產重組。

財務失敗：是指企業出現無法償還到期債務的困難和危機。
技術性破產：是指由於財務管理技術的失誤，造成企業不能償還到期債務的現象。
事實性破產：是指債務人因連年虧損，負債總額超過資產總額（即資不抵債）而不能清償到期債務的現象。
法律性破產：是指債務人因不能清償到期債務而被法院宣告破產。
企業破產：是指企業因經營管理不善原因而造成不能清償到期債務時，按照一定程序，採取一定方式，使其債務得以解脫的經濟事件。
企業重整：是指對陷入財務危機但仍有轉機和重建價值的企業，根據一定程序進行重新整頓，使企業得以維持和復興的行為。
企業清算：是指企業終止過程中，為保護債權人、所有者等利益相關者的合法權益，依法對企業財產、債權和債務進行全面清查，處理企業未了事宜，收取債權，變賣財產，償還債務，分配剩餘財產，終止其經營活動等一系列工作的總稱。
破產界限：是指法院裁定債務人破產的法律標準，也稱為破產原因。
破產財產：是指法院宣告企業破產時，破產企業經營管理的全部財產，包括各種流動資產、固定資產、對外投資以及無形資產。
破產債權：是在破產宣告前成立的、對破產者發生的、依法申報確認的，並由破產財產中獲得公平清償的可執行的財產請求權。
債券置換：是指用新債券交換未償債券，以延長債務償還期限。
債轉股：是指債務人將債務轉為資本，同時債權人將債權轉為股權的債務重組方式。
債務展期：是指推遲到期債務的償還日期。
債務減免：是指債權人以收回部分現金的形式與債務人解除契約。
解散清算：是指由於企業解散導致企業無法繼續經營而進行的清算。
破產清算：是指因企業經營管理不善造成嚴重虧損，不能償還到期債務而進行的清算。
普通清算：是指企業公司自行組織的清算。
特別清算：是指不能由企業自行組織，在法院出面直接干預、監督下進行的清算。
自願清算：是指由債權人與債務人之間通過協商私下進行的清算。
非自願清算：是指通過正規的法律程序進行的清算。
成本中心：是指責任人只對其責任區域內發生的成本負責的一種責任中心。成本中心包括標準成本中心和費用中心。
利潤中心：利潤中心是責任人對其責任區域內的成本收入和收入均要負責的責任中心。
投資中心：是責任人對其責任區域內的成本、收入及投資均要負責的責任中心。
剩餘收益：部門利潤與部門資產應計報酬之差。
剩餘現金流量：部門營業現金流入與部門資產應計報酬之差。
內源融資：是指企業在本單位內部籌集所需的資金，主要是通過以前的利潤留存進行資本縱向累積的一種融資方式。
直接融資：是指直接進入證券市場通過發行債券、股票等方式籌集資金的融資方式。

間接融資：是指向商業銀行和其他金融機構申請貸款的融資方式。
　　外源融資：包括直接融資和間接融資。即指直接進入證券市場通過發行債券、股票等方式籌集資金，以及向商業銀行和其他金融機構申請貸款的融資方式。
　　社會個人股：是由本企業以外的個人投資認股所形成的股份。
　　職工個人股：是本企業職工個人以現金投資入股及以前企業累積中劃歸到職工個人名義而擁有的股份。
　　個人股：是指社會個人股和職工個人股。
　　職工集體股：是本企業職工以共有的財產折股或投資形成的股份。
　　法人股：是企業法人以其依法可支配的資產投入企業形成的股份。
　　國家股：又稱國有股，是指國家把一部分資本轉化為對企業的投資。
　　風險投資：是一種向主要屬於科技型、高成長性創業企業進行股權投資，或為其提供管理和諮詢服務，以期在被投資企業發展成熟後，通過股權轉讓獲取收益的投資行為。
　　風險投資機構：是指風險投資公司和風險投資管理公司。其中，風險投資公司為非金融性的投資公司，是直接投資於高新技術產業和其他技術創新產業的風險投資機構。風險投資管理公司是為創業投資公司提供相關管理和諮詢服務的投資機構，從事的業務主要是受託管理和經營風險投資公司的資本、投資諮詢業務等。
　　創業板市場：又稱第二板市場，是指主板市場以外的融資市場，是為高科技領域中運作良好、成長性強的新興中小企業提供的融資場所。
　　房地產估價：又稱房地產評估或房地產評價。房地產專業估價人員根據估價目的，遵循估價原則，按照估價程序，採用科學的估價方法，在綜合分析影響房地產價格各項因素的基礎上對房地產價格做出真實、客觀、合理的估算和評定。
　　工程預算：工程預算是對建築物從籌建到竣工所需的全部費用，包括勘查、設計、施工及建築物價格的估算。
　　在建工程：在評估時尚未完工或雖已完工但尚未交付使用的建設項目，以及建設項目備用材料、設備等資產。
　　還原利率：將房地產的未來預期收益還原或轉換為現值的比率或利率，又稱為房地產的折現率。其實質是反應房地產的投資收益率或投資報酬率。
　　無風險報酬率：又稱正常報酬率。該報酬率不低於投資的機會成本，一般採用政府發行的長期國庫券利率或一年期銀行儲蓄利率。
　　風險報酬率：將多種風險因素加以量化所得到的投資報酬率。
　　股票投資：是通過持有股票發行企業的股票所進行的投資。
　　債券投資：是通過持有債券發行方（國家、企業或金融機構）的債券所進行的投資。
　　貨幣資金：是指庫存現金、銀行存款及其他貨幣資金。
　　存貨：企業在生產經營過程中為銷售或耗用而儲備的資產，包括產成品、在產品、材料等。
　　現金週轉天數：是指企業由於購置存貨、償付欠款等原因支付貨幣資金到存貨售出、收回應收款而收回現金的時間。
　　現金週轉次數：是指360天與現金週轉天數之比。

最佳現金持有量：是指預計現金年總需求量與現金週轉次數之比。

信用期限：是指企業對外提供商品或勞務時允許顧客延遲付款的時間界限。

現金折扣：包括兩方面的內容。一是折扣期限，即在多長時間內予以折扣；二是折扣率，即在折扣期內給予客戶多少折扣。

信用標準：是企業用來衡量客戶是否有資格享有商業信用的基本條件。通常是按信用的「5C」系統——品德（Character）、能力（Capacity）、資本（Capital）、擔保（Collateral）和條件（Condition）五個方面逐一進行評估。

訂貨成本：是指取得存貨訂單的成本，如辦公費、差旅費、郵資、電話費等費用支出。

購置成本：是指存貨本身的價值，一般用年需要量與單價的乘積來確定。

儲存成本：是指保持存貨而發生的成本，包括存貨占用資金應計的利息、倉庫費用、保險費用、存貨破損和貶值損失等。

缺貨成本：是指由於存貨供應中斷而造成的損失，包括材料供應中斷造成的停工損失、產成品庫存缺貨造成的拖欠發貨損失和喪失銷售機會的損失。

經濟訂貨批量：是指通過合理的進貨批量和進貨時間，使存貨總成本最低的訂貨批量。

訂貨點：是指訂購下一批存貨時本批存貨的儲存量。

保險儲備：是指為防止因缺貨或供貨中斷而儲備的存貨。

資產經營：是指以商品經營、產品經營為主的經營活動。

資本經營：是指以資本增值為目的，以價值管理為特徵，通過生產要素的優化配置和產業結構的動態調整，對企業的全部資產進行綜合、有效營運的經濟行為和經營活動。

多元化經營：是指企業在兩個或更多的行業從事經營活動，主要是同時向不同的行業市場提供產品或服務。

專業化經營：是指企業將主要精力集中於最熟悉、最具實力的領域從事經營活動，是增強企業競爭力的最有效途徑。

國家圖書館出版品預行編目(CIP)資料

資產評估 / 阮萍，謝昌浩　主編. -- 第四版.
-- 臺北市：財經錢線文化出版：崧博發行, 2018.11
　面；　公分
ISBN 978-957-680-255-3(平裝)
1.資產管理
495.44　　　107018110

書　名：資產評估
作　者：阮萍、謝昌浩 主編
發行人：黃振庭
出版者：財經錢線文化事業有限公司
發行者：崧博出版事業有限公司
E-mail：sonbookservice@gmail.com
粉絲頁　　　　　　網　址：
地　址：台北市中正區延平南路六十一號五樓一室
8F.-815, No.61, Sec. 1, Chongqing S. Rd., Zhongzheng Dist., Taipei City 100, Taiwan (R.O.C.)
電　話：(02)2370-3310　傳　真：(02) 2370-3210
總經銷：紅螞蟻圖書有限公司
地　址：台北市內湖區舊宗路二段 121 巷 19 號
電　話：02-2795-3656　傳　真：02-2795-4100　網址：
印　刷：京峯彩色印刷有限公司（京峰數位）

　　本書版權為西南財經大學出版社所有授權崧博出版事業有限公司獨家發行電子書及繁體書繁體版。若有其他相關權利及授權需求請與本公司聯繫。
定價：450元
發行日期：2018 年 11 月第四版
◎ 本書以POD印製發行